Java核心技术及面试指南

金 华 胡书敏 周国华 吴倍敏◎编著

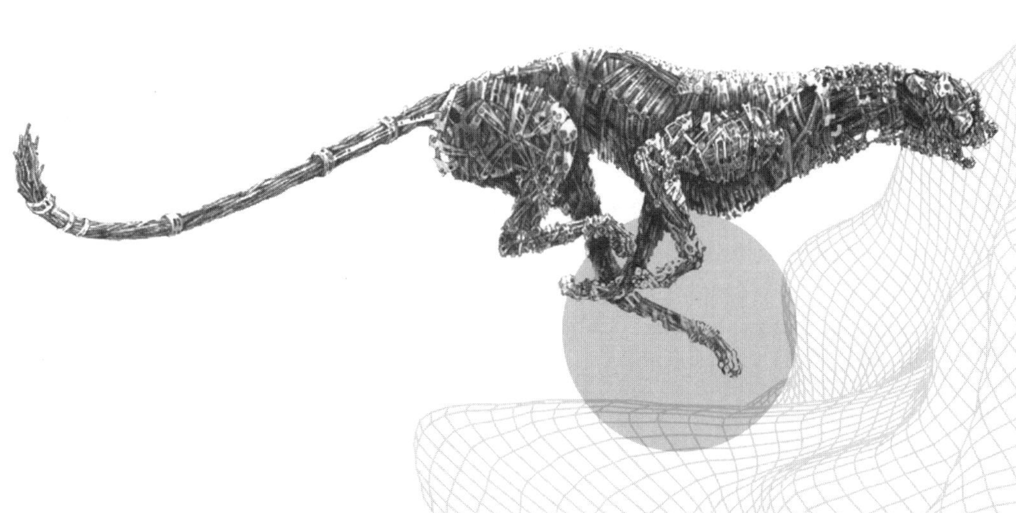

内容提要

本书根据大多数软件公司对高级开发的普遍标准，为在 Java 方面零基础和开发经验在 3 年以下的初级程序员提供了升级到高级工程师的路径，并以项目开发和面试为导向，精准地讲述升级必备的技能要点。

具体来讲，本书围绕项目常用技术点，重新梳理了基本语法点、面向对象思想、集合对象、异常处理、数据库操作、JDBC、IO 操作、反射和多线程等知识点。

此外，本书还提到了对项目开发很有帮助的"设计模式"和"虚拟机内存调优的知识点"，在这部分中虽然大家看不到纯理论性的讲述，但能看到很多能实际操作的干货。

本书还从资深面试官的角度，给出了如何准备简历和面试的建议。

本书附带的资料里，除了附带本书的代码和视频讲解外，还为初学者准备了从零基础到公司初级开发所必备的说明文档代码和视频，更分门别类地为大家准备了很多 Java Core 和 Web 方面的面试题，而且这些资料会定期更新。

从本书的正文和视频目录里，大家能看到本书的详细要点。本书十分适合以下人群阅读：想从事软件行业的在校学生，正在找工作的大学毕业生，想转行做 Java 开发但缺乏经验的人或已经工作的初级程序员。本书不仅能帮助这些人学好 Java，还能帮助他们在项目里用好 Java，更能帮助他们利用 Java 找到更好的工作。

图书在版编目（CIP）数据

Java核心技术及面试指南 / 金华等编著. — 北京 :北京大学出版社, 2018.9
ISBN 978-7-301-29697-4

Ⅰ. ①J… Ⅱ. ①金… Ⅲ. ①JAVA语言 - 程序设计 - 教材 Ⅳ. ①TP312.8

中国版本图书馆CIP数据核字(2018)第154982号

书　　名： Java核心技术及面试指南
Java HEXIN JISHU JI MIANSHI ZHINAN
著作责任者： 金华　胡书敏　周国华　吴倍敏　编著
责 任 编 辑： 尹毅
标 准 书 号： ISBN 978-7-301-29697-4
出 版 发 行： 北京大学出版社
地　　址： 北京市海淀区成府路205 号　100871
网　　址： http://www. pup. cn　　新浪微博: @ 北京大学出版社
电 子 信 箱： pup7@ pup. cn
电　　话： 邮购部62752015　发行部62750672　编辑部62570390
印　刷　者： 大厂回族自治县彩虹印刷有限公司
经　销　者： 新华书店
787毫米 × 1092毫米　16开本　22印张　426千字
2018年9月第1版　2018年9月第1次印刷
印　　数： 1-3000册
定　　价： 59.00元

前　言

学 Java 不仅仅是为考试拿证，更不是为了炫耀，而是为了通过 Java 找到更好的工作，实现“升职加薪”。如果你认同此观点，那你应该读这本书，因为它不仅能为你提供从零基础到高级开发的升级捷径，还能告诉你该如何应对 Java 高级开发职位的面试。

Java 的知识点实在太多，如果什么都去学，而不是精学工作和面试中常用的知识点，那不仅会造成学习效率低下，而且会让大家迷失在海量的知识中。结果是，大家投入了大量时间，也学了不少知识点，但是无法把学到的知识整合成能用以“升职加薪”的 Java 知识体系，说穿了就是白学。

笔者有十多年的软件开发经验和 5 年多的技术面试经验，知道企业在 Java 方面的普遍需求。同时，笔者具备 6 年多的培训经验，帮助过不计其数的零基础学员和初级程序员用半年多的时间升级到高级开发，所以敢为大家指明学习和面试的进阶路径。

本书不仅会讲述各种常用知识点在项目里的使用技巧，更会告诉大家如何在面试中展示这方面的能力。此外，对于一些比较“值钱”的技术（往往都是初级程序员用过但在面试中不知道该怎么描述的技术，如设计模式和虚拟机），笔者不仅会告诉大家相关的说辞，更会告诉大家“在面试官不提及的情况下，引出这个话题”的技巧。此外，还从面试官的视角，讲述在整个面试流程中，如写简历，发简历，面试前做准备，叙述项目经验，以及谈薪资的各种技巧。

如果把升级到高级开发的面试当成一场考试的话，在本书里，大家看不到看似有用但项目开发里用不到（也就是不会考）的知识点，如针对 UI 操作的描述；大家看到的是项目经理和面试官设定的能让大家得到 80 分以上分值的考试范围，以及对相关考点的讲解。通过有针对性的准备，大家能顺利地通过众多开发公司为面试者升级而设置的面试。

本书不主张用华而不实的文字虚张声势，而是直接面对大家在“工作、面试和进阶”方面的需求，用简单朴素的案例和文字直述各种常用知识点。

在很多代码场景中，高级开发可能多写几行代码或稍微改变代码结构就能提升代码的性能或系统的可扩展性；而初级开发如果单靠自身努力取得这种“进步”，往往需要较长时间的项目开发经验沉淀。而本书则把各种得靠多年经验积累的知识点和技能直接告诉大家，让大家少走弯路。

在本书有限的内容里，主要向初级开发讲授升级到高级开发的学习路径和面试技巧。此外，零基础的初学者也可以在阅读本书附带的资料，完成从零基础到初级开发的升级之后，再来阅读本书。

由于版面有限，以下资料不包含在正文里，可通过扫描视频索引的二维码下载部分资料。在收集时，笔者力求全面，而且这些资料会定时更新。

1. 本书正文部分的所有代码和视频讲解。
2. 能帮助零基础人员升级到至少具备 1 年开发经验的基础知识点，包括文稿代码和视频。
3. 针对 Java 高级开发的 Java Core 部分的面试题及讲解。
4. 针对 Java 高级开发的 Java Web 部分的面试题及讲解。
5. 本书中所有面试题的答案。

扫描右侧二维码，能看到本书中的面试题答案及其他相关内容。另外，如果大家在学习过程中有任何的问题，也请及时告诉笔者。

笔者的邮箱是 hsm_computer@163.com，如果大家在下载视频和案例代码时遇到问题，请及时联系笔者。

最后特别说明一下，如果大家在阅读过程中有任何需要但本书没有提供的资料，也可以通过这个邮箱告诉笔者，笔者会尽力在定期更新附带资料时一并更新。

提示：目录中的视频及正文中的代码文件请扫描视频索引（P12）页的二维码进行下载使用，如二维码失效，请加入“新技术图书”QQ 群，群号：726877265。

目 录

视频索引

扫一扫下载
视频和代码

第四章

第五章

第六章

第七章

第八章

第九章

第 1 章

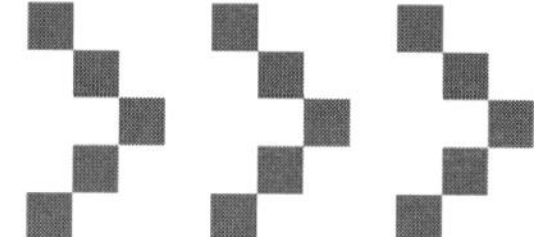

带你走进 Java 的世界

以能满足企业的用人标准为起点，可以把 Java 的知识点分为两部分：Java 核心开发（Java Core）和 Jave 网络开发（Java Web），本书主要针对前者展开讲述。本书的宗旨是让大家尽快掌握 Java 高级开发程序员必备的知识体系，少走弯路，所以本章不仅通过实例向大家展示开发调试 Java 的一般步骤，还给出了学习 Java 的学习进阶路径，以帮助大家用较短的时间完成能力的提升。

1.1 搭建 Java 开发环境，运行基本程序

根据笔者的培训经验，初学者在初学阶段（尤其是开发第一个 Java 程序时）会遇到不少困难，也有个别毅力不强的学生会因此放弃。

所以本书开篇直接让大家上手开发第一个 Java 程序。

1.1.1 在 MyEclipse 中开发第一个 Java 程序

这里用 MyEcipse 作为开发工具，在配套的视频中，大家能看到 MyEclipse 的安装方式。开发第一个 Java 程序的步骤如下。

第一步，通过“File”→“New”→“Java Project”菜单，新建一个 Java 项目，如图 1.1 所示。

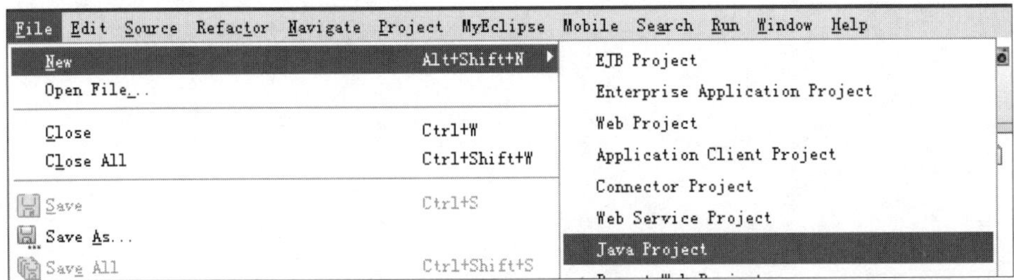

图 1.1 新建 Java 项目

第二步，在弹出的窗口中，输入项目名，如这里输入“ch1”，同时选择 JRE 版本，这里选择“JavaSE-1.7”选项。然后按默认的提示，完成 Java 项目创建，如图 1.2 所示。

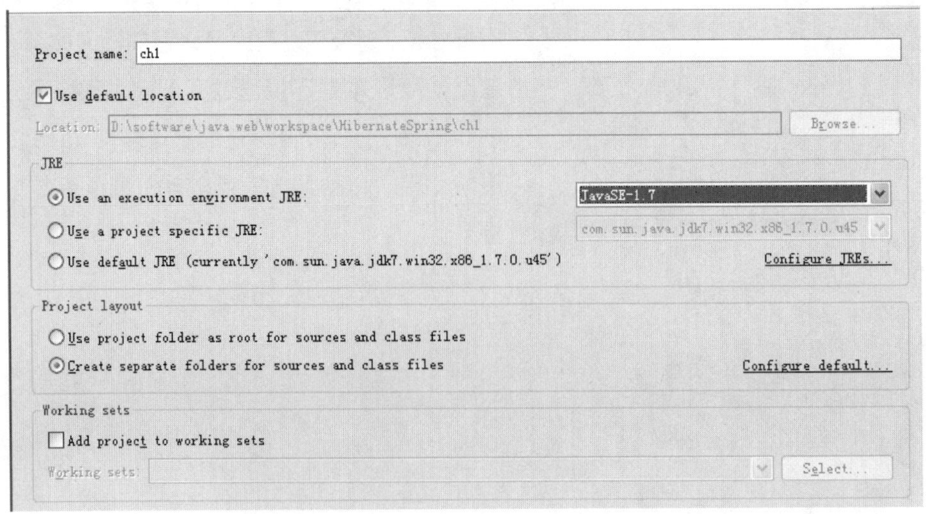

图 1.2 输入新项目的名称，并选择 JRE

第三步，完成创建后，可以在 Package Explorer 栏目下，看到新创建的 Java 项目“ch1”，在其中的 src 目录上单击右键，在弹出的快捷菜单中选择“New”→“Class”命令，如图 1.3 所示。

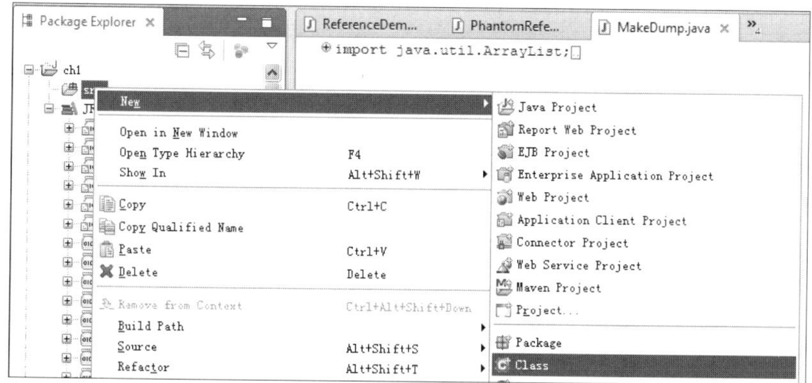

图 1.3　在 Java 项目中新建 Java 文件

在随后弹出的窗口里，输入待创建 Java 文件的名称，这里输入“HelloWorld”，其他都可以用默认的选项，然后单击“Finish”按钮完成创建，如图 1.4 所示。

New Java Class
Java Class
The use of the default package is discouraged.
Source folder: ch1/src　Browse...
Package: (default)　Browse...
Enclosing type:　Browse...
Name: HelloWorld
Modifiers: public　default　private　protected
abstract　final　static
Superclass: java.lang.Object　Browse...
Interfaces:　Add...　Remove
Which method stubs would you like to create?
public static void main(String[] args)
Constructors from superclass
Inherited abstract methods
Do you want to add comments? (Configure templates and default value here)
Generate comments
Finish　Cancel

图 1.4　输入 Java 文件的名称

第四步，完成创建后，在界面中输入如下代码来完成第一个 Java 程序。

```
public class HelloWorld {
    public static void main(String[] args){
```

```
3         System.out.println("Hello World");
4     }
5 }
```

在第 1 行中通过 class 关键字定义了一个 Java 主类，在第 2 行的 main 函数中，可以添加必要的代码，如这里在第 3 行添加了一句打印语句。

Java 程序是从 main 函数（也称为 main 方法）开始执行的，如果在代码空白部分右击，在弹出的快捷菜单中选择“Run As”→“Java Application”命令，就能在下方 Console 部分看到输出的打印结果，如图 1.5 所示。

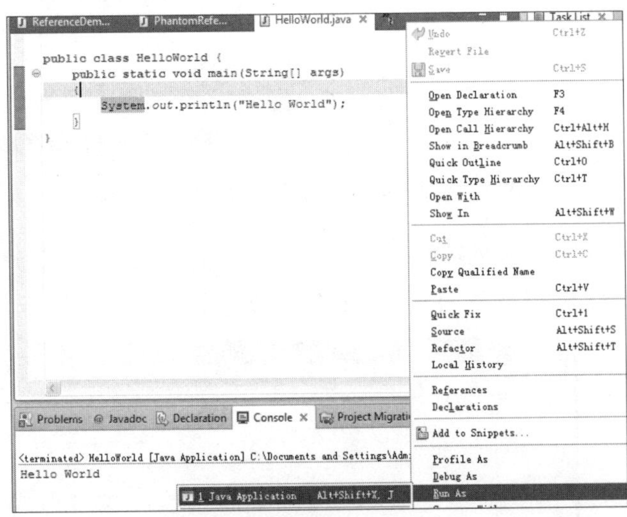

图 1.5　输出打印结果

1.1.2　第一个程序分析容易犯的错误

在编写 HelloWorld.java 时，建议大家采用复制粘贴的方式。因为手动输入容易发生错误，从而影响大家的学习信心。

下面来总结一下我们在培训时发现的初学者容易犯的错误。

错误 1：混淆了 Java 项目和 Java 程序。

在项目中，我们一般会创建 Java 项目（Project），实现如学生管理系统的项目功能等。而这个项目，是通过创建多个 Java 程序来实现项目功能的。

这里也是先创建名为 ch1 的 Java 项目再创建 Java 程序，也有不少初学者直接创建 Java 项目，这会导致代码无法运行。

错误 2：代码放错路径。这里请大家严格按照上述提示，把创建好的 HelloWorld.java 放入图 1.6 所示的 src 目录下。

错误 3：主类名和文件名不一致。在 HelloWorld.java 案例中，我们发现文件名（HelloWorld）和带 public 的主类名（包括拼写和大小写）是一致的，如果不一致就会出错。

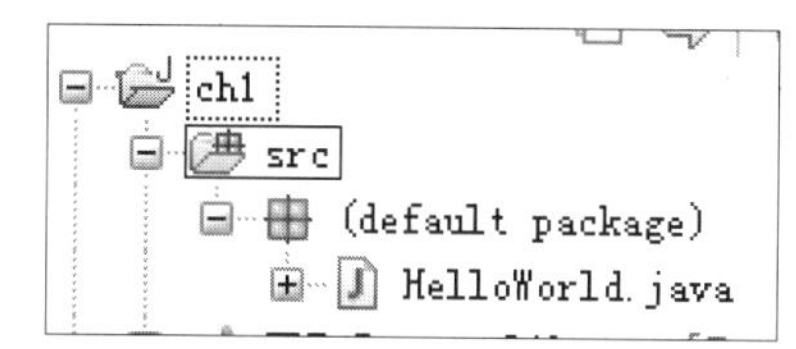

图 1.6　把 HelloWorld.java 放到 src 目录下

1.1.3　开发稍微复杂带函数调用的程序

HelloWorld.java 案例中，只有一个 main 方法，在实际项目中，往往会把实现某个功能的代码组装成函数，以供外部调用，这种做法在项目中非常普遍。下面将通过 FunctionDemo.java 案例来向大家演示如何定义和调用函数。

在刚才创建的 ch1 项目中，再按同样的步骤创建 FunctionDemo.java 程序，从第 1 行中，可以看到这里的主类名依然是和文件名相同的。

```
1  public class FunctionDemo {
2      static int calSum(int num) {
3          int result = 0;
4          int startNum = 0;
5          while (startNum++ < num) { // 实现累加和
6              result = result + startNum;
7          }
8          return result;
9      }
10     public static void main(String[] args) {
11         int result = calSum(100);
12         System.out.println(result);
13     }
14 }
```

从第 2 行到第 9 行，创建了一个名为 calSum 的函数（方法），其中它的返回值是 int 类型，它带有一个 int 类型的参数 num。在这个函数中，通过第 5 行到第 7 行的 while 循环实现了累加的功能，并在第 8 行通过 return 语句返回了累加的结果。

在 main 函数的第 11 行中，通过输入参数 100，调用了 calSum 方法，并用 result 接收了这个函数的返回值；在第 12 行中，通过 System.out.println 输出了累计和的结果。

1.1.4　可以通过 Debug 来排查问题

在开发过程中遇到问题时，可以通过 debug 方式来分步执行代码，并查看变量在每个步骤（如每次循环）时的值，由此可以分析和排查问题。

下面以 FunctionDemo.java 为例，介绍 Debug 的具体操作步骤。

第一步，在代码合适的位置加上断点（Point），一般会根据代码的实际情况，在循环等可能会出错的地方加上断点，如图 1.7 所示。

```
FunctionDemo.java
public class FunctionDemo {
    static int calSum(int num) {
        int result = 0;
        int startNum = 0;
        while (startNum++ < num) {
            result = result + startNum;
        }
        return result;
    }
    public static void main(String[] args) {
        int result = calSum(100);
        System.out.println(result);
    }
}
```

图 1.7　在代码中加上合适的断点

第二步，在空白位置右击，在弹出的快捷菜单中选择“Debug As”→“Java Application”，用 Debug 模式来启动程序，如图 1.8 所示。

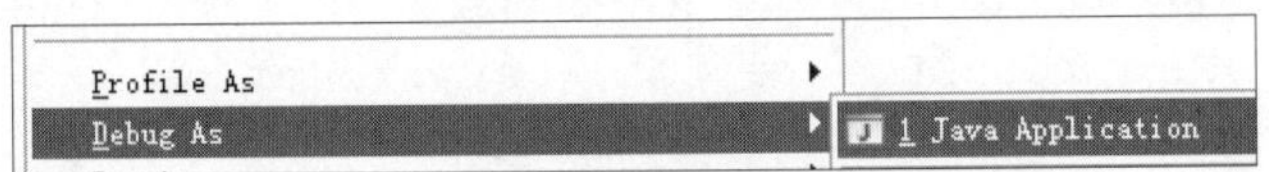

图 1.8　用 Debug 模式启动程序

用 Debug 启动后，程序会停在第一个断点位置，如图 1.9 所示。

```
FunctionDemo.java
public class FunctionDemo {
    static int calSum(int num) {
        int result = 0;
        int startNum = 0;
        while (startNum++ < num) {
            result = result + startNum;
        }
        return result;
    }
    public static void main(String[] args) {
        int result = calSum(100);
        System.out.println(result);
    }
}
```

图 1.9　启动后，程序停在第一个断点位置

第三步，此时开始调试代码。一般来说，可以通过按“F6”键进入下行代码，通过

按“F5”键进入当前方法中，通过按“F8”键跳转到下个断点。

例如，原来期望通过 FunctionDemo.java 实现 1 到 101 的累加和，预期结果是 5151，但实际结果运行出来是 5050（1 到 100 的累加和）。

这时，如果通过按“F6”键和按“F8”键运行到图 1.10 所示的界面时，能看到在 calSum 函数执行结束时的诸多变量值，由此能发现出错的原因是传入的参数是 100 而不是 101。

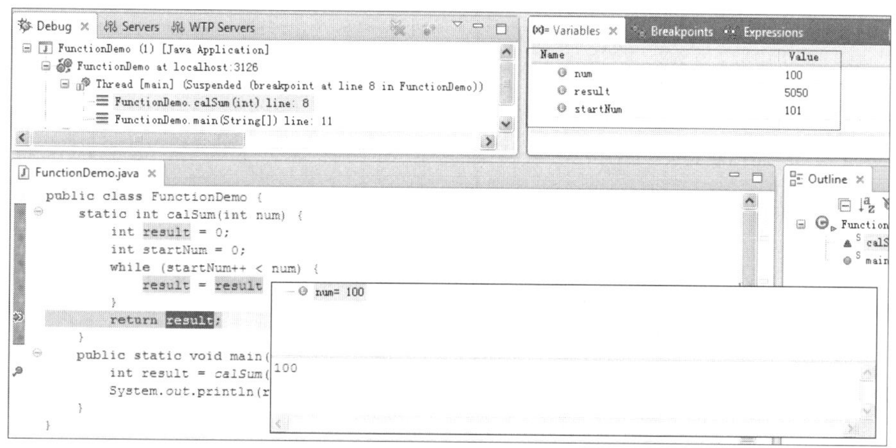

图 1.10　在 Debug 时，观察成员的变量的效果图

大家在平时开发时可能会在代码中犯错误，而且调试（Debug）代码和写代码的时间一般是持平的。所以大家要掌握 Debug 方法。

1.1.5　输入运行时的参数

main 函数的格式为 public static void main(String[] args)，它可以接收参数。在平时开发过程中，可以通过输入参数来指定这段程序的运行动作。

举个实际应用中的例子，代码在上生产环境（Prod）前需要在先测试环境（QA）上观察，而生产和测试环境的数据库连接等配置信息都是不同的，这时就可以通过输入的参数来指定这段程序的运行环境，下面通过 InputParamDemo.java 来观察接收参数的做法。

```
public class InputParamDemo {
    public static void main(String[] args) {
        if(args[0].equals("QA")){
            System.out.println("Run In QA Env.");
            //连接测试数据库，执行具体的业务
        }
        else if(args[0].equals("PROD")){
```

```
 8                 System.out.println("Run In PROD Env.");
 9                 //连接生产数据库，执行具体的业务
10             }
11             else{
12                 System.out.println("Error");
13             }
14         }
15 }
```

在 main 函数的第 3 行中，通过 args[0] 得到输入的参数，这里还通过 if 语句来判断输入的参数是否为 QA 或 PROD，并根据不同的输入执行不同的业务。

在执行时，可以在代码的空白位置右击，并在弹出的快捷菜单中选择“Run As”→“Run Configurations”命令，如图 1.11 所示。

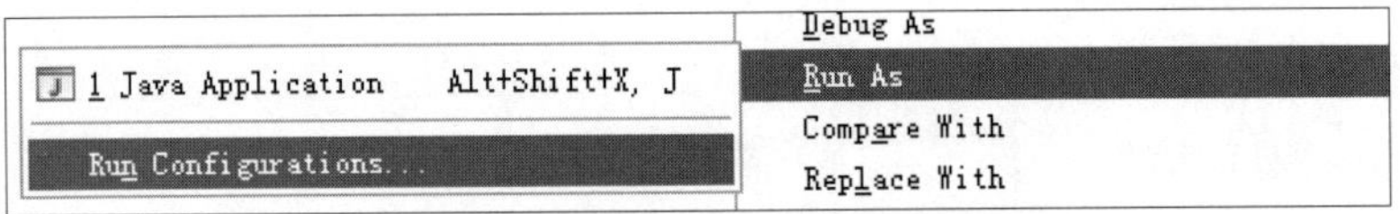

图 1.11 以带参数的方式执行代码

在打开的界面中选择“Arguments”标签，在其中输入参数“QA”，并单击“Run”按钮，这时就能以带“QA”参数的方式来运行 InputParamDemo.java 了，如图 1.12 所示。

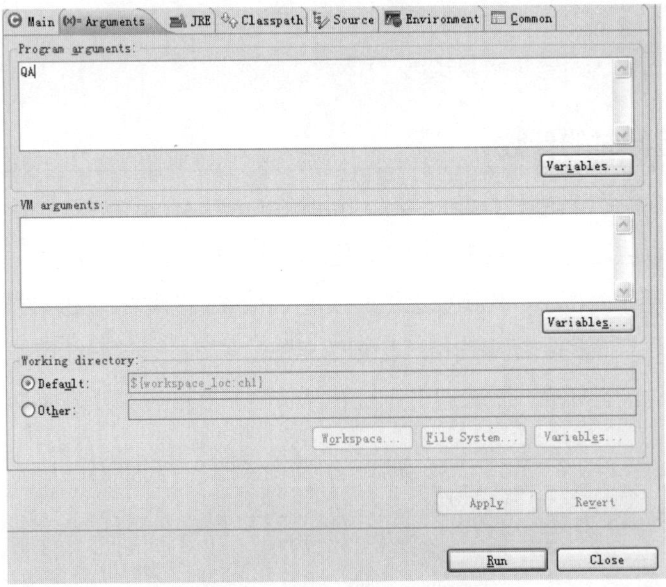

图 1.12 输入运行时的参数

1.2　遵循规范，让你的代码看上去很专业

项目的需求会不断变更，代码也会不断地被修改，而且同一段代码有可能由不同的人开发和维护，所以大家写的代码应该具备足够的可读性，这样便于其他人读懂并维护你的代码。

一般来讲，专业的程序员在写代码时会遵循一些约定俗成的规范，事实上，通过代码也能衡量出一个程序员的专业程度，所以在写代码时应该遵循本部分给出的准则。

1.2.1　注意缩进

从下面给出的代码中，可以看到代码的缩进，如第 2 行相比第 1 行缩进了 4 个空格，第 3 行相比第 2 行也缩进了 4 个空格。

```
1 public class InputParamDemo {
2     public static void main(String[] args) {
3         if(args[0].equals("QA")){
4             System.out.println("Run In QA Env.");
5             // 连接测试数据库，执行具体的业务
6         }
```

一般来讲，在“{”标记的下一行缩进一个单位（如这里一个单位是 4 个空格）。原因是，在“{”的下一行中，往往会写“从属于当前行”的代码，如第 3 行的代码是从属于第 2 行 main 方法的，而第 4 行的代码是从属于第 3 行 if 语句的。

注意，如果 if 语句后面只有一句话，可以不加大括号。例如，在下面的代码中，第 1 行的 if 语句只相对于第 2 行，第 3 行不属于它，但在这种情况下，即使没有大括号，仍然应该让第 2 行缩进 4 格。

```
1 if(args[0].equals("QA"))
2     System.out.println("Run In QA Env.");
3 其他业务
```

1.2.2　规范命名

在命名类、方法和变量名时，应该让人一看就能明白这个类（或方法或变量）的含义，这样能提升代码的可读性，下面来看给出的如下代码。

```
public class FunctionDemo {
    static int calSum(int num) {
```

```
3            int result = 0;
4            int startNum = 0;
5            while (startNum++ < num) { // 实现累加和
6                result = result + startNum;
7            }
8            return result;
9        }
```

其中，从第 1 行的 FunctionDemo 类名中，可以看出这个类是用户演示方法的声明和调用，从第 2 行的方法名中，可以知道 calSum 的作用是"计算累加和"，而第 3 行的 result 和第 4 行的 startNum 变量均能有效地说明它们的作用。

下面给出一些约定俗成的命名规则，当然如果项目组有自己的规范，则应当以项目组的规范为准。

（1）项目名全部小写，包名全部小写，类名首字母大写。

（2）如果类名由多个单词组成，每个单词的首字母都要大写，如之前给出的类名为 FunctionDemo。

（3）变量名、方法名首字母小写，如果名称由多个单词组成，每个单词的首字母都要大写，如之前给出的方法名是 calSum，这种命名方法也称为驼峰命名法。

（4）用 final static 等方式定义的常量名全部大写。

（5）除了如下的 while，for 等循环的情况外，尽量不用 i，j 这类没有意义的字母来命名。

```
while (i++ < num) { 实现业务    }
或
for(int i = 0i<100;i++)   { 实现业务 }
```

1.2.3　在必要的地方加注释，让别人能看懂你的代码

大家写的代码，在很多场合下是给别人看的，所以在写代码时，应该主动地在疑难或别人可能会误解的位置加上注释。

Java 里注释分两种，// 表示注释一行，通过 /* 和 */ 则可以注释多行。在 FunctionDemo.java 中，可以在关键位置添加注释。例如：

```
// 这个类提供了一个计算累加和的 calSum 方法
public class FunctionDemo {
    static int calSum(int num) {
        int result = 0;
        int startNum = 0;
```

```
6          // 通过 while 循环计算累加和
7          while (startNum++ < num) {          // 实现累加和
8              result = result + startNum;
9          }
10         return result;                      // 返回计算后的值
11     }
12     public static void main(String[] args) {
13          /* 调用 calSum 方法，通过传入参数计算 1 到 100 的累加和
14             用 result 接收计算结果 */
15         int result = calSum(100);
16         System.out.println(result);         // 打印结果
17     }
18 }
```

其中，在第 1 行中通过注释说明了这个类的作用；在第 6 行中，通过注释说明了“循环”这个比较复杂的代码。在第 13 行和第 14 行，通过 /* 和 */ 的形式，在两行中说明了调用 calSum 的方法。

通过对比，可以发现加上注释后，别人能更清晰地读懂这段代码，比较简单的代码尚且如此，那么对于一些复杂度更高的代码，注释对提升代码可读性的作用更大。

正因如此，有些检查代码质量的工具会统计代码的注释率，而不少公司会把注释率作为考核代码质量的一个重要指标。所以，大家在编写代码时，应当养成勤加注释的好习惯。

1.2.4　把不同类型的代码放入不同的类、不同的包（package）

初学者往往只会创建一个 Java 文件，把所有的业务都写在这个文件中，有些人甚至还会在 main 函数中写上所有的代码，以至于这个 main 方法就有成百上千行。

后面会讲到“单一职责”原则，下面先介绍一些通俗易懂的结论。

（1）在一个类（class）中，应当放同一种类的代码，在其中可以通过不同的方法来做不同的事。例如，可以定义一个管理数据库的类 DBManage，在其中定义多个方法来实现连接或关闭数据等动作。

（2）可以把同一类业务的类放入同一个 package，如可以新建一个名为 Order 的 package，在其中可以放诸如封装订单业务的 OrderService 类和实现订单和数据库交互的 OrderDAO 类。

这样做的好处是，如果需要修改代码，那么就可以把修改所产生的影响限定在较小的范围内，如果把所有的代码都放到 main 函数中，而 main 函数有 1000 行，那么如果需要修改，则修改所影响的范围是整个 main 方法中的 1000 行代码。

1.3 高效学习法，让你不再半途而废

我们在和初级程序员交流时，经常会感受到他们迫切地想要提升自己能力的意愿，也有一些程序员在学习动力十足的情况下没有用到较好的学习方法或没采用合理的进阶路线，从而渐渐失去学习的热情。

下面给出一些经长期（至少 7 年）培训实践中提炼出来的学习方法和学习路线图，不仅能大大降低因渐渐失去学习动力最终半途而废的风险，更能提升学习效率，进而让大家能在较短的时间内完成升级。

1.3.1 在公司项目中，Web 是重点，Core 是基础

当前很多互联网公司的网站（如在线购物网站）属于 Web 的应用，Java 的擅长点是开发这类应用的后端程序，事实上大多数互联网公司也是把 Java 用于这一领域。

虽然在 Java 中也有（如 Swing 或 AWT）基于本地窗口界面（俗称 C/S 架构）的开发接口，但目前这些用得很少，不建议大家在初级阶段了解这些。

根据大多数程序员的实践经验，我们更应该通过 Spring MVC 或 MyBatis 等基于 Java Web 的架构或技术来提升自己的市场竞争力，但本书讲到的 Java Core 技术绝对不是没有价值的。架构技术、Java Web 技术和 Core 技术在大多数项目中的不同分工，如表 1.1 所示。

表 1.1 架构技术、Java Web 技术和 Core 技术在项目中的分工

技术种类	具体的技术	应用的层面和作用
架构技术	如实现负载均衡的 nginx，实现消息服务的 kafka	在架构层面为整个（如在线购物）系统提供（如消息、负载均衡等）服务。一旦有流量提升的需求，则可以采用扩展服务器的方式来应对
Java Web 技术	Spring MVC+MyBatis 框架	如用户下了订单，这个请求会从前端发送到后端，用 Spring MVC+MyBatis 框架，能很便捷地实现这一流程 而且这套框架能很好地实现类似订单管理这样有前后端交互的各类 Web 层面的业务
Core 技术	集合、数据库、IO、异常处理等技术	在实现诸多业务时（如订单管理业务中）会大量用到这些技术

1.3.2 Core 和 Web 知识点的学习路线图

从表 1.1 中可以看到，Java Web 技术可以用在宏观架构的方面，而 Core 技术则会被大量地用在微观层面，也就是业务逻辑中。

下面给出一套针对初级程序员的学习路线图供大家参考。其中，预计每周的学习时间

是周一至周五每晚 1 小时，周末加起来 3 小时，也就是平均每周学习 8 小时。第 1 个月以学习 Java 基础知识为主，第 1 个月的学习进度如表 1.2 所示。

表 1.2　第 1 个月的学习进度

学习时间	要学的技术	应该达到的水准
第 1 周	搭建Java环境，熟悉基本语法	安装好 JDK、Eclipse 或 MyEclipse 开发环境。能运行出第一个 Java 程序。最好还能熟悉 int 之类的基本数据类型和一些加减乘除等基本运算。了解 Math 等常用的类，了解 if 分支语句，了解 while、for 等循环语句，能够开发出诸如计算闰年或累加和之类的小程序
第 2 周	基本的面向对象语法	了解封装继承多态等的语法，知道面向对象的基本概念，但此时不必深入。这部分内容对应本书第 2 章
第 3 周	Java 集合部分的内容	知道 List、Set 和 Map 等对象的用法，知道泛型的用法，而且知道诸如 hashCode 等的常用知识。这部分内容对应本书第 3 章
第 4 周	异常处理流程和基本的 IO 处理流程	知道 try...catch...finally 的工作流程，知道基本的 IO 读写操作。会结合异常处理流程开发一些读写文件、读写内存等的程序。这部分内容对应本书第 4 章

第 2 个月在掌握上述知识的基础上深入了解 Java Core 的高级知识，并可以进入 Java Web 初级阶段的学习，这个时间段的学习进度如表 1.3 所示。

表 1.3　第 2 个月的学习进度

学习时间	要学的技术	应该达到的水准
第 5 周	搭建数据库环境，熟悉 JDBC 编程	安装好 MySQL 等数据库环境，会通过 JDBC 编写如读写数据库的操作，而且能掌握批处理和预处理等操作。最好能使用相关的操作。这部分内容对应本书第 5 章
第 6、7 周	多线程编程	能用多线程协作完成一件事情，掌握至少一种控制多线程并发的技巧（如 Lock），最好能掌握线程池。这部分内容对应本书第 7 章
第 8 周	基本的 Web 技术	能开发并运行基于 Jsp+Servlet+JavaBean+DB 架构的简单项目，并了解其中的一些重要技术

第 3 个月深入了解 Java Web 中比较资深的框架技术，如 Spring MVC 和 ORM 等，这个阶段的学习计划如表 1.4 所示。

表 1.4　第 3 个月的学习进度

学习时间	要学的技术	应该达到的水准
第 9 周	Spring 的诸如 IOC 和 AOP 等基本概念	能运行 IOC 和 AOP 部分的代码，并能结合代码知道诸如 AutoWire 等的重要知识点
第 10 周	Spring MVC 框架及其基本流程	能通过一个简单的 Spring MVC 程序了解它的组成结构，并了解其中各部分的开发要点
第 11 周	ORM 技术	了解 Hibernate 或 MyBatis 的基本开发模式，知道如何通过 ORM 和数据库交互
第 12 周	Spring MVC+ORM 框架	能运行一个简单的 Spring MVC+ORM 框架的案例，并大致了解这种框架中各部分的开发要点

需要说明的是，这套学习计划不是用在培训学校里的（培训学校里有老师专门讲解学习技巧和方法，进度要比这快得多，一般 1 个半月到 2 个月就能完成）。我考虑到大家平时都在上班，周末可能也会在公司加班，所以这是根据“脱产”的情况设计的。

在实践过程中，大多数有毅力的程序员都能（甚至提早）按时、按量完成这个进度。如果大家在学习这些基础知识时感觉吃力，那么就需要总结并改进当前的学习方法。

1.3.3　从基本的 LinkedList 入手，分享一些学习方法

大家在根据上述学习进度自学 Java Core 和 Web 部分的内容时，要用对学习方法。

（1）先有广度再深入。建议读者先把公司里普遍要用到的知识点（基本都列在路线图里了）了解一下，学习时，可以先了解基本的用法，暂不深入了解。

（2）不要光看资料和理论，一定要上机练习。例如，在学集合里的 LinkedList 时，先要找多段能运行的代码，通过输出的内容理解常用的 API 用法。如果只看理论或电子版资料，学习效率会低很多。

（3）分清先后次序。初学者或初级程序员一般不知道该学哪些知识及学习的先后次序，在学习具体的知识点（如 ArrayList）时往往也不知道哪些该优先学，哪些暂不必学。

这是学习过程中会遇到的最大问题，一般来讲，如果说掌握了错误的知识点后尚能用较短的时间来纠正，那么如果学了当前阶段不该学的技能，就无法在短时间里把学到的内容有效地整合成体系，这样不仅会延长学习时间，甚至会提升半途而废的风险。例如，某人学习方向是后端，但却用一个月学了现阶段暂时用不到的前端框架技术，这样就有可能因为不适应前端知识而终止学习 Java 的整个流程。

对此，笔者给大家的建议是，可以找一些口碑好的书，也可以看一些相关的视频，然后按这些资料上给出的知识体系学，这样至少不会走太多的弯路。

下面以集合里的常用知识点 LinkedList 为例，具体来介绍一下学习方法。

（1）大概用 10 分钟，从书或视频或其他资料中了解概念，知道它是一个基于链表的线性表。

（2）通过通读 API，知道如何通过构造函数创建对象，以及如何通过 API 进行插入、删除、读取、清空、遍历等操作。这时切记不要只看概念，一定要通过运行代码来了解，如可以通过运行类似于 ListTest.java 的代码来了解 LinkedList 的基本用法。

```
1  import java.util.LinkedList;
2  import java.util.List;
3  public class ListTest {
4      public static void main(String[] args) {
5          // 使用泛型创建 LinkedList
6          List<String> l1 = new LinkedList<String>();
7          // List l1 = new LinkedList();
8          int index = 0;
9          // 插入元素
10         l1.add("firstElement");
11         l1.add("secondElement");
12         // 访问索引
13         index = l1.indexOf("firstElement");
14         System.out.println("the index of firstElement is " +
   index);
15         // 删除元素
16         l1.remove("secondElement");
17         // 依次遍历
18         for (int i = 0; i < l1.size(); i++)
19         { System.out.println(l1.get(i)); }
20         // 清空链表
21         l1.clear();
22     }
23 }
```

从上述代码的第 6 行中，可以通过构造函数创建 LinkedList；在第 9 行和第 10 行中，可以插入元素；通过第 13 行，可以从 LinkedList 中找指定元素索引；通过第 16 行，可以删除元素；通过第 18 行的循环，能看到如何遍历；通过第 21 行，能看到如何清空链表。也就是说，通过上述代码，大家能了解 LinkedList 的基本用法。

而且，大家可以通过断点和 Debug 模式，依次运行这段代码，通过逐行观察 LinkedList 元素的值，进一步了解具体的 API 用法。

在这个阶段，可以多运行些代码，不过此时建议大家运行别人给出的能运行通畅的代码，然后在此基础上通过修改来了解一些方法的用法。因为大家此时尚未完全熟悉 Java 代码，所以不建议大家从头到尾独立编写代码，也不建议大家过于深入了解 API，如它的构造函数有多少个，此时可以大致浏览不同构造的函数的用法，但无须死记硬背，等到用时再查也可以。

从语法角度来看，LinkedList 对象所带的 API 要远比上述案例中的多，但此时读者也只需了解本案例中给出的常用的，至于一些不常用的需要时再现查也可以。

（3）在了解基本用法的前提下，深入了解和性能相关的知识点。例如，可以再了解它是线程不安全的，也是基于链表的，由此可以深入了解它和基于数组的 ArrayList 分别的适用情况。

从上述给出的学习流程来看，读者最多用 1 个小时就能了解一个知识点，等到读者熟悉后，这个时间能缩短到半小时左右。这样慢慢积累，就能通过积累多个知识点深入掌握一个知识体系（如 LinkedList 所对应的知识体系是集合），最终就能通过积累多个知识体系从而掌握高级程序员所必备的综合技术。

1.3.4 除非有特殊的需求，否则可以延后学习的知识点

Java Core 和 Web 中包含的知识点很多，根据当前的使用情况，下面总结了一些在开始阶段可以不学的知识点。在 Java Core 方面，可以暂时不学或用时再学习的知识点如表 1.5 所示。

表 1.5 Java Core 方面可以延后学习的知识点

知识点	学习的时机
界面开发方面的知识，如 Swing、AWT 等	Java 主要用在 Web 方面，很少有项目会用到这些 UI 部分的知识点，可以等实际用到时再学
Socket 编程方面	目前 Web 部分是用 Spring MVC 等框架，一般高级程序员或架构师才有机会接触到的网络通信体系，所以可以先了解概念，等有项目需求时再学
Annotation(注解)	一般是嵌入在代码中的，常用的不多。可以见到一个学一个，不常用的可以忽略
虚拟机方面，如类加载或 .class 文件的结构	虚拟机很重要，因为能对性能调优产生立竿见影的效果。但要靠技术积累，所以建议有至少 2 年相关工作经验后再学习，刚开始时，可以先了解概念和相关基本的内存管理知识点

在 Web 方面，建议先了解一整套框架，如可以先通过 Spring MVC+Hibernate 了解基

于 Web 框架开发的一整套知识体系，再去不断地深入了解各 Web 组件的 API 等细节。一般来说，在开始阶段，如表 1.6 所示的 Web 知识点可以延后学习。

表 1.6　Java Web 方面可以延后学习的知识点

知识点	学习的时机
JSP 内嵌对象	可以先大致了解概念和基本的用法，没必要刚开始就深入了解具体内嵌对象的 API
JSP 标签库	这属于前端，如果是后端路线，在开始阶段可以暂时不深入学习这部分知识
Struts MVC	目前用得很少，可以等到掌握 Spring MVC 后再学，如果项目中用不到，甚至可以不学
JS、CSS、DIV 等前端知识	如果不是前端路线，在刚开始接触 Web 开发时，这些前端的技术可以不必过多关注

1.3.5　以需求为导向，否则效率不高

根据敏捷开发中做产品的一般思路，产品公司（特别是互联网公司）会用较短的时间向社会用户推出一个具备基本功能要素（但功能细节等未必十全十美）的产品（如手机游戏），以此抢占市场先机，等收到用户反馈之后，再慢慢修改完善。

大家学习时也可以借鉴这种模式，可以在较短时间内（如之前所给出的 3 个月）掌握必备的知识体系，随后再根据实际需求慢慢完善，下面通过两个典型的例子来具体说明。

初级程序员小张工作也有两年了，他想换份高级开发的工作，但他在平时工作中，只用到了 Java Core 和 JDBC，所以他工作之余也在学高级开发所必备的其他知识，如 Spring MVC 等。

这时，我们推荐的方法是，小张可以收集 10 家左右公司的招聘资料，以此来了解当前公司对高级开发有什么要求，随后就通过案例来学习这些必备的知识点。

在学的同时，小张隔三岔五就出去面试一次，虽然开始时一问三不知，但可以借此机会收集到面试题，而且还能了解针对高级开发的面试要求，从而能据此不断调整自己的学习方向。例如，之前小张学了很多算法，但经过多次面试发现没必要学那么深，就可以把时间调整到其他方面，经过多轮“学面结合”的调整，小张在半年内就找到了合适的高级开发工作。

相反，小王做初级开发也有两年了，他本意是把各知识点学精后再去面试，他确实也很刻苦，用了半年时间完成了学习（因为学得面面俱到）。但之后小王出去面试时发现，他的知识体系无法很好地和软件公司的要求相匹配，如他学了 Struts，但在面试中基本没问这方面的问题；又如在集合方面，小王学会了所有集合类型对象的用法，但都没深入，而

软件公司的一般要求是深入了解一些常用的，比如会用 HashMap、ArrayList 和 LinkedList 等，也就是说，小王在这半年里学到的知识点有些是用不到的，有些是没达到企业所要求的深度的。

小王这种“不匹配”的情况是无法避免的，毕竟学习和做商业项目是两回事，只不过小张能通过面试不断修正自己学习的方向，而小王始终在闭门造车，由此可以比对出这两种学习方法的效率。

1.3.6 提升能力后，成功跳槽时常见的忧虑

本节虽然和学习方法无关，但和升级能力之后的跳槽有着密切的关联。

还是刚才案例中的小张，他成功地应聘到某公司的“高级开发”的岗位，这时他会有这样的忧虑：其实他只是在学习中用到过一些高级技术（如 Spring MVC），而没有在真实项目中实践过，也就是说，小张的真实能力未必能达到高级开发的水准，所以他担心无法通过试用期。

其实程序员在跳槽时会普遍存在这种忧虑，尤其当跳到更高级的职务时，这种担心更为明显。以至于某些人拿到 Offer 后会以“求稳定为由”不敢去新公司，另外一类比较保守的程序员往往想要通过学习把自己能力提升到足够的高度后才敢去面试，如刚才案例中的小王。

对此我们通常给出的建议是，升级不易，但不能因噎废食。

例如，实例中的小张，哪怕他在学习过程中再努力，但学习所用的案例复杂度是无法和商业案例相比的，也就是说，通过学习完成升级后达到的高度总会低于公司要求的平均水准，所以要做到“完全达到高级开发水准再跳槽”其实很难。

当小张进到新公司从事高级开发时，在试用期阶段，一定会感到不适应，因为之前没做过。这时他就更应勤学苦练、不怕加班，有问题马上请教前辈或项目经理，这样当试用期结束时，由于在项目里真刀真枪地磨炼过，相比之前的“在项目之外的学习”，他的能力一定提升很快。退一步来讲，即使过不了试用期，但按他现在的能力，到其他公司找高级开发的工作要比他在之前处于“初级程序员”阶段时要容易很多。

上面我们给出了“通过面试不断调整学习要点”的升级捷径，最后在升级时要考虑的问题是不断总结适合自己的快速有效的学习方法，升级成功跳槽后应全力以赴地在项目中磨炼自己以求通过试用期。

第 2 章

基本语法中的常用技术点精讲

根据笔者的培训经验，在学习基本语法时往往会出现两类错误的倾向：一类是比较好学的学生会过于关注每一个语法细节，事实上，在实际项目中经常用到的语法也就是其中的一部分，这些学生往往会把精力用到不常用的知识点上，这样会延长学习时间，更重要的是会被烦琐的细节搞得失去继续学习的信心；另一类是学生会认为基本语法不重要而干脆忽视，这些人写出来的代码看上去会很不专业。

本章只介绍项目中常用的基本用法及一些容易被忽视的细节，而且会列出一些大多数初学者会遇到的问题，以此来警示大家。

此外，本章还将结合一些案例向大家展示面向对象思想的使用要点，从而能从应用层面来了解和使用这个思想，而不是单纯停留在理论层面。

2.1 基本数据类型、封装类和基本运算操作

在 Java 的语法中，基本数据类型、封装类和基本运算操作 3 个知识点可以说是比较基础的，下面将从高级程序员的视角，来讲述这些基本知识点的使用技巧。

2.1.1 从 int 和 Integer 来区别基本数据类型和封装类

Java 的基本数据类型分为四大类：整数、浮点数、字符型（非字符串型）和布尔型。其中，整数包括 byte、int、short、long，浮点数包括 float、double，可以通过 char 来定义字符型变量，也可以通过 boolean 来定义布尔型变量。它们的数值范围如表 2.1 所示。

表 2.1 java 基本数据类型归纳表

数据类型	范 围
byte	-128 ~ 127
short	-32 768（-2）^{15} 到 32 767（$2^{15}-1$）
int	-2^{32} 到 $2^{32}-1$。也就是 4 294 967 296 到 4 294 967 295
long	-2^{63} 次方到 $2^{63}-1$
float	3.4e-038~3.4e+038
double	1.7e-308~1.7e+308
char	\u0000~\uffff
boolean	true 或 false

项目中应当注意的要点如下。

（1）在实际项目中，如果要定义整数型变量，一般用 int，因为 byte 和 short 范围太小，只有发生数字越界时，才需要考虑用 long。

（2）char 用来表示单个字符，它有两种赋值方式：用单引号（而不是双引号）来表示某个字符，或者用整数来表示这个字符所对应的 unicode 编码值。例如，可以用 char c1 = 'a'; 来赋值，也可以写成 char c1 = 97;，因为字符 a 所对应的 unicode 编码值是 97。

也就是说，从表现形式上来看，char 可以用来定义字符和整数，但为了提升可读性（未必每个人都知道 97 所对应的 unicode 编码是 a），建议只采用 char c1 = 'a'; 的写法。

（3）java 为每个数据类型都定义了一个默认值，尽管如此，在定义变量时，应当主动给这个变量赋个初始值，正确的写法为 int a = 0;，不推荐的写法为 int a;。

（4）一般情况下，整数型数据都是用十进制来表示的，如果遇到 0x 开头的写法，表示这个数是十六进制，如 0x1F，它对应的十进制数值为 31。而八进制则以 0 开头，如 017

所对应的十进制数值为 15。

在 Java 语言中，对于上文提到的基本数据类型都有一个对应的封装类，在其中封装了针对该类型数据的一些操作方法。基本数据类型和封装类的对应关系如表 2.2 所示。

表 2.2　基本数据类型和封装类的对应关系

数据类型	封装类	数据类型	封装类
boolean	Boolean	int	Integer
char	Character	long	Long
byte	Byte	double	Double
short	Short	float	Float

经常用封装类来进行数据类型的转换，如在数据库中，物品存货数量是用 varchar（也就是字符串）来存放的，但在代码中，需要对此进行加减乘除的数值运算，那么就需要转换成 int（或 float 或 long）类型，这个 StringtoNum.java 的代码如下，其通过 Integer、Float 和 Long 这三个封装类中提供的方法实现了数据转换功能。

```
public class StringtoNum { // 主类名需要和文件名一致
    // 这是个 main 函数
    public static void main(String[] args) {
        // 从数据库里取到的 num 是 String 类型
        String num = "123";
        // 通过 Integer 封装类进行数据转换
        int intVal = Integer.valueOf(num);
        // 通过 Float 封装类进行数据转换
        float fltVal = Float.valueOf(num);
        // 通过 Long 封装类进行数据转换
        long longVal = Long.valueOf(num);
        // 依次输出三个转换后的变量
        System.out.println(intVal);
        System.out.println(fltVal);
        System.out.println(longVal);
    }
}
```

2.1.2　左加加和右加加的使用建议

在操作符中，比较容易混淆的要数左加加和右加加了。其中，i++ 是指表达式运算完后再给 i 加 1，而 ++j 是指先给 j 加 1 然后再运算表达式的值。下面来看实际的例子 AddDemo.java。

```
1  public class AddDemo {
2      public static void main(String[] args) {
3          int i = 5;
4          int j = 5;
5          int k;
6          k=i++*3;
7          // i 的值为 6，表达式 i++ 的值为 6，k 的值为 18
8          System.out.println(i);
9          System.out.println(k);
10         // i 的值为 6，但表达式 ++i 的值为 6，k 的值为 18
11         k=++j*3;
12         System.out.println(j);
13         System.out.println(k);
14     }
15 }
```

注意第 6 行的操作，此时 i 是 5，这时是先完成 i*3 的操作，再做 i+1，根据第 8 行和第 9 行的输出，可以看到 i 是 6（加 1 后的结果），k 是 15（5*3 而不是 6*3）。

同样在第 11 行中是左加加，此时先执行 j+1 的操作，再执行 (j+1)*3 的操作，从第 12 行和第 13 行的输出结果来看，j 是 6，k 是 18（是用 j+1 的结果乘以 3）。

为了提升代码的可读性，建议左加加和右加加操作不应（或尽量少）和其他操作符混用，如果实在有必要，要分开写。例如，可以把上述代码改成如下代码。

```
1          int i = 5;
2          int j = 5;
3          int k;
4          //k=i++*3; 改写成第 5 行和第 6 行的样子
5           k=i*3;
6           i++;
7           //k=++j*3; 改写成第 8 行和第 9 行的样子
8           ++j;
9           k=j*3;
```

注意，如果一行变两行，可能会影响性能，但与代码的可读性相比，是值得的。

2.1.3 可以通过三目运算符来替代简单的 if 语句

程序员经常通过 if 和 else 分支语句进行必要的操作，如有如下的业务需求，某客户在一年内的消费额度大于 10 万元，这个用户的属性就需要设置成 VIP，否则设置成 Normal。

用 if...else 的常规写法如下。

```
1    int cost = 105000;           // 消费额度
2    String type = "Normal";      // 用户的属性，默认是 Normal
3    if(cost>100000)
4       type = "VIP"
5    else
6     type="Normal";
```

也可以通过一个带问号的三目运算符来实现从第 3 行到第 6 行的效果，代码如下。

```
cost>100000? type = "VIP":type="Normal";
```

这种带问题的表达式的基本形式如下。

```
表达式 1? 表达式 2: 表达式 3;
```

因为带有 3 个表达式，所以称为三目运算符，它的语法是，判断表达式 1 的返回值，如果是 true 则执行表达式 2，否则执行表达式 3。

2.1.4　== 和 equals 的区别

在进行布尔类型的操作时，经常会用到 == 和 equals。对于基本数据类型（如 int），== 可以用来比较它们的值是否相等，对于封装类型（如 Integer），== 是比较它们在内存中存放的地址是否一致，而封装在 Integer 中的 equals 方法才用来比较它们的值是否相等。下面来看 EqualsDemo.java 实例。

```
public class EqualsDemo {
    public static void main(String[] args) {
        boolean flag = false;
        int v1 = 10;
        int v2 = 10;
        // 这里通过一个三目运算符，来查看 v1==v2 的值
        flag = (v1 == v2)?true:false;
        System.out.println(flag); // 输出是 true
        // 通过 new 的方式创建两个 Integer 类型的对象
        Integer i1 = new Integer(10);
        Integer i2= new Integer(10);
```

```
12              System.out.println(i1.equals(i2));//true
13              System.out.println(i1==i2);//false
14          }
15  }
```

在第 4 行和第 5 行定义了两个值都是 10 的 int 类型的变量，通过第 7 行的表达式，可以发现 v1==v2 返回是 true，因为基本数据类型，==是用来比较值的。

在第 10 行和第 11 行，通过 new 创建了两个 Integer 对象，并给它们设置的初始值都是 10。注意，这里通过 new 创建出来的是两个不同的对象，可以想象它们在内存中的存放地址是不同的，所以在第 13 行通过 == 比较时，会发现输出是 false，而在第 12 行 equals 的结果是 true。

2.1.5 基本数据类型、封装类和运算操作的面试题

基本数据类型、封装类和运算操作的面试题如下。

（1）简述 & 和 &&，以及 | 和 || 的区别。

（2）运行 short s1 = 1; s1 = s1 + 1; 会出现什么结果?

运行 short s1 = 1; s1 += 1; 又会出现什么结果?

（3）用最有效率的方法算出 2 乘以 8 等于多少。

（4）“==”和 equals 方法有什么区别?

（5）Integer 与 int 的区别是什么?

（6）Math.round(11.5) 等于多少？Math.round(-11.5) 等于多少？

（7）float 型 float f=3.4 是否正确？

扫描右侧二维码可以看到这部分面试题的答案，且该页面中会不断添加其他的同类面试题。

2.2 流程控制时的注意要点

通过 if...else 语句控制顺序的分支结构，通过 while，do...while 和 for 可以编写循环语句，即它们都可以控制流程。下面介绍控制流程时经常会用到的技巧。

2.2.1 以 if 分支语句为例，观察条件表达式中的注意要点

下面通过判断是否为闰年的 LeapYear.java 例子来介绍 if...else 语句的常规写法。

判断闰年的条件如下：第一，是否能被 4 整除但不能被 100 整除，如果是，则为闰年；第二，是否能被 400 整除，如果是，也为闰年。

```
1  public class LeapYear {
2      public static void main(String args[])
3      {
4              int year = 2016;
5              if ((year % 4 == 0 && year % 100 != 0) ||
6                   (year % 400 == 0)){
7                 System.out.println(year + " is a leap year.");
8              }
9              else{
10             System.out.println(year + " is not a leap year.");
11             }
12         }
13 }
```

在上面第 5 行和第 6 行代码中，通过 if 语句来判断是否为闰年，如果不是，则转到第 10 行的 else 分支语句。

在这个例子中第 5 行和第 6 行的条件语句中，用到了"&& 和 ||"来进行 and 和 or 的操作，请大家注意"& 和 |"是位操作（用的地方不多，所以这里不讲），而"&& 和 ||"是布尔操作。

另外也要注意，在 if（及后面的 while,do...while 和 for）的条件表达式中，不要使用太多的"&& 和 ||"等操作。因为代码测试时，得完全覆盖条件表达式的各种情况，如在判断闰年的例子中，使用的测试案例如下。

（1）能被 4 整除但不能被 100 整除的年份，如 2016。

（2）不能被 4 整除的年份，如 2015。

（3）能同时被 4 和 100 整除，但不能被 400 整除的年份，如 1900。

（4）能被 400 整除的年份，如 2000。

从中可以看出，一旦在条件表达式中出现多个 && 或 || 符号，那么所用到的测试案例就得成指数倍上升。在代码中没有限制在条件语句里最多出现多少个表达式，但在如下所示的代码样式中，尽可能地少写表达式。

```
if （条件 1&& 条件 2&&... 条件 n)
```

如果业务需求真的那么复杂，可以分解成如下代码。

```
if(条件1 ){
    if(条件2){}…
}
else
{}
```

2.2.2 避免短路现象

在 if，while，do...while 和 for 等的表达式中，需要注意“短路现象”。

例如，在 if(表达式 1&& 表达式 2) 语句中，如果左边的表达式 1 结果是 false，如果 && 两边只要有一个是 false，那么不论右边的表达式 2 的结果如何，if 条件一定是 false，在这种情况下，Java 虚拟机不会执行右边的表达式 2，因为结果已经无意义了。

同样地，在 if(表达式 1|| 表达式 2) 语句中，如果左边的表达式 1 是 true，那么无论右边的表达式 2 的结果如何，if 语句的结果都是 true，在这种情况下，也不会执行右边的表达式 2 的语句。下面来看 IfDemo.java 的例子。

```
1  public class IfDemo {
2      public static void main(String[] args) {
3          int a = 2;
4          int b = 3;
5          if (a > 0 || ++b < 0) {
6              System.out.println(b); // b is 3, not 4
7          }
8          if (a < 0 && ++b < 0) { } else {
9              System.out.println(b); // b is 3, not 4
10         }
11     }
12 }
```

在第 5 行的 if 中，条件语句是 a > 0 || ++b < 0，因为 a 等于 2，是大于 0 的，所以左边的条件是 true，此时就不会执行右边的 ++b 操作，因此从第 6 行的输出上可以看到 b 的值还是 3，没有变成 4。同样地，在第 8 行的 a<0&&++b < 0 条件表达式中，由于 a 小于 0 是 false，因此右边的 ++b 也不会被执行，所以在第 9 行的输出中，b 的值仍然是 3。

对此，给大家的建议是，要了解短路现象；在写代码时，应当只在条件表达式中做简单的判断操作，而不应进行数值运算，从而避免在写代码时出现短路现象。

如果在代码中出现短路现象，会使代码变得不可读，就容易提升出错的风险。

2.2.3　尤其注意 while,do...while 和 for 循环的边界值

循环语句包括 for，while，do-while 语句，我们先来看下这三种语句的基本语法。

（1）for 语句的语法如下。

```
for( 初始化语句 ; 条件语句 ; 递归语句 ){ 循环体 ;   }
```

程序先执行初始化语句，然后判断条件语句的值，如果为 true，则执行循环体和递归语句，再判断此刻的条件语句的值；否则重复以上步骤，直到某次递归之后，条件语句的值为 false，跳出当前 for 语句。

（2）while 语句的语法如下。

```
while( 条件语句 ) { 循环体 ; }
```

其中，如果判断条件的值是 true，就执行循环体，执行后判断此刻的条件语句的值；否则重复以上步骤，直到条件语句的值为 false，跳出当前 while 语句。

（3）do-while 语句的语法如下。

```
do { 循环体 ; }while( 条件语句 )
```

先执行循环体，然后判断条件语句的值，如果为 true 继续执行循环体，再判断条件语句的值；否则重复以上步骤，直到条件语句的值为 false，跳出当前 do-while 语句。

在执行循环时，需要注意起始条件和退出条件。下面通过 LoopDemo.java 的例子，来看看随手设置起始条件和退出条件带来的风险。

```
1 public class LoopDemo {
2     public static void main(String[] args) {
3         int sum=0;
4         for(int i=1;i<100;i++)
5         //for(int i=1;i<101;i++)
6         {
7             sum = sum+i;
8         }
9         System.out.println(sum);// 结果是 4950
```

在第 3 行中，定义了 sum 变量，以此来存放 1 到 100 的累加和，其结果应为 5050。

但是在第 4 行的 for 语句中的退出条件是 i<100，也就是说当 i 是 100 时，就不满足此条件，事实上通过这个 for 执行的是 1 到 99 的累加和，第 9 行的输出能验证这个结果。

为了得到正确的结果，应当改用第 5 行的写法，这样，i 等于 100 时依然能进入循环

主体代码。通过此例子，需要注意退出条件是否与期望的一样。

```
10          int startVal = 1;
11          //int startVal = 0;
12          sum=0;
13          while(startVal++<100)
14          {
15              sum = sum+startVal;
16          }
17          System.out.println(sum);    // 结果是 5049
```

上面的代码是通过第 13 ~ 16 行的 while 循环计算 1 到 100 的累加和。注意，第 10 行中，设置的起始值是 1，在第 13 行中，第一次进入循环主体之前，startVal 的值被加加操作设置成了 2，所以事实上通过 while 循环得到的是 2 到 100 的累加和，从第 17 行的输出中能得到验证，正确的改法如第 11 行所示。通过这个例子，需要注意第一次进入循环前的起始值是否与预期的一致。

```
18          int visitTime = 0;
19          int bonus=0;
20          do
21          {
22              bonus++;
23          }
24          while(visitTime++<10);
25          System.out.println(bonus);  // 结果是 11
26      }
27
28  }
```

从第 18 ~ 25 行的代码中，可以看出要完成的是根据某个用户的访问次数，给这个用户设置奖金，每访问一次奖金加 1。

但从第 20 行到第 24 行，用到的是 do...while 循环语句，也就是说，在第一次执行第 24 行的判断语句之前，第 22 行的循环主体代码会被执行一次，根据第 25 行的输出，得到的结果是 11，而不是预期的 10。

2.2.4 switch 中的 break 和 default

如果在业务需求里有多个分支选择，可以考虑使用 switch 语句来替代 if...else 分支，因为这样可以使代码更直观。例如，根据学生的成绩等级来发放奖学金，具体的代码为

BonusLevel.java。

```
1  public class BonusLevel {
2      public static void main(String[] args) {
3          char gradeLevel = 'C';
4          switch (gradeLevel)
5          {
6          case 'A':
7           {
8              System.out.println(gradeLevel + ",bonus is 1000.");
9              break;
10          }
11         case 'B':
12          {
13          System.out.println(gradeLevel + ",bonus is 800.");
14             break;
15          }
16         case 'C':
17          {
18          System.out.println(gradeLevel + ",bonus is 400.");
19             break;
20          }
21         case 'D':
22          {
23          System.out.println(gradeLevel + ",bonus is 200.");
24             break;
25          }
26         default:
27          {
28          System.out.println( "No bonus.");
29          }
30         }
31     }
32 }
```

从第 4 行到第 30 行，通过使用 switch...case 结构根据学生的成绩等级来输出奖学金的数目。

使用这种结构时需要注意如下两点。

（1）对于每个 case 分支，都需要加上 break 跳出语句。如果去掉第 19 行和第 24 行的 break 语句，会发现输出结果变了。

```
C,bonus is 400.
C,bonus is 200.
No bonus.
```

其中不仅输出了针对 C 级别的语句，还输出了后继的 D 和 default 的语句。也就是说，如果不加 break，即使执行完本部分 case 分支后，还会执行后继的分支语句。

（2）虽然不加 default 部分的代码不会报语法错误，但强烈建议加上处理默认的情况。

2.2.5 流程控制方面的面试题

流程控制方面的面试题如下。

（1）switch 语句能否作用在 byte、long、String 上？

（2）在 Java 中，如何跳出当前的多重嵌套循环?

（3）while 和 do while 有什么区别?

（4）你有没有用过关键字 goto？并简述你的看法。

扫描右侧二维码可以看到这部分面试题的答案，且该页面中会不断添加其他同类面试题。

2.3 需要单独分析的 String 对象

String 对象虽然简单，但会引出“内存内容不可变”，更能由此深入内存性能优化的高端主题。

2.3.1 通过 String 定义常量和变量的区别

下面通过 String 类定义字符串，这里需要注意如下两种写法。

```
1 String str = "abc";
2 String str = new String("abc");
```

在第 1 行中，定义的是一个常量，在第 2 行中，通过 new 关键字，定义了一个变量。再讲得深入些，在第 1 行常量池（而不是堆空间）中开辟了一块空间，在其中存放了字符串 abc，并通过 str 对象指向这个常量对象。而在第 2 行堆空间中通过 new 关键字开辟了一块内存，在其中存放字符串 abc，并把内存的地址（也就是引用）赋予 str 变量。

下面通过 StringDemo.java 例子来查看常量和变量的区别。

```
public class StringDemo {
```

```
2     public static void main(String[] args) {
3         String a = "abc";
4         String b = "abc";
5         System.out.println(a == b);//true
```

在第 3 行和第 4 行定义了两个常量，它们的值都是 abc，在第 5 行中，通过 ==（注意，不是 equals）来比较它们的值。

因为 == 是比较地址（equals 是比较值），由此会认为 a 和 b 是两个不同的值，所以它们的地址不可能相同，从而认为第 5 行的输出是 false。

事实上，这里定义的是两个常量，前面已经介绍过，它们是存放在常量池中的。Java 虚拟机会对常量池进行优化，由于 a 和 b 这两个常量的值相同，因此它们是存放在一个空间中的，也就是说，a 和 b 这两个引用是指向同一块内存的，所以第 5 行返回是 true。

```
6         Integer i1 = 10;
7         Integer i2 = 10;
8         System.out.println(i1 == i2);
```

下面来扩充一下，在第 6 行和第 7 行定义了两个 Integer 类型的常量，它们的值也是一致的，从第 8 行的输出可知，这两个常量对象也是共享了一块内存空间的。

```
9         String b1 =new String("abc");
10        System.out.println(a == b1);//false
11        String a1 =new String("abc");
12        System.out.println(a1 == b1);//false
```

在第 9 行和第 11 行中，通过 new 定义了两个变量，第 10 行输出是 false，a1 处在常量池中，b1 处在堆空间中，它们的内存地址不可能一致。第 12 行的输出也是 false，这说明如果通过 new 来创建字符串，即使它们的值一致，但它们是处在内存的两个不同的空间中的。

```
13        String c = "a";
14        String d = c + "bc";
15        String e = "a" + "bc";
16        System.out.println(a == d);
17        System.out.println(a == e);
18    }
19 }
```

在第 13 行中，定义了一个常量 c，它的值是 "a"，在第 14 行中，做了 c 和 "bc" 这两个字符串的连接操作，结果是 abc。这里比较难的是，在第 14 行中，引用的 c 对象已经是一个变量，所以 d 是变量。相比之下，在第 15 行中，执行了两个常量的连接操作，根据 Java 虚拟机的优化操作，第 15 行的 e 对象也是常量。

因此得出的结论是第 14 行创建的 d 对象是变量，而第 15 行创建的 e 对象是常量。在第 16 行的 a==d 布尔表达式中，a 是常量，d 是变量，所以返回值是 false。相比之下，由于第 15 行的比较，双方 a 和 e 都是常量，而且它们的值是一样的，因此第 15 行的输出是 true。

从这个例子中，可以得出如下结论。

（1）String 常量存放在常量池中，Java 虚拟机出于优化的考虑，会让内容一致的对象共享内存块，但变量是放在堆空间中的，new 定义的不同变量内存地址不会相同。

（2）String 常量连接常量，还是常量，依然用常量池管理，但变量连接常量就是变量了。

2.3.2 通过 String 来了解“内存值不可变”

假设写了这样的代码：String abc = new String("123");，可以想象一下系统的操作，首先在内存中的某个位置（假设 1000 号内存）开辟了一块空间，其中存放 123 内存，随后让 abc 指向了 1000 号内存，如图 2.1 所示。

这里说明一个现象，String 对象所指向内存地址中的值是不可变的。具体来讲，这里 1000 号内存中的值 123 在之后的操作过程中不能被改变。

可能这里会有疑问：不是可以通过 abc = new String("456"); 的操作来改变 abc 值的吗？下面再来通过图 2.2 来观察把 abc 设置成 456 的操作。

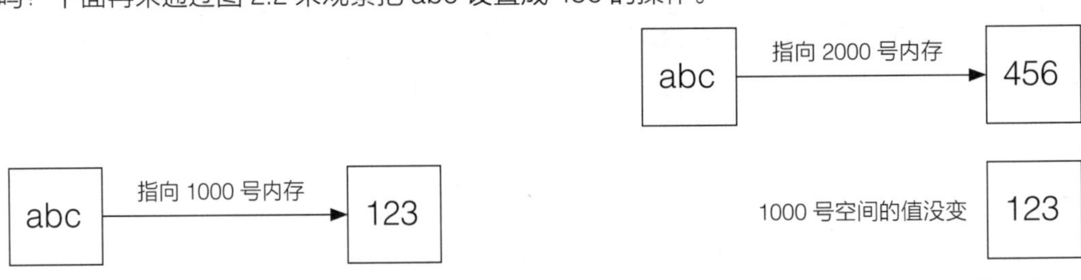

图 2.1　String 指向的内存

图 2.2　改变 String 值后的内存

从上图 2.2 中可以看出，系统会重新开辟新的内存（假设 2000 号），在其中存放 456，随后 abc 会指向它从而得到新的值。此时，1000 号内存空间的值确实没改变，但 abc 已经不再指向它了。

注意，发生 abc = new String("456"); 操作后，不是在原来的 1000 号内存空间上把

123 的值修改成 456，而是会开辟一块新的空间存放 456，原先 1000 号内存的值是不会变的。

此时存放 123 的 1000 号内存由于没有对象会引用，因此它就成了内存碎片，要到下次 Java 虚拟机回收内存时才会被回收。

正是因为 String 对象具有“内存值不可变”的特性，所以它有可能被不恰当地使用，下面通过 StringBadusage.java 例子具体了解正确的用法。

```
1  public class StringBadUsage {
2      public static void main(String[] args) {
3          String a = "123456789";
4          System.out.println(a.substring(0,5));//12345
5          String b = "123456789";// 假设 1000 号内存放 123456789
6          b.substring(0,5);        // 开辟了 2000 号内存，存放 12345
7          //b = b.substring(0,5); // 开辟 3000 号内存，存放 12345
8          System.out.println(b);   //1000 号内存依然是 123456789
```

这是个典型的错误用法，在第 6 行中，已经通过 substring 来对 b 做字符串截取操作了，但为什么在第 8 行依然看到 b 的值没变？

假设第 6 行存放 123456789 的内存空间是 1000 号，在第 6 行中，确实做了字符串截取操作，但结果不是更新到 1000 号内存中，而是开辟了 2000 号内存空间存放截取的结果值。而在第 8 行中，依然是输出 1000 号内存值，所以不会变。

正确的写法是，在第 7 行中需要用 b 对象来接收截取后的结果，这里存放着截取后值的 b 对象不会再存放到 1000 号内存中，而是存放在新开辟的 3000 号内存中，此时第 8 行输入的是 3000 号内存的值。

```
9          String c = "123456789";
10         c.replace('1', '2');
11         //c = c.replace('1', '2');
12         System.out.println(c);//123456789
```

对比第 10 行和第 11 行，出于同样的原因，如果不用 c 接收 replace 的值，第 12 行的输出依然不会变。也就是说，出于“不可变”的特性，针对 String 的操作（不仅限于 substring 和 replace）需要用另外一个 String 对象来接收，否则会得到预期之外的效果。

```
13         String num = "1";
14         for(int i = 0;i<100;i++)
15         {
16             num = num + "0";
17         }
```

```
18        }
19    }
```

从第 14 行到第 17 行的 for 循环中，频繁地进行了字符串连接操作，根据对不可变特性的理解，此时会频繁地开辟新的内存空间存放新值，旧的内存空间会随之废弃，这样会造成大量的内存损耗。虽然 Java 虚拟机会对此进行优化，但在写代码时应尽量避免在循环中（或其他情况下）大批量出现针对字符串的操作（不仅限于连接）。

对 String 类型对象用法的总结如下。

（1）尽可能使用常量，如 String a = "123"，避免使用变量，如 String a = new String("123")。

（2）尽量避免大规模地针对 String 的（如连接字符串）操作，因为这样会频繁地生成内存碎片，导致内存性能问题。如果遇到这种业务需求，应改用后面提到的 StringBuilder 对象。

（3）如果确实有需求，应采用 c = c.replace('1', '2'); 的写法，而不是直接写成 c.replace('1', '2');。

2.3.3 通过 String 和 StringBuilder 的区别查看内存优化

由于频繁地对字符串进行操作会产生大量的内存碎片，从而导致内存性能问题，因此遇到这种需要频繁操作字符串的情况时，可以使用 StringBuilder。

具体来说，StringBuilder 是字符串变量，不是像 String 那样是不可变的，而是可改变的对象，当用它进行字符串操作时，是在一个对象上操作的，这样就不会像 String 那样创建一些额外的对象。下面通过 StringBuilderDemo.java 来介绍它的常见用法。

```
public class StringBuilderDemo {
    public static void main(String[] args) {
        StringBuilder builder = new StringBuilder();
        builder.append("123").append(456); //123456
        System.out.println(builder.substring(0,4));//1234
        System.out.println(builder);//123456
        builder.replace(0,3,"a");
        System.out.println(builder); //a456
        builder.deleteCharAt(0);
        System.out.println(builder); //456
    }
}
```

在第 3 行中，通过 new 的方式，创建了一个 StringBuilder 对象，在第 4 行中，通过 append 方法，添加了值 123456，注意这里无须像 String 那样用一个对象接收，如下面的代码是错误的。

```
builder = builder.append("123").append(456);// 错误，无须用 builder 接收值
```

在第 5 行中，通过 substring 方法，截取了字符串，这样的输出是 1234，从第 0 号位置截取到第 4 号位置。但是这个方法的返回值是 String 类型的，这个值不会被写回到 builder 对象中，所以在第 6 行中，可以看到 builder 对象的值依然是 123456，而不是 1234。

注意，这里会经常错误地认为 substring 会自动地把结果写回到 StringBuilder 对象中，但事实上这个方法的返回类型是 String，需要用 String val = builder.substring(0,4); 的方法来接收返回值。

在第 7 行中，用到了 replace 方法，它和 String 的 replace 方法不一致，第 7 行代码的含义是把第 0 号到第 3 号的字符串替换成 "a"，也就是说把 123456 中的 123 替换成 a，结果是 a456。

在第 9 行中，通过 deleteCharAt 方法，删除了第 0 号的元素，执行后的结果是 456。

需要说明的是，StringBuffer 的功能和 StringBuilder 的功能很相似，但 StringBuilder 是线程不安全的，而 StringBuffer 是线程安全的，为了保持线程安全的特性，StringBuffer 的性能要略低于 StringBuiler。但是绝大多数的运行环境都是单线程的，在单线程环境下，用 StringBuilder 即可。

2.3.4　会被不知不觉调用的 toString() 方法

下面来看 ToStringDemo.java 的例子，其代码如下。

```
public class ToStringDemo {
    public static void main(String[] args) {
        int iVal = 10;
        System.out.println(iVal);
        float fVal = 10;
        System.out.println(fVal);
        char c = 'a';
        System.out.println(c);
        Integer i = new Integer(10);
        System.out.println(i); //10
```

```
11            System.out.println(i.toString());//10
12            StringBuilder builder = new StringBuilder();
13            builder.append("123");
14            System.out.println(builder);
15            System.out.println(builder.toString());
16        }
17    }
```

由上述代码可以发现，不论数据类型是什么，使用 System.out.println 方法都能正确地输出值，如在第 4 行能输出 int 类型，在第 6 行能正确输出 float 类型。

System.out.println 方法的作用是输出字符串，这里 iVal 和 fVal 不是 String 类型，为什么还能输出呢？因为在第 10 行中，输出的对象是 Integer 类型的，在输出时，其实会被默认地调用 toString 方法，就如第 11 行那样，将 Integer 类型转换成 String 再输出。

同样在第 14 行输出 StringBuilder 类型的对象时，也会像第 15 行那样，默认地调用 toString 方法，将其转换成 String 类型再输出。

在第 4 行和第 6 行的输出中，int 和 float 是基本数据类型，它们不像 Integer 和 StringBuilder 那样拥有 toString 方法，这里会把 int 转换成封装类 Integer，最终落实到 Integer.toString 方法上。

综上所述，应当注意如下细节。

（1）System.out.println 方法能根据不同类型的输入参数（如 int、float、Integer 等）适当地完成输出动作，称其为多态，后文里我们会深入地讲，这里先讲个概念。

（2）当自己定义类时，如果要让这个类输出合适值，需要在其中自己定义 toString 方法。

2.3.5 使用 String 对象时容易出错的问题点

很多面试官在面试时一定会提 String 方法的问题，所以下面归纳一些容易出错的问题点。

（1）String a = "123"; 通过这种方式定义的是常量，String a = new String("123"); 通过这种方式定义的是变量。

（2）== 是比较地址值是否一致，而 equals 是比较内容是否一致。

（3）String 的常量（不仅是 String，Interger 等常量也是）是放在常量池中的，值相同的常量是共享同一块内存的，通过 == 比较它们的内存地址值是相同的。

（4）通过 String 定义出来的值在内存中是不可变的，如果频繁地操作 String，会产生内存碎片，不利于内存性能管理，遇到这种情况，建议使用 StringBuilder 和 StringBuffer，如果在单线程情况下，出于性能因素的考虑，建议使用 StringBuilder。

（5）在通过 System.out.println 输出时，默认地会调用 toString 方法，如果自己定义类，可以通过 toString 来定义类的输出结果。

2.3.6　String 相关的面试题

String 相关的面试题如下。

（1）String 是最基本的数据类型吗？能不能被继承?

（2）String s = new String("xyz"); 创建了几个 String 对象？二者之间有什么区别?

（3）String 和 StringBuffer 的区别是什么?

（4）StringBuffer 和 StringBuilder 的区别是什么?

（5）String 类是不可变类，以 String 为例简述什么是不可变类。

（6）String a = "12345"; a.substring(0,2);，此时 a 的值是什么?

（7）String a = "1";String b = "1", 那么 a==b 的值是 true 还是 false？ 并说明理由。

扫描右侧二维码可以看到这部分面试题的答案，且该页面中会不断添加其他同类面试题。

2.4　论封装：类和方法

面向对象的思想不是教条，而是切实能帮助我们优化代码结构的解决问题的方式。不少人问过我，什么时候才能算真正掌握了面向对象的思想，我的回答是，什么时候你在开发时主动地用到了它的设计思路并改善了代码，同时你又没意识到自己用到了面向对象，那么就说明你掌握了这种方式。

封装、继承和多态是面向对象的三大要素，下面先通过一些实际的例子来了解其中的“封装”特性。

2.4.1　类和实例的区别

在同一个 Java 文件中定义一个类到定义多个类对大家来说是个跨越，每次在培训过程中讲到这里时，总有学生会对此表示惊讶，因为之前，在 Java 文件中只定义了一个类。

类可以反映现实生活中一些对象的特征，这些对象都有相同的属性定义和行为定义。在 Java 语言中，可以通过关键字 class 定义一个类。例如，汽车有价钱的属性，有启动和刹车的行为，就可以为此定义 Car 类，其代码如下。

```
1  class Car {
2      int price; // 价钱属性
3      // 启动方法
4      void move() {System.out.println("is moving");}
5      // 刹车方法
6    void stop() {System.out.println("is Stopped");}
7  }
```

在第 2 行中，定义了价钱属性，在第 4 行和第 6 行，定义了启动和刹车两个方法，通过下面的 ClassDemo.java 介绍如何使用 Car 类。

从第 1 行到第 10 行中，定义了 Car 类，注意在第 8 行定义的 toString 方法中，返回了一个字符串。

```
1  class Car{
2      int price;
3      // 启动方法
4      void move() {System.out.println("is moving");}
5      //刹车方法
6      void stop() {System.out.println("is Stopped");}
7       //重新定义了toString方法
8      public String toString()
9      { return "This is my car.";     }
10 }
11 //这个是主类
12 public class ClassDemo {
13     public static void main(String[] args) {
14         Car car = new Car();
15         car.move();
16         car.stop();
17         System.out.println(car);//This is my car.
18     }
19 }
```

在第 12 行中，定义了主类 ClassDemo，主类名需要和 Java 文件同名。在主类的第 14 行中，通过 new 关键字创建了一个 Car 的实例，并在第 15 行和第 16 行中调用了 move 和 stop 方法。

在第 1 行中通过 class 关键字定义的 Car 称为类，这是个抽象的概念，仅存在于图纸上，这个抽象的类，是没有启动和刹车概念的。所以一般不会写 Car.start(); 这样的代码。

在第 14 行中 new 定义的 car 称为对象，这是真实存在的汽车，针对这个汽车，可以通过踩油门来启动，也可以执行刹车操作，所以 car.start() 和 car.stop() 方法是有实际意义的。

在第 17 行中，打印了 car，这里会自动调用 Car 类的 toString 方法，由此可以看到 This is my car. 的输出。如果在 Car 类中去掉第 8 行和第 9 行的 toString 方法，执行第 17 行的代码时，就会调用 Object 类中的 toString 方法，由于 Object 中的 toString 方法是返回该对象的内存地址，因此可以看到 Car@20d10a 的输出。

2.4.2　方法的参数是副本，返回值需要 return

在上面的例子中，可以通过使用在类中定义好的方法，下面来看一个比较容易出错的案例，代码在 FunctionDemo.java 中。

```
1  class Person{
2      void changeCompany(String name) {name = "IBM";}
3  }
4  public class FunctionDemo {
5      public static void main(String[] args) {
6          String name = "HP";
7          Person person = new Person();
8          person.changeCompany(name);
9          System.out.println(name);   //HP
10     }
11 }
```

在第 1 行中，定义了 Person 类，在第 2 行中，定义了 changeCompany 方法。

在这个方法中，可以把参数 name 的值修改为 IBM。

在 main 函数中，第 8 行调用了 changeCompany 方法，输入的参数是 HP，本意是 changeCompany 内部会把 name 修改为 IBM，所以在第 9 行的输出也应该是 IBM。但是第 9 行的输出是 HP，原因是方法的参数是副本。

下面具体解释一下，假设第 8 行 changeCompany 输入的参数 name 的内存地址是 1000（其中的值是 HP），但在调用方法时，会把 1000 号内存做个副本放到 2000 号内存中，2000 号内存的值也是 HP，在调用第 2 行方法时，是针对这个副本（也就是 2000 号内存）而非 1000 号内存操作的，当 changeCompany 方法执行完成后，2000 号内存这个副本自然也就被删除了。

由于是针对副本进行操作的，因此在方法内部针对参数做的操作不会返回，这就是在第 8 行得不到预期效果的原因。

在方法内部定义的变量会在方法执行后被删除，如果在方法内部有需要的值，可以通过 return 来返回。例如，ReturnDemo.java。

```
1  class Emp{
2      int addSalary(int oldNum) {
3          return oldNum + 1000;
4      }
5  }
6  public class ReturnDemo {
7      public static void main(String[] args) {
8          Emp emp = new Emp();
9          int currentSalary = emp.addSalary(5000);
10         System.out.println(currentSalary);
11     }
12 }
```

在第 1 行中，定义了 Emp 类，在第 2 行的 addSalary 方法中，把输入的参数 oldNum 加 1000 然后通过 return 返回。

在 main 函数中，第 9 行调用 addSalary 方法时，需要用一个 int 类型的变量接收返回值，从第 10 行的输出可以看出，在 addSalary 方法中，成功地完成了加的操作。

2.4.3 通过合理的访问控制符实现封装

在常规情况下，类有必要把内部的细节封装起来，并通过定义对外的方法来供外部调用，如在开车时，是通过调用方法，踩油门和踩刹车时，是实现具体的开车和刹车的动作。如果不实现封装，就好比在车里裸露各种电线，让用户通过自己接线来开车。

虽然不能通过控制本该是私有（private）的和受保护的（protected）变量和方法来使用类，但是在设计类时，就该从源头上封装必要的特性，具体操作时要注意如下 4 个要点。

（1）如果没有特殊的需求，把类内部的属性变量设置成私有的，通过公有的 get 和 set 方法来让外部使用。也有不少人为了省事，会设置成 public，如果积累多了会烦琐。

（2）如果有特殊需求，把类的构造函数设置成公有的，否则在外部没法使用。

（3）尽可能地在类、方法和属性变量前添加访问控制符。

（4）在类中定义的方法，可以按实际需求，根据表 2.3 的描述使用合适的访问控制符。需要说明的是，访问控制符不仅可以作用在方法上，而且可以作用在类和属性上，其中包是指用 package 定义出来的包。

表 2.3　访问控制符的使用说明

访问控制符	同类	同包	子类	不同包
public	能访问	能访问	能访问	能访问
protected	能访问	能访问	能访问	不能访问
默认	能访问	能访问	不能访问	不能访问
private	能访问	不能访问	不能访问	不能访问

下面来看定义计算机的例子。

```
class Computer{
    //注意属性之前是private
    private String cpuVersion;
    private String owner;
    //外部是通过针对两个属性的get和set方法来操作属性的
    public String getCpuVersion() {
        return cpuVersion;
    }
    public void setCpuVersion(String cpuVersion) {
        this.cpuVersion = cpuVersion;
    }
    public String getOwner() {
        return owner;
    }
    public void setOwner(String owner) {
        this.owner = owner;
    }
    //这是个公有的给外部调用的开机方法，会调用私有的自检方法
    public void start(){
       selfCheck();
    }
    //这个自检方法只能在本类被使用，不想提供给外部，所以定义成私有的
    private void selfCheck(){}
}
```

2.4.4　静态方法和静态变量

类一般是个抽象的概念，而对象则是类的实例，如人类的实例对象是张三这个大活人。在用法上，一般先通过 new 关键字初始化一个类的实例，再调用类中的方法。例如：

```
人类 张三 = new 人类 ();，再是张三 . 思考 ();
```

在这种情况下，一般不会用人类 . 思考 (); 的调用方式，因为抽象的人类是无法思考的。

但在有些情况下，可以通过类 . 方法 (); 的形式来调用。例如，当用 Math 方法的类计算绝对值时，用的是 Math.abs(-2)，而不是先通过 Math 初始化一个对象再调用，其原因是 abs 是静态方法。下面通过 StaticDemo.java 例子来介绍静态类的用法。

```
1  public class StaticDemo {
2      private static int value = -2;
3      static void print()     {
4          // 静态类里只能使用静态的变量
5          System.out.println(Math.abs(value));
6      }
7      public static void main(String[] args) {
8          // 静态类里只能使用静态的方法
9          StaticDemo.print();
10     }
11 }
```

由上述代码可以发现静态类中只能使用静态的变量和方法，如果把第 2 行和第 3 行中针对静态变量和静态方法的 static 省略，会报错。而在第 9 行中，是通过 StaticDemo 类（而不是 new 定义的对象）来调用 print 方法的。

在使用静态类时，要注意如下要点。

（1）由于可以不用 new 就能使用方法，一些程序员为了省事，会大量定义静态方法，这样会破坏类的封装性，而且会增加类之间的耦合度，因此只能在需要时定义静态类。

（2）静态变量相当于全局变量，所以只把整个项目中都会用到的变量设置成静态的。

（3）在尽可能小的范围中使用静态类和静态方法。

2.4.5 默认构造函数和自定义的构造函数

当通过 new 来实例化类时，Java 虚拟机会调用类的构造函数来创建对象。但在一些类中，没有定义构造函数，如前面使用的 Car 类中。

```
class Car {
    int price; // 价钱属性
    // 启动方法
```

```
    void move() {System.out.println("is moving");}
    // 刹车方法
    void stop() {System.out.println("is Stopped");}
}
```

构造函数是没有返回类型的，函数名和类一致，一般是 public 的，如下面的例子所示。

```
1 public class Car2 {
2     // 价格
3     int price
4     Public Car2() {   price = 200000;   }
5 }
```

在第 4 行中定义了一个不带参数的构造函数，其中给 price 赋值。

如果没有定义构造函数 new 时，系统会调用默认的构造函数来给对象实例化内存空间。注意，默认构造函数和不带参数的构造函数不同，后面会详细讲述。

2.5 论继承：类的继承和接口的实现

从语法角度来看，可以通过 extends 来继承父类，可以通过 implements 来实现接口。

从项目角度来看，一般把通用的代码放入父类和接口中，这样可以避免大面积地重复代码。

2.5.1 从项目角度（非语法角度）观察抽象类和接口

如果父类是抽象的概念而非实体，可以把类定义为抽象类，如可以把动物类定义成抽象类，其代码如下。

```
1 abstract class Animal {
2     abstract void run();
3 }
```

在第 1 行中，类之前加了 abstract，由于动物是抽象的概念，第 2 行定义的 run 方法是抽象想法，由于没有实际的意义，因此无方法体。

抽象类是对概念的抽象，如可以定义人类抽象类，它的子类可以是中国人或美国人等，而接口是对功能的抽象，如可以定义提供“发电”功能的接口，它的实现类可以是火力发电机类或水力发电机类。

```
interface GeneElec{
```

```
2       int power = 220;
3       void generate();
4   }
```

在上面定义的 GeneElec 接口中，第 3 行的 generate 方法没有方法体，如果有反而会报错。其原因和抽象类非常相似，因为接口是对功能的抽象，对于抽象的动作定义方法体没有意义，所以，就从语法上杜绝了这种没有意义的动作。

在类中，如果没有特殊需求，出于封装的考虑，属性需要定义成 private。但在接口中，由于不能定义方法体，因此无法定义属性的 get 和 set 方法，所以只能把属性的默认修饰符定义为 public 的，而且由于接口是对功能的抽象，不包含具体的业务实现，因此只能定义具有通用性质的常量，如在第 2 行中定义通用电压为 220V，而包含业务的变量是放到接口的实现类中定义的。

所以如果不给接口的属性加修饰符，如像第 2 行那样，那么默认的修饰符是 public static final，其中用 public 来表示公有，static final 表示常量。

在面试程序员时，面试官会问，接口和抽象类有什么区别？以此来考查候选人对面向对象思想的理解。不少人从语法角度来说区别，这当然是对的，但面试官更希望是从项目角度的描述。

所以读者在理解两者语法上的区别后，更要理解“抽象类是对概念的归纳，接口是对功能的归纳”。下面来看个例子。

大家经常会看到提供空调服务的“空调车”，在设计空调车类时，可以有如下两种选择。

（1）继承（Extends）现有的“汽车”(Bus) 类，完善定义在 Bus 类的一些方法，并增加“提供空调服务”方法，来实现“空调车”（AirConditionedBus）类。

（2）通过实现（Implements）现有的提供空调功能的接口，为空调车类引入空调的服务，并在此基础上定义空调车的其他动作。

虽然这两种做法都可以，但是需要根据项目的实际需求来选用具体的方案。

如果从公交公司的角度考虑，他们希望空调车的第一要素是“车”，在此基础上提供“空调的服务”，所以，会倾向继承“汽车”实现“空调车”的方案。因为他们可以通过继承在“Bus”类中的一些共性，实现一些如 Taxi 等的类。

如果从空调生产厂商的角度考虑，他们更关心实现空调功能的方式。所以他们会把实现空调功能的共性代码以接口的形式归纳，这样，他们就可以用实现空调接口的方式，在船和飞机上，实现安装空调的功能。

在项目的很多情况中，在设计基本框架时，一定要有定义抽象类和定义接口两种选项，因此应按上述的选择方法来选用合适的方案。

2.5.2　子类中覆盖父类的方法

从项目角度来看，通过继承，可以方便地重用代码；具体来讲，可以把一些类的通用方法抽象到基类（也就是父类）中，而在各自的子类中，实现具体的动作。例如，下面的例子。

```
1  class Person{
2      protected void speak(){}
3  }
4  class ChinesePerson extends Person{
5      protected void speak(){}
6  }
```

在第 1 行中，定义了人类，并在第 2 行定义了人类说话的方法。在第 4 行中，通过继承 Person 类定义一个中国人类，并在第 5 行覆盖了父类中的 speak 方法。

如果子类中的方法和父类同名，而且参数列表也都相同，那么可以说在子类中覆盖了父类的方法。在第 5 行，通过在子类中定义的 speak 方法，覆盖了父类中第 2 行的方法。

在覆盖父类方法时需要注意以下两点。

（1）子类方法不能缩小父类方法的访问权限，如在上述第 5 行覆盖父类的方法时，修饰符可以是 protected，也可以是更大的 public，但不能是缩小的 private。在父类中定义的 private 方法，子类不能看到，所以也不存在缩小访问权限的问题，如果在父类中定义 protected、public 或默认的方法，总是希望子类能用到或重写，但如果缩小范围，如把第 5 行的 protected 缩小成 private，那么 ChinsePerson 的子类就看不到爷爷类（也就是 Person 类）的 speak 方法，就会造成“父类方法失传”的问题。

（2）子类方法不能抛出比父类方法更多的异常，关于原因等，我们在后面讲到异常处理时再作分析。

2.5.3　Java 是单重继承，来看看老祖宗 Object 类的常用方法

Java 不允许“多重继承”，即不允许一个类同时继承两个类。可以想象一下，如果一个子类有两个亲生父类，并且这两个亲生父类有可能继承同一个爷爷类，或者一个亲生父类继承于爷爷类，另一个亲生父类继承于曾祖父类，这样一来，类之间的从属关系将会变得很混乱。

但 Java 里允许一个类实现（Implements）多个接口，其原因是接口是对功能的抽象，所以可以允许一个类实现多种功能，就好比一个人不能有两个爸爸，但可以具备多种能力。

Java 中，Object 类是所有类的终极父类，任何类都是它的子类，如果用户自定义了一

个类，哪怕不加 extends Object 的代码，它也会继承 Object 类。但接口不继承 Object 类。

至此大家已经间接地用到过 Object 中的 toString() 方法了，前面定义过的 Car 中，虽然没有加 extends Object 的代码，但它依然是 Object 的子类，如果不在第 4 行用自定义的 toString 方法覆盖父类（也就是 Object）中的同名方法，那么通过 System.out.println 打印时，调用的是 Object 类的方法，输出的是对象的地址。

```
1  class Car{
2       …省略其他属性和方法
3        // 重新定义了 toString 方法
4       public String toString()  { return "This is my car."; }
5  }
```

Object 类中另一个重要的方法是用于判断两个对象是否相等的 equals 方法，在 Object 类中，这个方法是根据两个对象的内存地址是否一致来判断的。所以在自定义类时，一般需要覆盖这个方法；否则就会用 Object 类提供的方法，这样会和预期的结果不符。例如，下面的 EqualsDemo.java 案例。

```
class Student{
    String id;
    public String getId() {return id;  }
    public void setId(String id) {  this.id = id;   }
    // 重写了 equals 方法，如果不重写，会用 Object 中的方法
    public boolean equals(Object obj)     {
        if( getClass() == obj.getClass())          {
            if( ((Student)obj).getId() == this.id ){
                return true;
            }
            else{  return false;   }
        }
        return true;
    }
}
public class EqualsDemo {
    public static void main(String[] args) {
        Student s1 = new Student();
        s1.setId("1");
        Student s2 = new Student();
        s2.setId("1");
        // 定义了两个 Student，而且学号都是 1
```

```
23            System.out.println(s1.equals(s2));
24        }
25    }
```

在第 1 行定义的 Student 类中，第 2 行定义了 id 属性，在第 6 行定义的 equals 方法中，如果两个对象类型一致（都是 Student 类）并且它们的 id 一致，就判定它们相等，这是符合常理的。

在 main 函数中，第 18 行和第 20 行中创建了两个 Student 对象，并且把它们的 id 都设置成 1，当在第 23 行中调用 equals 方法时，输出的是 true。

如果在 Student 类中不重写 equals 方法，那么当调用第 23 行的代码时，会调用 Object 中的方法，这是根据地址判断的，所以返回的是 false。

2.5.4　不能回避的 final 关键字

final 关键字和继承、方法的覆盖有直接的关系。它能作用到类、方法和属性上。如果它作用到类上，如在 Student 类前加个 final，如下面的代码所示，那么 Student 类就不能被继承了。

```
final class Student{
    String id;
    public String getId() {return id;  }
    public void setId(String id) {  this.id = id;
}
class subStudent extends Student { //这句话会出错
```

如果它作用在一个方法上，如像下面代码的第 2 行那样作用到 print 方法上，那么这个方法就不能被子类覆盖。

```
1  class Student{
2      final void print(){}
3  }
```

如果它作用到一个属性上，该属性就相当于常量，如果赋予初始值后，就不能再改变它的值。例如，下面的 FinalDemo.java 例子。

```
public class FinalDemo {
    public static void main(String[] args) {
        final String a = "1";
        String b = "1";
```

```
5          String c = "123";
6          String d = b + "23";// 不是 String d = "1"+"23";
7          System.out.println(c == d);
8          String e = a + "23";
9          System.out.println(c == e);
10         //a = "4";
11      }
12  }
```

第 3 行和第 4 行定义的 a 和 b 的值都 1，但 a 加了 final 而 b 没有加。

第 5 行定义的是一个常量 123，第 6 行如果采用 String d = "1"+"23"; 的写法，那么，两个常量连接还是常量，但这里是 b+"23" 的写法，b 是一个变量，所以 d 也是变量，在第 7 行比较地址时，虽然 c 和 d 值相等，但一个是常量一个是变量，输出的是 false。

在第 8 行中，a 有 final 修饰符，所以这里 a 可以理解成常量，效果和 String e ="1"+"23"; 一致，所以 e 也是常量，在第 9 行 c 和 e 比较地址时，由于它们都是常量，而且地址一致，根据常量优化的原则，它们的地址一致，所以输出的是 true。

最后在第 10 行企图给 final String a 赋另外一个值，这时会报错，其原因是用 final 修饰的变量值一旦给定就无法改变。

2.5.5 要理解 finalize 方法，但别重写

在 C++ 等语言中，有专门的析构函数。我们往往在析构函数中写一些回收类的所占用内存资源的代码。

Java 虚拟机提供了专门的垃圾回收机制，所有用不到的类都会由 Java 虚拟机来回收，这个回收动作对程序员来说是透明的。

当虚拟机回收类时，会自动地调用该类的 finalize 方法，如果类中没定义，会调用 Object 类中的 finalize，而 Object 中的 finalize 方法是空白的。

在面试时，我问了不少资深的程序员，他们无一例外地回答没有重写过 finalize 方法，而一些工作经验在 3 年以下的人重写过，但当再深入提问为什么要重写及怎么重写时，他们就说不上了，这说明他们根本没理解 finalize 方法有什么用。

给大家的建议是，①要了解 finalize 方法有什么用，它什么时候会被调用；②强烈建议大家在自定义的类中不要重写 finalize 方法，如果写错，就会导致类无法被回收，从而导致内存使用量直线上升最后抛出内存溢出的错误。

2.6　论多态：同一方法根据不同的输入有不同的作用

在 C 面向过程的开发语言中，对于同一个打印需求，为了编写在 A4 纸和 A3 纸上打印的不同动作，不得不编写 printA3 和 printA4 两个方法，这样的代码太不好维护了。

采用重载的编程方式，能给出一组同名的 print 方法，通过给它们定义不同类型的参数来区分它们的打印细节。

2.6.1　通过方法重载实现多态

从上面的描述中可以看到，通过“重载”可以分离抽象的业务逻辑（如打印）和实现业务的具体细节（如在什么规格的纸张上打印）。

方法重载可以定义多个同名的方法，但每个方法具有不同的参数类型或参数个数，调用这些重载方法时，Java 编译器能通过检查被调用方法的参数类型和个数来具体决定调用哪种方法，这就体现出了多态性。下面通过 OverloadDemo.java 来介绍重载的用法。

```
class PrintMachine{
    public void print() {System.out.println("No Pamam");}
    public void print(int row)
    { System.out.println("With 1 int Param"); }
    //error
//  public void print(int colomn)
//  { System.out.println("With 1 int colomn");}
    public void print(int row, int column)
    { System.out.println("With 2 int Param"); }
    //error
//  public String print(int row, int column)
//{ System.out.println("With 2 int Param");    }
    public void print(int row, String type)
    {System.out.println("With 1 int 1 String param");}
}
public class OverloadDemo {
    public static void main(String[] args) {
        PrintMachine machine = new PrintMachine();
        machine.print(); // No Pamam
        machine.print(10);//With 1 int Param
        machine.print(30, 20);//With 2 int Param
        machine.print(30, "short");//With 1 int 1 String param
    }
```

```
24  }
```

在第 1 行定义的 PrintMachine 类中，定义了一组 print 方法。其中，第 2 行无参数，第 3 行有 int 类型的参数，第 8 行有两个 int 类型的参数，第 13 行有 int 和 String 两种类型的参数。

当在 main 函数第 19 ~ 22 行中，分别输入不同的参数，能发现 Java 编译器能根据参数个数和类型的不同，调用适当的方法。

大家需要注意重载的以下两个误区。

（1）认为不改变方法的类型，只改变方法的名称也能实现重载，如在第 6 行中，企图修改参数名称来实现重载，这样 Java 编译器会报错。其原因是，判断重载时，Java 编译器只看参数类型，不看参数名。

```
public void print(int row)                    // 第 3 行定义的方法
public void print(int colomn)                 // 第 6 行定义的方法
```

（2）企图通过修改方法的返回值来实现重载，如在第 11 行中，虽然改变了返回类型，但这不是重载，编译器会报方法重复的错误。

```
public void print(int row, int column)        // 第 8 行的方法
public String print(int row, int column)      // 第 11 行的方法
```

2.6.2 方法重载和覆盖

在面向对象方面，方法的重载（Overload）和覆盖（Override）是面试时常考的点，一般的问题是，它们有什么区别？下面通过 DifferenceDemo.java 来介绍重载和覆盖的区别。

```
class Base{
    public void print(){}
    // 是重载，因为参数不同
    public void print(int row){}
    // 是重载，因为参数类型不同
    public void print(String type){}
}
class Child extends Base{
    // 是覆盖，覆盖了父类的同名无参方法
    public void print(){}
    // 出错，因为父类已经有带 int 参的同名方法
    //public String print(int row){}
    // 是覆盖，覆盖了父类的带 String 参的同名方法
    public void print(String type){}
```

```
15        //是重载，因为参数个数不同
16        public void print(int row, String type){}
17    }
18
19    public class DifferenceDemo {
20        public static void main(String[] args) {    }
21    }
```

在 Base 类中，定义了 3 个 print 方法，它们的参数类型或个数不同，这属于重载，在 Child 类的第 16 行中，定义了带两个参数的方法，这也是重载。

在第 8 行的 Child 类中，继承了 Base 类，第 10 行的无参方法和 Base 类中第 2 行的方法完全一致（方法名、参数和返回值完全一致），这是覆盖，子类中能用完全一致的方法覆盖父类方法。同样，在子类中第 14 行定义的带一个 String 类型的方法也能覆盖父类中第 6 行的同名、同参、同返回值的方法。

但需要注意的是，第 12 行的方法和父类第 4 行定义的带一个 int 参的方法相比，它的返回值不同，父类是返回 void，而这里是返回 String，这不属于覆盖，也不属于重载，是语法错误，对此 Java 编译器会报“定义了重复方法”的错误。

判断重载和覆盖有个比较通俗的依据，可以把子类中的方法移动到父类中。

（1）如果方法名、参数和返回类型都一致，那么可以说是子类的方法覆盖了父类的方法。

（2）如果方法同名、参数个数或类型不同，这时无须看返回类型，这种情况属于重载。

（3）当把子类中的方法移动到父类后，两个同名方法参数完全一致，但返回类型不同，这种属于语法错误，Java 编译器会报“定义了重复方法”的错误。

2.6.3　构造函数能重载但不能覆盖，兼说 this 和 super

构造函数是一种特殊的、不带返回值的方法，它在创建类（如 new）时被调用。

用户可以重载构造函数（能定义多个参数不同的构造函数），但由于创建父类和子类的构造函数从业务上一定是不同的，因此 Java 语言不允许子类的构造函数覆盖父类的。例如，有可能在父类中出现子类中不存在的属性，在父类的构造函数中会初始化这些属性，但子类的构造函数一定不会有这些赋值动作，所以如果允许子类的构造函数覆盖父类的，那么会造成父类的这些属性无法初始化。

在讲重载前，先来看个典型的错误。

```
class Parent{
```

```
2        private int value;
3        public Parent(int val)  {this.value = val;  }
4    }
5    class SubClass extends Parent{
6        public SubClass(int i){  }
7    }
```

在第 1 行的 Parent 类中，在第 3 行定义了一个带参的构造函数，当在第 5 行用 SubClass 继承 Parent 时，在第 6 行定义了一个带同样参的构造函数。这时会报错，错误信息是 Implicit super constructor（此处是类名）is undefined for default constructor.Must define an explicit constructor。

其原因是，在第 6 行子类的构造函数中，程序员什么都没写，所以系统会默认地添加 super(); 来调用 Parent 类中无参的构造函数，而 Parent 类中却没有这个构造函数。

解决上述问题的方法是，在父类中添加一个不带参的构造函数 public Parent()，或者在第 6 行 SubClass 的构造函数中添加 super(i)，以调用父类中的带参的构造函数。

下面根据项目中经常用到的做法，给出 ConstructDemo.java 例子。

```
1    class Parent{
2        private int value;
3        private String msg;
4        // 在不带参的构造函数中通过 this 调用带两个参的构造函数
5        public Parent()
6        {  this(0,"call with No Param Function");  }
7        public Parent(int val)  {
8            this.value = val;// 通过 this 给本类的 value 赋值
9            System.out.println("with one param");
10       }
11       public Parent(int val, String msg)  {
12           System.out.println("msg is:" + msg);
13           System.out.println("with 2 param");
14       }
15   }
```

在 Parent 类的第 5 行定义了一个不带参的构造函数，其中通过 this 来调用定义在第 11 行中带两个参的构造函数。在第 7 行和第 11 行中，重载了两个构造函数，分别带一个参和带两个参。

```
16   class SubClass extends Parent{
17       public SubClass(int i){
```

```
18            // 通过 super，调用父类的带一个参的构造函数
19             super(i);
20            System.out.println("in subclass");
21        }
22  }
23  public class ConstructDemo {
24        public static void main(String[] args) {
25            Parent p0 = new Parent();
26            Parent p1 = new SubClass(1);
27            Parent p2 = new Parent(1,"new Parent");
28            //SubClass s = new Parent(1); //error
29        }
30  }
```

在第 16 行定义的 SubClass 类中，继承了 Parent，在第 19 行中，通过了 super(i)，调用了父类中带一个参的构造函数。在 main 方法中，在第 25 ~ 27 行中分别调用了 3 次构造函数。

第 25 行的 Parent p0 = new Parent(); 代码会调用 Parent 中不带参的构造函数，在不带参的构造函数中会通过 this 调用带两个参的构造函数，根据第 12 行和第 13 行的代码，会有如下的输出。

```
msg is:call with No Param Function   // 输出第 12 行的打印
with 2 param                         // 输出第 13 行的打印
```

第 26 行中，通过代码 Parent p1 = new SubClass(1);，调用的是子类中带一个参的构造函数，所以先是根据第 19 行的 super 调用父类中带一个参的构造函数，然后会输出第 20 行的打印。

```
with one param                       // 输出第 9 行的打印
in subclass                          // 输出第 20 行的打印
```

在第 27 行中，调用的是父类中带两个参的构造函数，输出如下所示。

```
msg is:new Parent                    // 输出第 12 行的打印
with 2 param                         // 输出第 13 行的打印
```

第 28 行是个错误的语句，这里企图把 Parent 类的对象赋予 SubClass，这是向下转型的语法错误。

项目中在有继承的情况下重载构造函数的常规用法　如下。

（1）在一个类中可以定义多个构造函数，在构造函数中，经常能看到 this.value = xx 的写法，这是根据输入的参数给本对象的属性赋值，也能经常看到 this(xx,"xxx") 的做法，这是在一个构造函数中调用其他的构造函数。

（2）在子类的构造函数体中，如果什么代码都不写，Java 编译器会默认加上 super()，以调用父类中的不带参的构造函数，如果父类中没有不带参的构造函数，会提示语法错误。要解决这个语法错误，可以在父类中定义一个带参的构造函数，或者加上 super 语句。

this 的用法是它们可以用在不同的场景，但请大家记住，this 指向所在方法的本类。具体来看，本案例中，this 用在了两个场景里，第一个是通过 this.value = xxx，可以根据输入的参数给本对象的属性赋值，这里的 this.value 指向的就是本类的 value 属性；另外一个是通过 this(0,xxx)，调用了本类的带两个参的构造函数。但不管怎么用，this 都是指向本类。

而 super 是指向所在方法的父类，如这里是用 super(xx) 来调用父类的构造函数。

2.6.4 通过多态减少代码修改成本

多态要解决的问题是，把抽象的业务逻辑和具体的实施细节分离，通俗地讲，多态可以分离为“做什么”和“怎么做”。

多态有“修改点隔离”和“无障碍扩展”两大好处。“修改点隔离”是指当用户修改了业务方法的内部实现细节后，调用者可以在毫不知情的情况下继续使用，而“无障碍扩展”是指如果遇到添加新功能的需求时，可以在不大量修改现有代码的前提下完成添加工作。

前面介绍了多态的表现形式是方法的重载，即可以定义多个同名但不同参的方法，在调用时，Java 编译器能根据输入参数的不同来决定调用哪个方法。下面将介绍多态的另一种表现方式，即方法同名也同参，但根据调用主体的不同，会有不同的操作。

例如，对于同样的一个“和客户交流”的方法，如果调用方式是“销售 . 和客户交流 ();”，那么做的是谈合同的事；如果是“项目经理 . 和客户交流 ();”，那么做的是联系确认需求的事；如果是财务和客户交流，那么一般就是结账。

程序员可以通过继承和覆盖相结合的方式来实现这种形式的多态，如 ExpandDemo.java 例子所示。

```
abstract class Employee
{   protected abstract void talkBusiness(); }
//Sales 继承 Employee
class Sales extends Employee {
    public void talkBusiness()
    {System.out.println("Sales talk business.");   }
```

```
7  }
8  //Manager 继承 Employee
9  class Manager extends Employee
10 {
11     public void talkBusiness()
12     {System.out.println("Manager talk business."); }
13 }
14 public class ExpandDemo {
15     public static void main(String[] args) {
16         Employee sales = new Sales();
17         sales.talkBusiness();
18         Employee manager = new Manager();
19         manager.talkBusiness();
20     }
21 }
```

在第 1 行中定义了抽象类 Employee，在其中定义了抽象方法 talkBusiness。在第 4 行和第 9 行中，分别定义了两个实现类 Sales 和 Manager。在其中分别实现了针对销售员和针对开发经理的 talkBusiness 方法。

在 main 函数的第 16 ~ 18 行创建了 Sales 和 Manager 两个类，并在第 17 行和第 19 行调用了 talkBusiness 方法，由于调用者不同，可以看到两个方法有不同的输出。

```
Sales talk business.    //针对 Sales 类的输出
Manager talk business.  //针对 Manager 类的输出
```

在实际开发过程中，这种继承加覆盖的方式可以带来的好处有以下两个方面。

（1）如果要修改业务员和客户交流的业务代码，只需修改 Sale 类的方法，无须更改其他的类和方法。

（2）如果公司要增加新的业务，如要加上“总经理和客户交流”的业务动作，只需新增一个总经理类，让它继承 Employee 类，然后在其中定义 talkBusines 方法即可。

任何代码的修改都需要经过测试才能成功，通过上述做法，可以做到“隔离修改”，这样也就能把修改后的测试工作量降至一个较低的程度，从而节省时间和人力消耗。

2.7 面向对象思想的常用面试题及解析

在面试过程中，一般可以通过候选人对面向对象思想的掌握程度来了解这个人的能力。也有很多候选人（其中甚至不乏有一定工作经验的候选人）对此普遍停留在理论认识阶段，只能很空洞地答出面向对象思想的概念。

下面总结了一些常见的面试题，由于面向对象本身是理论，它一定要应用在项目中才能发挥价值，因此在回答这些面试题时，应尽可能地用做过的项目来举例回答。

在下面的问题中，有些问题非常重要，通过这些大家能很好地展现自己的能力，所以下面不仅给出了问题，还给出了回答要点，而有些相对简单的问题，就只给出了问题，大家请到附录中找对应的答案。

（1）开放性问题，简述你对面向对象思想的了解。

要点 1：先说基础概念，如面向对象思想包括封装、继承、多态，再说些语法，如可以通过 Extends 继承类、通过 Implement 来实现接口。

要点 2：要结合具体实际简述在你做过的项目中，面向对象思想带来的具体好处，如结合一个具体的例子（如电信系统），介绍一下把方法都定义到父类中，然后通过继承子类来扩展，能改善代码结构，通过多态来减少代码修改后的维护量。注意，不能只说理论，要结合你项目中的例子。

（2）接口和抽象类有什么区别?

首先，从语法角度进行分析，这时可以解释一下为什么接口和抽象方法在 Java 编译器中不能定义方法体，以及接口的属性为什么默认为 public static final。

其次，抽象类是对逻辑的归纳，如人类是中国人和美国人的抽象类，而接口是对功能的抽象，如把能发光的功能归纳到一个接口中。然后可以举些项目中用到过的例子来说明定义过哪些接口和抽象类，由此通过案例来说明这两者的区别。

（3）重载（Overload）和覆盖（Override）的区别是什么?

首先，重载是多态的一种体现，表现形式是方法同名但参数不同，而覆盖是子类方法覆盖父类方法。

其次，子类覆盖父类方法的局限性，子类方法不能缩小父类方法的访问权限，而子类方法不能抛出比父类方法更多的异常。同时要说明具体的原因。

（4）this 和 super 的含义。

（5）finalize 方法有什么作用?

① finalize 方法在类被回收时被调用；②一般在项目中不会重写这个方法，因为可能会引发内存无法回收的问题。后面会详细介绍 Java 的垃圾回收机制（GC），这里，可以由这个问题展开对 GC 的认识。

（6）final 关键的含义。

首先说明 final 作用到类、方法和属性上分别有什么作用。然后结合实际项目，说明 final 类、final 方法和 final 属性的应用情况。

（7）构造函数能否被覆盖，能否被重载?

构造函数能重载，但不能覆盖。

（8）静态变量和实例变量的区别有哪些?

（9）是否可以从一个 static 方法内部发出对非 static 方法的调用?

（10）简述作用域 public、private、protected 及不写时的区别。

扫描右侧二维码可以看到这部分面试题的答案，且该页面中会不断添加其他同类面试题。

第 3 章

集合类与常用的数据结构

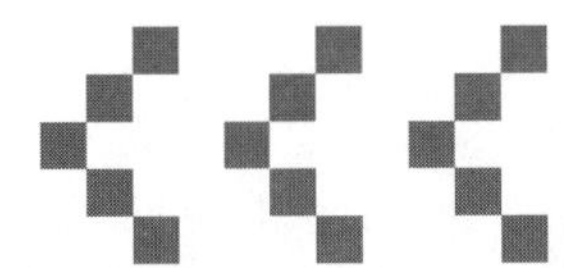

如果数据结构是以抽象的形式来描述数据存储和组织的方式，那么 Java 集合类则是实实在在的容器，它能以不同种类的格式来存放业务数据。

Java 的集合类是程序员一定会用到的，在面试时面试官一定会问及这方面的问题，而且能否合理地应用集合部分的知识点直接关系着性能优化。

此外，在集合类中，泛型是不可或缺的元素，本章不仅会讲述泛型的常见语法，而且还会讲述泛型通配符和泛型继承。

3.1 常见集合类对象的典型用法

根据数据存储格式的不同，可以把集合分为两类，一类是以 Collection 为基类的线性表类，如数组和 ArrayList 等；另一类是以 Map 为基类的键值对类，如 HashMap 和 HashTable。

集合是容器，其中不仅可以存储 String、int 等数据类型，还可以存储自定义的 Class 类型数据。

3.1.1 通过数组来观察线性表类集合的常见用法

线性表类的数据结构是指数据在其中像火车车厢一样被一个接着一个地存储，数组是其中的典型代表。下面通过 ArrayDemo.java 例子，介绍数组的常见操作。

```
class Person {    int id; }
//这个是主类，在其中将定义针对的数组的操作
public class ArrayDemo
{
  public static void main(String[] args)
  {
    //定义了两个数组，但 a 没有被初始化
    Person[] a = null;
    Person[] b = new Person[3];
    //通过 for 循环，为数组赋值
    for(int i = 0; i < b.length; i++)    {
        //将 Person 对象放入数组中
        b[i] = new Person();
    }
    //在 Person 数组中存放 Person 对象
     Person[] c ={  new Person(), new Person(), new Person()   };
    //3 会报错
    //!System.out.println("a.length=" + a.length);
    System.out.println("b.length = " + b.length);// 输出是 3
    int[] intArr = {1,2,3};
    for(int i = 0; i < intArr.length; i++)    {
        System.out.println(intArr[i]);
    }
  }
}
```

在第 23 行中定义了一个 Person 类，它将被存储到数组中。

可以用类似第 33 ~ 36 行的 for 循环遍历数组，在第 35 行中，在每次 for 的遍历过程中，初始化 Person 对象，并放入 b 数组。

注意第 30 行和第 31 行定义数组的区别，因为这可能会引发空指针异常。

执行第 31 行代码时，Java 虚拟器会在内存中创建一个足以存储 3 个 Person 对象的空间，然后用对象 b 指向这个空间，而在第 30 行定义数组 a 时，并没有像第 31 行那样通过 new 给 a 数组分配内存空间，也就是说 a 对象是指向了 null。

在第 41 行执行 b.length 时，是针对 b 所指向的内存空间操作的，会返回 b 数组的长度。但执行第 40 行的 a.length 操作时，由于对象 a 没有指向具体的内存，而是指向了空，由此会出现“空指针”异常，java.lang.NullPointerException。

在第 42 行中，定义了类型是 int 的常规数组，并通过第 43 ~ 45 行的 for 循环，依次输出其中的值。注意，访问数组时，下标是从 0（而不是 1）开始的。

从上述案例中可以看到，数组的价值在于“存储并管理”业务对象，比如用户可以通过数组定义同一类型的业务对象，并对它们进行“插入”“删除”“索引”和“遍历”操作，线性表的价值同样在于此，但是不同类线性表管理对象的方式不同，在项目中，用户可以根据实际的业务需求来选用，后面将详细说明各种线性表的适用情况。

3.1.2 以 HashMap 为代表，观察键值对类型的集合对象

在日常生活中，经常会遇到把复杂对象用索引形式进行管理的情况。例如，在超市里，营业员可以通过条形码来管理商品。这样做的好处是，可以根据索引值（如条形码）方便地存储、分类和查询大量的对象。下面通过 HashMapDemo.java 例子来看键值对集合的使用方式。

```java
import java.util.HashMap;
class Book{
    private String ISBN;
    private String name;
    private float price;
    //构造函数
    public Book(String ISBN,String name, float price) {
        this.ISBN = ISBN;
        this.name = name;
        this.price = price;
    }
```

```
12        // 以下是针对各属性的 get 和 set 方法
13        public String getISBN() {return ISBN; }
14        public void setISBN(String iSBN) {  ISBN = iSBN;  }
15        public String getName() {return name; }
16        public void setName(String name) { this.name = name; }
17        public float getPrice() {return price; }
18        public void setPrice(float price) {this.price = price;}
19    }
20    public class HashMapDemo {
21        public static void main(String[] args) {
22            // 定义一个 HashMap 的键值对集合
23            HashMap hm = new HashMap();
24            Book javaBook = new Book("123","Java",50.5f);
25            Book dbBook = new Book("456","DB",90f);
26            // 通过 put 方法设置值
27            hm.put(javaBook.getISBN(),javaBook);
28            hm.put(dbBook.getISBN(),dbBook);
29            Book book = null;
30            // 通过 containsKey 方法判断是否存在这个值
31            if(hm.containsKey("123"))  {
32                // 如果存在，通过 get 取值
33                book = (Book)hm.get("123");
34                // 输出拿到的值
35                System.out.println(book.getName() + "," + book.getPrice());
36            }
37        }
38    }
```

从第 2 ~ 19 行中，定义了 Book 类，其中第 3 行的 ISBN 号能唯一标识本书。

在第 7 行中定义了 Book 类的构造函数，其中通过输入的 3 个参数给本类的 3 个属性赋值。而从第 13 ~ 18 行中，定义了针对各属性的 get 和 set 方法。

而在第 21 行的 main 函数中，第 23 行通过 new 创建了一个 HashMap 对象，并在第 24 行和第 25 行通过 Book 的构造函数，创建了两个不同的 Book 对象。

在第 27 行和第 28 行中，通过了 put 方法，把键值对的集合放入了 HashMap，其中，键是书的唯一标识 ISBN 号，值是这个 ISBN 号对应的书。

在第 31 行中，通过 containsKey 方式判断 HashMap 是否存放了 Key 是 123 的 Book，如果是，则通过第 33 行的 get 方法获取 123 所对应的对象，并在第 35 行中输出这个 Book 的属性。

从这个案例中可以看到，项目中对 Map 类对象的常见用法，可以通过 put 来存放对象，通过 get 方法来获取对象，也可以通过 containsKey 方法来判断是否存在某个对象。

3.1.3 Set 类集合的使用场景

从存储数据的格式上来看，Set 也属于线性表，但在其中不能存储重复的元素，而且，在一个 Set 对象里最多只能存储一个 null 元素。由于 Set 有“自动去重”的特性，在项目中常用它来整理数据。

例如，用一个 list 来收集某天员工的刷卡信息，以此来做考勤。在一天里，员工可以刷多次卡，但只要刷过一次，该员工就算出勤了。所以用户可以把 list 里的数据放入 Set 对象中去重后，再输出这天出勤的员工列表，下面可以通过 SetDemo.java 代码来观察实现这个逻辑。

```
// 引入对应的包后，就可以使用 ArrayList, HashSet 等对象了
import java.util.ArrayList;
import java.util.HashSet;
import java.util.Set;
public class SetDemo {
    public static void main(String[] args) {
        // 在 list 里记录了员工的刷卡信息
         ArrayList list = new ArrayList();
        list.add("1");
        list.add("2");
        list.add("1");// 这里有重复数据，1 号员工刷了两次
        list.add(null);// 演示放入 null 后的情况
        list.add(null);// 放了两次 null

        Set set = new HashSet();// 定义了一个 HashSet
         // 通过 for 循环遍历 list 并把其中数据放入 set
        for(int i = 0;i<list.size();i++){
            System.out.println(list.get(i));
            set.add(list.get(i));
        }// 这个 for 循环的输出是 1,2,1, null,null 5 个数据
        //set 的 size 是 3
        System.out.println(set.size());
        for (Object str : set) {
              System.out.println(str);
        }  // 这里的 for 循环输出是 2,1,null，可以看到去掉了重复数据
    }
}
```

在第 8 行，创建了一个 ArrayList 对象，并通过 add 方法向其中添加了 5 个元素，其中有两个重复的元素 1 和两个重复的元素 null。

在第 17 ~ 20 行的 for 循环中，会在第 18 行输出 List 中的每个元素，并在第 19 行中把它们依次放入在第 15 行中创建的 HashSet 对象中。

因为在 Set 中不能有重复的元素，所以在第 22 行可以看到的 Set 长度是 3，通过第 23 ~ 25 行的 for 循环中的打印语句，可以看到 set 里只有 3 个元素，即 2、1 和 null，也就是说，它已经自动地去掉了重复的元素。

3.2　要学习线性表类集合，你必须掌握这些知识

除了数组、List 和 Set 对象之外，Java 的线性表类对象还有 Vector、队列（Queue）和堆栈（Stack），但在项目中，用得比较多的还是前三者。

根据面试经验，大多数初级程序员会通过基本的语法进行添加、删除、查找和遍历等基本操作，但也仅此而已。如果忽视本部分的知识点，大家写出来的代码也许性能不会太好（因为选错了集合对象），而且可能会包含隐藏的问题（语法上没毛病但就是得不到预期的效果）。

3.2.1　ArrayList 和 LinketList 等线性表的适用场景

List 是封装了针对线性表操作的接口，ArrayList 和 LinkedList 是在项目中用的比较多的两个实现类。面试时一般会问，两者有什么区别？很多人会回答，ArrayList 是基于数组实现的，而 LinkedList 是基于双向链表实现的。

学过数据结构都知道，如果要查找数组中的某个元素，可以根据如下的公式很快地定位到该元素的位置。

第 i 号元素的位置 = 第 0 号元素的位置 +(i-1)× 每个元素的长度。

但数组不擅长添加和删除元素，如要在长度为 10 000 的数组中的 500 号位置添加一个元素，首先要让 500 ~ 10 000 号元素都往后移动一位，先把 500 号位置空出来再添加。删除与此类似。

与数组相对应的，链表比较擅长添加和删除元素（只需要更改其中一个元素的指针即可），但不擅长于定位（如果要找 500 号元素，就要从 0 号开始一个个地找）。

这种说法应付面试尚可，但在实际项目中，往往没有单纯的添加（或删除）和单纯的查找操作，一般是两者配合使用。例如，程序员会在一个 for 循环中通过 add 方法从头开始在尾部添加元素，完成后在另一个地方通过 get 方法从头开始获取元素，这两个动作往

往会配对出现。

在这种情况下，该选用哪种集合呢？下面通过 ListCompare.java 来比较一下这两类 List 的各种性能，从而归纳它们的使用场景。

```
// 省略必要的 import 集合包的代码
public class ListCompare {
// 在尾部添加元素
    static void testAddatTail(List list,String type) {
        int size = 1000000;
        long start=System.currentTimeMillis();
     // 通过 for 循环在尾部添加元数据
        for(int i = 0;i<size;i++)
        {list.add(i);}
        long end=System.currentTimeMillis();
        System.out.println("testAddatTail for " + type);
     // 结束时间减开始时间就是运行时间
        System.out.println(end - start);
    }
    // 随机查找元素
    static void testRandomSearch(List list,String type) {
        Random rand = new Random();
        long start=System.currentTimeMillis();
        // 在 for 循环里随机查找元素
        for(int i = 0;i<10000;i++)
    {list.indexOf(rand.nextInt(100000));}
        long end=System.currentTimeMillis();
        System.out.println("testRandomSearch for " + type);
        System.out.println(end - start);
    }
// 随机地添加元素
    static void testAddatRandom(List list,String type){
        Random rand = new Random();
        long start=System.currentTimeMillis();
        for(int i = 0;i<1000;i++)
    {list.add(rand.nextInt(100000), "0");}
        long end=System.currentTimeMillis();
        System.out.println("testAddatRandom for " + type);
        System.out.println(end - start);
    }
    // 主方法
```

```
37      public static void main(String[] args) {
38        //创建两种不同类型的 List
39           List arrayList = new ArrayList();
40           List linkedList = new LinkedList();
41           //如下是对比实现
42           testAddatTail(arrayList,"ArrayList");
43           testAddatTail(linkedList,"LinketList");
44           testAddatRandom(arrayList,"ArrayList");
45           testAddatRandom(linkedList,"LinketList");
46           testRandomSearch(arrayList,"ArrayList");
47           testRandomSearch(linkedList,"LinketList");
48      }
49  }
```

表 3.1 中列出了在上述代码中定义的方法。

表 3.1　针对两种不同集合对比测试方法归纳表

方法名	行数	动作
testAddatTail	第 4 ~ 14 行	通过 for 循环在尾部添加 1 000 000 个元素
testRandomSearch	第 16 ~ 25 行	从集合的随机位置获取元素，相当于随机查找
testAddatRandom	第 27 ~ 35 行	在集合的随机位置添加元素

在 main 函数的第 39 行和第 40 行中，定义了两种 List，然后从第 42 行到第 47 行，分别针对两种不同的 List 集合执行了对比测试方法，如果运行多次，输出的时间未必都相等，但从中可以看到两者的对比，根据其中一次运行结果，可以整理出如表 3.2 所示的结论。

表 3.2　运行结果分析表

比较项	集合种类	运行时间	分析
在尾部添加	ArrayList	141	ArrayList 是基于数组的，与基于链表的 ListedList 相比，能很快地定位到尾部
	LinkedList	219	
在随机位置添加	ArrayList	938	这里包含查找位置和添加两个动作，查找时基于数组的 ArrayList 占优，添加时基于链表的 LinkedList 占优，综合下来还是基于链表的 LinkedList 占优
	LinkedList	672	
在随机位置查找	ArrayList	4109	基于数组的 ArrayList 占优，相比基于链表的 LinkedList 就需要消耗一定的代价了
	LinkedList	5828	

（1）如果一次性地通过 add 从集合尾部添加元素，添加完成后只需读取一次，那么建议使用 ArrayList，因为从上表来看，两个动作的运行时间总和要小于 LinketList。

（2）如果要频繁地添加元素，或者在完成添加元素后会频繁地通过 indexOf 方法从集合里查找元素，可以使用 LinketList，原因是它的随机添加和随机查找的总时间消耗要小于 ArrayList。

（3）注意如果在代码中 indexOf 的操作过于频繁从而成为项目运行的“瓶颈”时，可以考虑后面提到的 HashMap 对象。

此外，ArrayList 和 LinkedList 都是线程不安全的，所以这点并不是它们的区别。

3.2.2 对比 ArrayList 和 Vector 对象，分析 Vector 为什么不常用

面试时，一般会有如下问题。

（1）先提问在数据结构中，数组和链表有什么区别，大多数人都能回答出来。然后问：Vector 和 ArrayList（或者再加上 LinkedList）集合对象之间有什么区别?

针对后一个问题，有人就会回答 ArrayList 是基于数组（从名称上能看出）的，而 Vector 对象基于链表实现（被第一个问题误导）。这就不正确了，其实它们两者都是基于数组的。

（2）如果通过构造函数初始化了长度是 10 的 ArrayList 对象，具体的实现代码如下。

```
List arrayList = new ArrayList(10);
```

那么当插入第 11 个元素后，会出现什么情况? 一般会有几个选项，第一个是报语法错误，第二个是会出现数组越界异常，如果面试者感觉都不是，那么要说明会出现什么情况。

（3）ArrayList、LinketList 和 Vector 哪些是线程安全的，哪些是线程不安全的?

这里的线性安全是指如果多个线程同时向该集合对象中插入元素，会不会出现冲突，关于这个问题会在后面详细介绍。其答案是，Vector 比较特殊，是线程安全的，另外两个是线程不安全的。

上述 3 个问题的答案如下。

（1）Vector 是线程安全的，ArrayList 是线程不安全的，所以在插入等操作中，Vector 需要一定开销来维护线程安全，而大多数的程序都运行在单线程环境下，无须考虑线程安全问题，所以大多数的单线程环境下 ArrayList 的性能要优于 Vector。

（2）例如，刚开始程序员创建了长度是 10 的 Vector 和 ArrayList，当插入第 11 个元素时，它们都会扩充，Vector 会扩充 100%，而 Vector 会扩充 50%，所以从节省内存空间的角度来看，建议使用 ArrayList。

出于上述两点的考虑，在项目中不常用 Vector 对象。

3.2.3　通过线性表初步观察泛型

在项目中，一个集合对象中（如 ArrayList）往往只存储同一种类的数据，因为如果不这样，代码会很难看，也很难维护。

例如，在 ArrayList 的第一个位置存储 String 类对象，第二个位置存储 Integer 对象，在之后的位置也分别存储不同类型的数据，那么从中读取对象时，就要写很多 if 判断语句，如果位置是 1 时，将其中对象转换成 String，位置是 2 时，转换成 Integer，如果存放的方式发生改变，就不得不修改读取部分的代码。

如果通过如下的方式创建 ArrayList，list 对象事实上存储着 Object 类型的数据。

```
ArrayList list = new ArrayList();
```

因为 Java 中任何对象都是 Object 的子类，所以就可以在其中不同的位置存放不同类型的数据。为了避免这种情况出现，在使用 list 对象时，放数据和取数据的程序员只能相互约定好，如添加者只放 String 类型的数据，使用者就以 String 的方式从中获取数据。

通过泛型，可以从根本上避免这类问题。例如，通过如下的代码，可以指定在 ArrayList 中只存放 String 类型的数据。

```
ArrayList<String> list = new ArrayList<String>();
```

需要说明的是，泛型指定的内容不仅限于 String、Integer 之类的基本数据类型，还可以包括自定义的类，下面通过 GenericDemo.java 来看泛型的用法。

```
// 省略 import 各种集合包的代码
// 自定义的 Account 类
class Account{
   private String bankName;
   // 通过构造函数设置 bankName 属性
   public Account(String bankName)
      {this.bankName = bankName;    }
}
public class GenericDemo {
    public static void main(String[] args) {
     // 通过泛型定义了只能存放 String 的 ArrayList
        ArrayList<String> strList = new ArrayList<String>();
        strList.add("abc");   //ok
```

```
14            //strList.add(123);   //error
15            // 该 accList 对象能存放自定义的 Account 类
16            LinkedList<Account> accList = new LinkedList<Account>();
17            Account a1 = new Account("Citi");
18            Account a2 = new Account("ICBC");
19            accList.add(a1);      //ok
20            accList.add(a2);      //ok
21            //accList.add("ICBC"); error
22            // 不推荐的用法
23            Set set = new HashSet();
24            set.add("123");          // 第一个元素放 String
25            set.add(123);            // 第二个元素放 Integer
26        }
27    }
```

在 main 函数的第 12 行中，定义了一个只能存放 String 类型的 ArrayList，因为有了泛型的限制，所以当程序员企图在第 14 行中存入 Integer 类型的数据时，会提示语法错误。

在 16 行中，定义了一个只能存放自定义 Account 类的 LinketList 对象，在第 21 行中，当程序员企图存放非 Account 类的对象时，也会提示语法错误。

还有些人为了省事，在定义集合时不会加入泛型约束，这样看上去能避免不少语法问题，但会在不经意中把不同类型的数据放入同一个集合中，从而导致后继的异常，因此解决这类问题的成本就提高了。所以应当从源头上预防，在定义集合时，应尽可能地应用泛型并指定可以接受的类型。如果在定义时实在无法确定该集合容纳数据的种类，也不要像第 23 ~ 25 行那样，在同一个集合中，放不同类型的数据。

3.2.4 Set 集合是如何判断重复的

因为 Set 集合有“自动去重”的特性，如果在其中存放的不是 String、Integer 之类的基本数据类型，而是自定义的类，那么 Set 集合依据什么来判断“重复”？下面来看一下 SetDupDemo.java 的代码。

```
// 省略 import 集合包的代码
// 请注意实现了 Comparable 接口
class Student implements Comparable{
    private int id;
    public Student(int id){  this.id = id;  }
    public int getId()
```

```
7          {return id;}
8          //判断是否相等
9          public boolean equals(Student stu)
10         {
11             if( stu.getId() == this.id )
12             {  return true;      }
13             else   {  return false;   }
14         }
15     //通过重写 compareTo 方法，判断是否能加入 Set 里
16         public int compareTo(Object obj) {
17             // 判断是否是学生类型
18             if (obj instanceof Student) {
19                 Student s = (Student) obj;
20                 // 如果是学生类型，如果学号相等，则不加入 Set
21                 if (s.getId() == this.getId()) {
22                         return 0;
23                 } else {
24                       return s.getId()>this.getId()?1:-1;
25                 }
26             // 不是学生类型对象的话就不要加入它
27             } else {  return 0;       }
28         }
29     }
```

从第 3 ~ 29 行，定义了一个 Student 类，为了把它放入 Set，程序员需要实现 Comparable 接口，并重写其中的 compareTo 方法。

从第 9 ~ 14 行，重写了用于判断两个 Student 对象是否相等的 equals 方法，如果不重写，将用 Object 的方法（这个方法是通过判断两个对象的地址是否一致来判断两个对象是否相等的）。

TreeSet 对象不会根据 equals 方法判断是否重复，也就是说，即使程序员注释了这个方法，也不会影响运行结果，但在自定义类中，重写 equals 方法是很好的习惯。

在第 16 ~ 28 行的 compareTo 方法中，将根据返回 int 类型的值，执行对应的动作。

如果返回 0，则表示该对象已经存在于 Set 中，这个对象无法再次加入了。

如果返回 1 或 -1，则表示 Set 中还没有和它相同的对象，可以加入。1 和 -1 的具体区别将在后面讲述“Collections 排序”时详细分析。

```
30  public class SetDupDemo {
31      public static void main(String[] args) {
```

```
32          Set intSet = new HashSet();
33          intSet.add(1);
34          intSet.add(1);
35          System.out.println(intSet.size()); // 输出结果是 1
36          Student s1 = new Student(1);
37          Student s2 = new Student(1);
38          Set<Student> stuSet = new TreeSet<Student>();
39          stuSet.add(s1);
40          stuSet.add(s2);
41          System.out.println(stuSet.size()); // 输出结果是 1
42      }
43  }
```

在 main 函数的第 32 行中，定义了 HashSet 对象，当程序员在第 33 行和第 34 行放入两个相等的数值时，由于 Set 对象不允许重复值插入，因此只能放入一个，这可以从第 35 行的打印结果中得到验证。

在第 38 行中，通过泛型的方式定义了一个只能容纳 Student 类的 TreeSet 对象，并在第 39 行和第 40 行放入了两个 id 都是 1 的 Student 对象。

在放入 s2 时，需要判断在 StuSet 里是否已经存在相同的对象，具体做法是，与已经存在的对象（也就是 s1）逐一通过 compareTo 方法进行比较，这里当调用 s1.compareTo(s1) 时，发现两者 id 一致，所以返回是 0，说明 s2 等于 s1，所以不会放入 StuSet 中。这可以通过第 41 行的输出结果得到验证。

还有一些初级程序员在用 TreeSet 存储自定义类时，没有重写 compareTo 方法，而且他们会根据两个学生 id 都是 1 的情况，想当然地认为它们相等，最后当 TreeSet 并没有按预期那样去掉重复的 Student 时，他们还不明白错在哪里。因此程序员要用重写 compareTo 的方式来判断对象是否可以加入 TreeSet。

注意，前面仅讲到了 TreeSet 判断自定义类是否重复的方式，如果大家在 38 行中把 StuSet 对象定义成 HashSet，那么第 41 行的输出结果就是 2。

也就是说，对于 HashSet，程序员不仅要靠 CompareTo 方法，更要靠 equals 和 hashCode 方法。这里仅介绍结论，细节将在后面介绍 HashMap 时具体分析。

3.2.5 TreeSet、HashSet 和 LinkedHashSet 的特点

不少大公司的面试题中会问 TreeSet 和 HashSet 有什么区别。此外 LinkedHashSet 也是 Set 的一种实现类，下面归纳的是三者的特点。

HashSet 是基于哈希表（Hash 表）实现的，它不能保证线程安全，其中允许存在 null

元素，但 null 元素只能有 1 个。

当程序员向 HashSet 中插入一个对象时，HashSet 会调用该对象的 hashCode() 方法（如果该对象没定义，会调用 Object）来得到该对象的 hashCode 值；然后会根据 hashCode 值来决定该对象在 HashSet 中的存放位置，如果遇到两个对象的 hashCode 值一致的情况，则说明它们相等，HashSet 同样不会允许插入重复的元素。

上述描述包含了一层隐藏的含义，HashSet 不能保证插入次序和遍历次序一致。相比之下，LinkedHashSet 同样是基于 Hash 表，它也是根据元素的 hashCode 值来决定元素的存储位置的，但是它同时也采用了链表的方式来保证插入次序和遍历次序一致。

下面可以通过 LinketHashSetDemo.java 例子看出两者的区别。

```
1  import java.util.HashSet;
2  import java.util.Iterator;
3  import java.util.LinkedHashSet;
4  import java.util.Set;
5  public class LinketHashSetDemo {
6      public static void main(String[] args) {
7       //通过泛型定义两类 Set
8          Set<String> strHashSet = new HashSet<String>();
9          Set<String> strLinkedHashSet = new LinkedHashSet<String>();
10      //通过 for 循环，向两个 Set 里插入 String 类的元素
11         for (int i = 0; i < 10; i++) {
12              strHashSet.add(String.valueOf(i));
13              strLinkedHashSet.add(String.valueOf(i));
14      }
15       //通过迭代器来访问两种 Set
16      Iterator<String> setStringIt = strHashSet.iterator();
17      while(setStringIt.hasNext())
18      {  System.out.print(setStringIt.next() + " ");  }
19     System.out.println();
20      Iterator<String> linkedSetStringIt = strLinkedHashSet.
   iterator();
21     while(linkedSetStringIt.hasNext())
22     { System.out.print(linkedSetStringIt.next() + " ");  }
23     }
24 }
```

在 main 函数的第 11 ~ 14 行中，通过 for 循环语句向两种集合中依次放入了 1 ~ 10

这 10 个 String 类型的对象，然后通过迭代器，在第 17 ~ 21 行中通过两个 while 循环分别按顺序输出它们的值，结果如下。

```
1  3 2 1 0 7 6 5 4 9 8
2  0 1 2 3 4 5 6 7 8 9
```

第 1 行是针对 HashSet 的输出，从中可以看到它的遍历结果和插入的次序不一致；而第 2 行是针对 LinkedHashSet，输出次序和插入次序一致。

而 TreeSet 是 SortedSet 接口的唯一实现类，它是用二叉树存储数据的方式来保证存储的元素处于有序状态，下面来看 TreeSetDemo.java 例子。

```
1  // 省略 import Set 集合的代码
2  public class TreeSetDemo {
3      public static void main(String[] args) {
4          Set<String> treeSet = new TreeSet<String>();
5          // 以无序的方式向 treeSet 中插入了若干对象
6          treeSet.add("4");
7          treeSet.add("3");
8          treeSet.add("1");
9          treeSet.add("2");
10         //treeSet.add(null); // 会有运行期异常
11         // 通过迭代器来遍历
12         Iterator<String> setStringIt = treeSet.iterator();
13         while(setStringIt.hasNext()) {
14             System.out.print(setStringIt.next() + " ");
15         }
16     }
17 }
```

在第 4 行中，以泛型的方式创建了一个 TreeSet，并从第 6 ~ 9 行，以无序的方式插入了 4 个 String 对象。注意，TreeSet 不允许插入 null 值，所以运行第 10 行的代码时会有异常。

当程序员在第 14 行通过迭代器遍历 TreeSet 对象时，会发现输出的次序和插入次序不一致，而且数据已经被排序，结果如下。

```
1 2 3 4
```

如果 TreeSet 中存储的不是上例中的基本数据类型，而是自定义的 class，那么这个类必须实现 Comparable 接口中的 compareTo 方法，TreeSet 会根据 compareTo 中的定义来区分大小，最终确定 TreeSet 中的次序。

程序员可以在 compareTo 方法中定义排序依据。在前面的 compareTo 方法中，是以学生的 id 作为判断依据的，如果两个学生的 id 相等，那么这个方法的返回值是 0，说明这两个学生是相等的（是同一个学生）。此外，该方法还可以返回 1 或 -1，其中 1 表示大于，-1 表示小于。

下面通过 SortedStudent.java 例子来看 TreeSet 是如何对自定义类进行排序的。

```
// 省略 import 迭代器和集合类支持包的代码
class SortedStudent implements Comparable{
    private int id;
    public SortedStudent(int id)
    {this.id = id;}
    public int getId()
    {return id;}
// 重写 equals 方法
    public boolean equals(SortedStudent stu)
    {
            if( stu.getId() == this.id )
            {  return true;       }
            else{  return false; }
    }
// 以 id 的大小作为排序依据
    public int compareTo(Object obj) {
        // 判断是否是学生类型
        if (obj instanceof SortedStudent) {
        SortedStudent s = (SortedStudent) obj;
            // 如果是学生类型，且学号相等，则不加入 Set
            if (s.getId() == this.getId())
            {  return 0; }
          else {
                 return s.getId()>this.getId()?1:-1;
            }
        // 不是学生类型对象的话就不要加入它
        } else { return 0;   }
    }
}
public class SortStudentByID {
    public static void main(String[] args) {
        SortedStudent s1 = new SortedStudent(1);
```

```
33          SortedStudent s2 = new SortedStudent(2);
34          SortedStudent s3 = new SortedStudent(3);
35          SortedStudent s4 = new SortedStudent(4);
36          Set<SortedStudent> stuSet = new TreeSet<SortedStudent>();
37      //这里故意用不排序的方式放入 TreeSet
38          stuSet.add(s2);
39          stuSet.add(s4);
40          stuSet.add(s1);
41          stuSet.add(s3);
42      //通过迭代器来遍历这个 TreeSet 对象
43          Iterator<SortedStudent> itStu = stuSet.iterator();
44          while(itStu.hasNext()){
45            //能看到有序输出，输出结果是 4,3,2,1
46              System.out.println(itStu.next().getId());
47          }
48
49      }
50  }
```

在第 2 行定义的 SortedStudent 类的代码中，实现了 Compareable 接口。在第 16 行，程序员重写了 compareTo 方法，在这个方法中，如果两个学生对象的 id 相等，则认为它们相等，否则将用 id 的大小来判断大小。

在第 38 ~ 41 行中，虽然程序员用乱序的方式放入了 4 个学生对象，但 TreeSet 会自动地对它们进行排序，这可以从第 46 行的输出结果中得到验证。

3.2.6 集合中存放的是引用：通过浅复制和深复制来理解

程序员自定义的类是以引用的形式放入集合的，如果使用不当，会引发非常隐蔽的错误。下面以一个面试题来说明这个知识点。

（1）定义一个 Car 类型的类，其中只有一个 int 类型 id 属性。

（2）创建一个 Car 类的实例，假设是 c，设置它的 id 是 1。

（3）通过 new 关键字创建两个不同的 ArrayList，分别是 a1 和 a2，注意这里是创建两个不同的 ArrayList，而不是一个，并把步骤（2）创建的 c 对象分别放入 a1 和 a2。

（4）在 a1 的 ArrayList 中，取 c 对象，并把它的 id 设置成 2，同时不对存放在 a2 中的 c 对象做任何修改。

完成上述 4 步操作后，a2 中存放的 c 对象的 id 是 1 还是 2？

下面通过如下的 CopyDemo.java 来分析上述问题。

```
1  import java.util.ArrayList;
2  //第一步，创建一个 Car 类，其中只有一个属性 i
3  //通过构造函数，可以设置 i 的值，而且有针对 i 的 Get 和 Set 方法
4  class Car {
5    private int i;
6    public int getI() {return i;}
7    public void setI(int i) {this.i = i;  }
8    public Car(int i) {this.i = i;  }
9  }
10 public class CopyDemo {
11   public static void main(String[] args) {
12       //第二步，创建一个 Car 的实例，其中的 id 是 1
13       Car c = new Car(1);
14       //第三步，创建两个不同的 ArrayList
15       ArrayList<Car> a1 = new ArrayList<Car>();
16       ArrayList<Car> a2 = new ArrayList<Car>();
17       //通过 add 方法把 c 分别加入 a1 和 a2 中
18       a1.add(c);
19       a2.add(c);
20       //第四步，修改 a1 中的 c 对象，但不修改 a2 中的 c 对象
21       a1.get(0).setI(2);
22       //最后通过打印查看 a2 中 c 对象的 id
23       System.out.println(a2.get(0).getI());
24   }
25 }
```

根据第 19 行的输出，虽然程序员并没对 a2 中存放的 c 对象做任何操作，但它的值也被改成了 2。其原因是集合中存放的是引用。下面进行详细说明。

（1）当执行完 Car c = new Car(1); 操作后，Java 虚拟机会在内存中开辟一块空间存放 id 是 1 的 c 对象，假设这块空间的首地址是 1000 号，那么 c 其实是指向 1000 号空间的引用。

（2）程序员其实是把 c 引用放入两个不同的 ArrayList 中，可以通过图 3.1 来观察其效果。

从图 3.1 中可以看到，a1 和 a2 中第一个元素存放的其实都是 c 的引用。通过这个引用，都能指向到存放在 1000 号内存中的 id 是 1 的 c 对象。

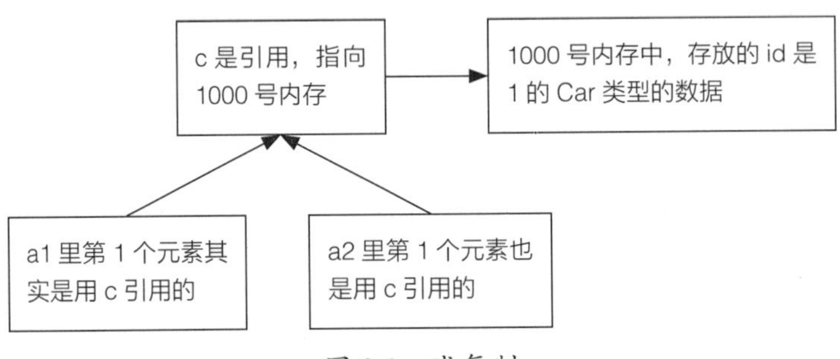

图 3.1　浅复制

当程序员通过 a1 修改存放在其中的 c 对象时，其实是通过 c 引用直接改变了 1000 号中的 id，由于 a2 中存放的引用也是指向 1000 号内存的，因此虽然程序员并没有修改过 a2 中的 c 对象，但 a2 中的值也跟着变了。

在实际项目中，可能会遇到类似的问题。例如，程序员把同一份变量放入两个不同的集合对象中，这里本意是，在一个集合中给该变量做个备份，只在另外一个集合中修改。但根据上面的描述，即使程序员只在其中一个集合中做修改，这个修改也会影响到另外一个备份的集合，这与预期的结果不一样。

如果要正确地实现“一个集合做备份另一个集合做修改”的效果，就要通过 clone 方法来实现深复制，下面看 DeepCopy.java 例子。

```
import java.util.ArrayList;
// 实现 Cloneable 接口，重写其中的 clone 方法
class CarForDeepCopy implements Cloneable {
    private int i;
    public int getI() {return i;}
    public void setI(int i) {this.i = i;}
// 构造函数
    public CarForDeepCopy(int i)
    {this.i = i;}
    // 调用父类的 clone 完成对象的复制
    public Object clone() throws CloneNotSupportedException
{  return super.clone();    }
}
public class DeepCopy {
    public static void main(String[] args) {
        CarForDeepCopy c1 = new CarForDeepCopy(1);
      // 通过 clone 方法把 c1 做个备份
        CarForDeepCopy c2 = null;
        try {
```

```
20                  c2 = (CarForDeepCopy)c1.clone();
21              } catch (CloneNotSupportedException e) {
22                  e.printStackTrace();
23              }
24              ArrayList<CarForDeepCopy> a1 = new ArrayList<CarForDeepCopy>();
25              ArrayList<CarForDeepCopy> a2 = new ArrayList<CarForDeepCopy>();
26              a1.add(c1);
27              a2.add(c2);
28              // 将 a1 中的 c 对象的 id 修改为 2
29          a1.get(0).setI(2);
30          // 输出依然是 1
31              System.out.println(a2.get(0).getI());
32          }
33  }
```

为了实现 clone，程序员自定义的类必须要像第 3 行那样实现 Cloneable 接口；同时像第 11 行那样重写 clone 方法。其中可以像第 12 行那样，通过 super 调用父类的 clone 方法来完成内容的复制。

在第 20 行中，通过调用 c1 对象的 clone 方法在内存中创建另外一个 CarForDeepCopy 对象，然后程序员通过第 26 行和第 27 行把 c1 和 c2 放入两个 ArrayList 后，在内存中存储的结构如图 3.2 所示。

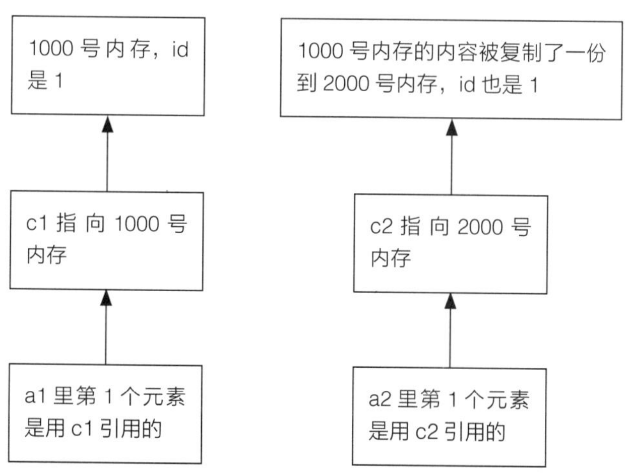

图 3.2　深复制后的示意图

从图 3.2 中可以看到，c1 被 clone 调用后，系统会开辟一块新的空间用以存放和 c1 相同的内容，并用 c2 指向这块内存。

这样，a1 和 a2 两个 ArrayList 就通过 c1 和 c2 两个不同的引用指向了两块不同的内存空间，所以针对 a1 中 c1 的修改不会影响到 a2 中的 c2 对象。

3.2.7 通过迭代器访问线性表的注意事项

在之前的案例中，我们采用过如下的循环方式来遍历 ArrayList（或 LinkedList）等线性表的对象，但这并不是推荐的做法。

```
for(int i = 0; i < intArr.length; i++)
{   System.out.println(intArr[i]);   }
```

在实际项目中，我们会更多地使用迭代器（Iterator）来遍历。其优点是不论待访问的集合类型是什么，也不论待访问的集合存储是哪种类型的对象，迭代器都可以用同一种方式来遍历。下面通过 IteratorDemo.java 例子来介绍迭代器的一般用法。

```
1  //省略 import 集合包的代码
2  public class IteratorDemo {
3      public static void main(String[] args) {
4      //通过泛型初始化一个包含 String 类型的 ArrayList
5          List<String> arrList = new ArrayList<String>();
6       //通过 for 循环添加元素
7          for(int i = 0;i<5;i++)
8          {   arrList.add(Integer.valueOf(i).toString() );   }
9          //定义一个迭代器
10         Iterator<String> arrIt = arrList.iterator();
11     //通过迭代器遍历 ArrayList
12         while(arrIt.hasNext())
13     {   System.out.println(arrIt.next());    }
```

在第 10 行定义迭代器时，也可以通过泛型来指定待遍历的对象类型，一般这个类型要和集合中的一致。

通过第 12 行和第 13 行的循环，可以看到迭代器的一般用法，即可以通过 hasNext 方法来判断是否有下一个元素；如果有，则通过 next 方法来获取该元素。

```
14         List<Integer> linkedList = new LinkedList<Integer>();
15         for(int i = 0;i<5;i++)
16         {  linkedList.add(Integer.valueOf(i) ); }
17         Iterator<Integer> linkedListIt = linkedList.iterator();
18         while(linkedListIt.hasNext())
19     {System.out.println(linkedListIt.next());   }
```

从第 14 ~ 19 行，可以看到即使待访问的对象变成了 LinkedList，甚至待访问的数据类型也变成了 Integer；还可以通过迭代器用相似的方式来遍历这个对象。但这里的改动是在第 17 行，通过泛型指定这次访问对象的类型是 Integer。

```
20          Set<Float> set = new TreeSet<Float>();
21          for(int i = 0;i<5;i++)
22          {  set.add(Float.valueOf(i));  }
23          Iterator<Float> setIt = set.iterator();
24          while(setIt.hasNext())
25      {System.out.println(setIt.next());      }
```

对于 TreeSet，程序员也可以通过迭代器来遍历，这里的遍历模式也没变；通过 hasNext 方法来判断是否有下一个对象，如果有，则通过 next 方法来访问。

```
26          // 再次指向 linkedList 对象，想再次访问
27      linkedListIt = linkedList.iterator();
28          while(linkedListIt.hasNext()){
29          System.out.println(linkedListIt.next());
30          //linkedList.add(20);
31          //linkedList.remove(2);
32          }
33      }
34  }
```

在第 27 ~ 32 行中，通过迭代器第二次来遍历 LinkedList 对象，如果程序员打开第 30 行和第 31 行的注释，一边访问一边修改（插入和删除）LinkedList 中的对象，会出现如下的异常。

```
   Exception in thread "main" java.util.ConcurrentModificationException
       At java.util.LinkedList$ListItr.checkForComodification(LinkedList.java:953)
      at java.util.LinkedList$ListItr.next(LinkedList.java:886)
         at IteratorDemo.main(IteratorDemo.java:51)
```

由此可知，在迭代器遍历时，不能同时修改待遍历的集合对象。如果要避免这种异常，可以用 CopyOnWriteArrayList 来代替 ArrayList；或者不使用迭代器，用其他方式（如之前给出的 for 循环方式）来遍历。

在实际项目中，如果边遍历边修改，会增加出错的风险。这种错误未必明显，以至于在发现和纠正错误时会付出较大的代价。

所以建议大家尽量采用迭代器，因为它的异常机制是一种保护措施。通过查看异常，程序员可以清楚地知道问题出在哪里，比到处加断点来查问题要好得多。

3.2.8 线性表类集合的面试题

线性表类集合的面试题如下。

（1）使用 ArrayList 实现 Stack 和 Queue 的功能。

（2）使用 Java 实现 ArrayList 的功能。

（3）通过 Iterator 对象访问 LinkedList 对象，并说明这种访问方式的优点。

（4）你有没有读过 ArrayList 部分的底层实现源代码？如果有，则说明 add 方法是如何实现的，并考虑动态扩展的情况。

（5）简述 Collection 和 Collections 的区别及各自的用途。

（6）Set 对象中不能有重复的元素，可以用什么方法来判断是否重复？能通过 equals 方法吗？

扫描右侧二维码可以看到这部分面试题的答案，且该页面中会不断添加其他同类面试题。

3.3 关于键值对集合，你必须掌握这些基本知识

Java 中的 HashMap（HashTable 或 HashSet）等对象是基于数据结构中的哈希表来实现的，可以很容易地从中寻找指定的对象。

下面将从哈希表的算法讲起，并介绍在 HashMap 里找到对象的原理，由此来让大家理解重写 equals 和 hashCode 方法的必要性。

3.3.1 通过 Hash 算法来了解 HashMap 对象的高效性

前面介绍的数据结构中：在一个长度为 *n*（假设是 10 000）的线性表（假设是 ArrayList）里，存放着无序的数字；如果程序员要查找一个指定的数字，就要从头到尾依次遍历来查找，这样的平均查找次数是 *n* 除以 2（这里是 5 000）。

我们再来观察 Hash 表（这里的 Hash 表是数据结构上的概念，和 Java 无关）。它的平均查找次数接近于 1，但是在 Hash 表中，存放在其中的数据和它的存储位置是用 Hash 函数关联的。

假设一个 Hash 函数是 ×××%5。（当然实际情况里不可能用这么简单的 Hash 函数，我们这里纯粹是为了说明方便，而 Hash 表是一个长度为 11 的线性表。）如果把 6 放入其中，那么首先会用 Hash 函数对 6 进行计算，结果是 1，所以就把 6 放入索引号是 1 的位置。同样如果要放数字 7，经过 Hash 函数计算，7 的结果是 4，那么它将被放入索引是 4 的位置。其效果如图 3.3 所示。

Hash函数是x*x%5

		6			7	
索引号	0	1	2	3	4 …	10

图 3.3　Hash 表中存储数据

其优点是查找方便。例如，要从中找 6 元素，可以先通过 Hash 函数计算 6 的索引位置，然后直接从 1 号索引中找到它。

不过我们会遇到“Hash 值冲突”问题。比如，经过 Hash 函数计算后，7 和 8 会有相同的 Hash 值，对此 Java 的 HashMap 对象采用的是“链地址法”的解决方案。其效果如图 3.4 所示。

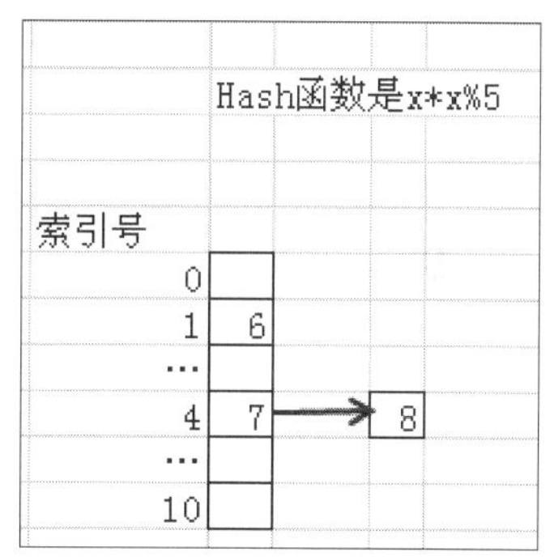

图 3.4　Hash 表里用链地址法解决冲突

具体的做法是，为所有 Hash 值是 i 的对象建立一个同义词链表。假设在放入 8 时，发现 4 号位置已经被占用，那么就会新建一个链表节点放入 8。同样，如果要查找 8，那么发现 4 号索引中不是 8，则会沿着链表依次查找。

虽然还是无法彻底避免 Hash 值冲突的问题，但是 Hash 函数设计得合理，仍能保证同义词链表的长度被控制在一个合理的范围中。

3.3.2　为什么要重写 equals 和 hashCode 方法

当程序员用 HashMap 存入自定义类时，如果不重写自定义类的 equals 和 hashCode 方法，得到的结果会和预期的不一样。下面来看 WithoutHashCode.java 例子。

```
import java.util.HashMap;
class Key {
    private Integer id;
    public Integer getId()
{return id; }
    public Key(Integer id)
{this.id = id;    }
// 故意先注释掉 equals 和 hashCode 方法
//  public boolean equals(Object o) {
```

```
10  //      if (o == null || !(o instanceof Key))
11  //      { return false; }
12  //      else
13  //      { return this.getId().equals(((Key) o).getId());}
14  //  }
15
16  //  public int hashCode()
17  //  { return id.hashCode();   }
18  }
19
20  public class WithoutHashCode {
21      public static void main(String[] args) {
22          Key k1 = new Key(1);
23          Key k2 = new Key(1);
24          HashMap<Key,String> hm = new HashMap<Key,String>();
25          hm.put(k1, "Key with id is 1");
26          System.out.println(hm.get(k2));
27      }
28  }
```

在第 2 ~ 18 行，程序员定义了一个 Key 类；在第 3 行定义了唯一一个属性 id。程序员先注释掉第 9 行的 equals 方法和第 16 行的 hashCode 方法。

在 main 函数中的第 22 行和第 23 行，程序员定义了两个 Key 对象，它们的 id 都是 1，就好比它们是两把相同的、都能打开同一扇门的钥匙。

在第 24 行中，通过泛型创建了一个 HashMap 对象。它的键部分可以存放 Key 类型的对象，值部分可以存储 String 类型的对象。

在第 25 行中，通过 put 方法把 k1 和一串字符放入 hm 中；而在第 26 行，程序员想用 k2 从 HashMap 中得到值，这就好比想用 k1 这把钥匙来锁门，用 k2 来开门。这是符合逻辑的，但从当前结果来看，第 26 行的返回结果不是想象中的那个字符串，而是 null。

其原因有两个：一是没有重写 hashCode 方法；二是没有重写 equals 方法。

当程序员向 HashMap 中放入 k1 时，首先会调用 Key 类的 hashCode 方法计算它的 hash 值，随后把 k1 放入 hash 值所指引的内存位置。

关键是程序员没有在 Key 中定义 hashCode 方法。这里调用的仍是 Object 类的 hashCode 方法（所有的类都是 Object 的子类），而 Object 类的 hashCode 方法返回的 hash 值是 k1 对象的内存地址（假设是 1000）。

如果程序员调用的是 hm.get(k1)，那么会再次调用 hashCode 方法（还是返回 k1 的地址 1000），然后根据得到的 hash 值，能很快地找到 k1。

但是这里的代码是 hm.get(k2)，当调用 Object 类的 hashCode 方法（因为 Key 里没定义）计算 k2 的 hash 值时，得到的是 k2 的内存地址（假设是 2000）。由于 k1 和 k2 是两个不同的对象，因此它们的内存地址一定不会相同，也就是说，它们的 hash 值一定不同，这就是程序员无法用 k2 的 hash 值去获取 k1 的原因，详细的效果示意如图 3.5 所示。

k1的内存地址是1000
k2的内存地址是2000

Object里的hashCode方法返回的是对象的地址

	索引号	对象
	…	
	1000	k1
	…	
根据k2的hash值去取	2000	null

图 3.5　通过 k2 获取 k1 对象的效果

当程序员把第 16 行和第 17 行的 hashCode 方法的注释去掉后，会发现它是返回 id 属性的 hashCode 值，这里 k1 和 k2 的 id 都是 1，所以它们的 hash 值是相等的。

下面再来更正一下存 k1 和取 k2 的动作。存 k1 时，是根据 id 的 hash 值，假设这里是 100，把 k1 对象放入对应的位置。而取 k2 时，是先计算它的 hash 值（由于 k2 的 id 也是 1，这个值也是 100），然后到这个位置去查找。

但结果是：100 号位置已经有 k1，但第 26 行的输出结果依然是 null。其原因就是没有重写 Key 对象的 equals 方法。

因为 HashMap 是用链地址法来处理冲突的，也就是说，在 100 号位置上，有可能存在多个用链表形式存储的对象。它们通过 hashCode 方法返回的 hash 值都是 100。其效果示意如图 3.6 所示。

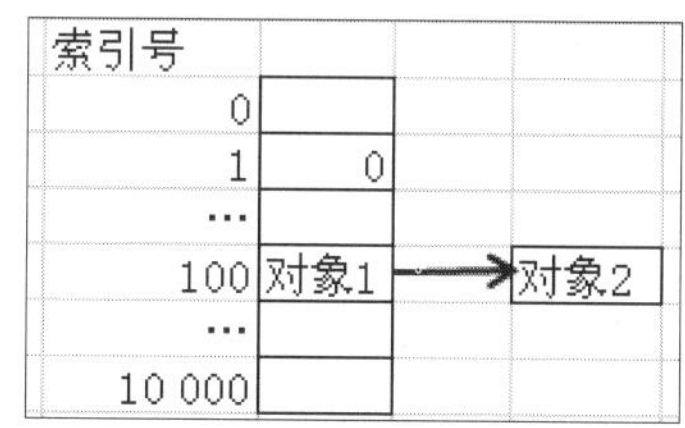

图 3.6　通过链地址法处理 HashMap 冲突的效果

当程序员通过 k2 的 hashCode 到 100 号位置查找时，确实会得到 k1。但 k1 有可能仅是与 k2 具有相同的 hash 值，但未必和 k2 相等（k1 和 k2 两把钥匙未必能打开同一扇门），这时，就需要调用 Key 对象的 equals 方法来判断两者是否相等。

由于程序员在 Key 对象中没有定义 equals 方法，系统就不得不调用 Object 类的

equals 方法。由于 Object 的固有方法是根据两个对象的内存地址来判断，因此 k1 和 k2 一定不会相等，这就是在第 26 行通过 hm.get(k2) 依然得到 null 的原因。

为了解决这个问题，需要打开第 9 ~ 14 行 equals 方法的注释。在这个方法中，只要两个对象都是 Key 类型，而且它们的 id 相等，那它们就相等。

由于在项目中经常会用到 HashMap，因此在面试时一般会问：你有没有重写过 hashCode 方法？你在使用 HashMap 时有没有重写 hashCode 和 equals 方法？你是怎样写的？

根据提问的结果，会发现初级程序员对这个知识点普遍没掌握好。如果大家要在 HashMap 的“键”部分存放自定义的对象，一定要在这个对象中用自己的 equals 和 hashCode 方法来覆盖 Object 中的同名方法。

3.3.3 通过迭代器遍历 HashMap 的方法

大家可以用多种方法遍历 HashMap 等键值对集合，但还是建议大家使用迭代器。

下面用一个实际案例来说明迭代器遍历 HashMap 的具体用法。在数据表中，存放着一批学生信息。如果发生学生转来学校或转走或换班等情况，程序员会收到一个 txt 格式的文件，其中包含最新的学生列表，程序员需要把这个文件里的最新数据更新到数据表中。下面用如下的 UpdateStu.java 的代码来模拟这个动作。

```
// 省略 import 集合类的代码
public class UpdateStu {
    public static void main(String[] args) {
      // 用这两个 HashMap 来存放数据表和文件里的学生信息
          HashMap<String,String> dbHM = new HashMap<String,String>();
          HashMap<String,String> fileHM = new HashMap<String,String>();
          // 模拟从数据表和文件里读取学生信息并插入对应 HashMap 里的动作
          dbHM.put("1", "A1");
          dbHM.put("2", "A1");
          dbHM.put("3", "A1");
          fileHM.put("2", "A2");
          fileHM.put("3", "A1");
          fileHM.put("4", "A2");

          String idInDB = null;
          String classNameInDB = null;
          String idInFile = null;
```

```
18              String classNameInFile = null;
19              //通过 Iterator 来遍历 dbHm 这个 HashMap
20               Iterator<Entry<String, String>> dbIt = dbHM.entrySet().iterator();
21              while (dbIt.hasNext()) {
22                 Map.Entry<String,String> entry = (Map.Entry<String, String>)dbIt.next();
23              //得到键和值
24                 idInDB=entry.getKey();
25                 classNameInDB = entry.getValue();
26            //如果存在于数据表但不存在于文件，说明需要删除该学生
27                 if(!fileHM.containsKey(idInDB)){
28                 //省略删除动作
29                 System.out.println("Need Delete ID:" + idInDB);
30                 }
31                 else{
32                   //如果两边都存在，则比较文件里和数据表里的班级名
33                      classNameInFile = fileHM.get(idInDB);
34                      if(!classNameInFile.equals(classNameInDB)){
35                           //如不一致，则用文件里的班级名更新数据表
36                        //省略更新操作
37                           System.out.println("Need Update ID:" + idInDB);
38                      }
39                 }
40              }
```

从第 20 ~ 40 行，通过 Iterator 遍历了 dbHM 的每条记录。

在第 20 行中，通过泛型定义的迭代器的类型是 Iterator<Entry<String, String>>，其中 Entry 用来表示 HashMap 中的每条键值对信息，这里的 Entry<String, String> 需要和定义 HashMap 中的泛型一致。

在第 27 行，通过 !fileHM.containsKey(idInDB) 来查找数据表中当前的 id 是否存在于文件中，如果不存在，则需要通过第 28 行和第 29 行的代码执行删除操作。如果 id 在两边都存在时，那么会执行第 31 行的 else 语句块；其中在第 33 行通过 get 方法得到文件中存放的该 id 对应的班级名；如果通过第 34 行的 if 语句发现它们不一致，则需要通过第 36 行和第 37 行的代码执行更新数据表的操作。

```
41            Iterator<Entry<String, String>> fileIt = fileHM.entrySet().iterator();
```

```
42          while (fileIt.hasNext()) {
43                  Map.Entry<String,String> entry = (Map.Entry<String,String>)fileIt.next();
44              idInFile=entry.getKey();
45              classNameInFile = entry.getValue();
46              if(!dbHM.containsKey(idInFile)){
47                  //insert this student
48                  System.out.println("Insert ID:" + idInFile + " Class Name is: " + classNameInFile);
49              }
50          }
51
52      }
53  }
```

在第 41 行中，定义了另一个迭代器 fileIt，从第 42 ~ 49 行，在 while 循环中通过这个迭代器来遍历 fileHM。

在第 44 行和第 45 行中，通过 entry.getKey 和 entry.getValue 方法来得到 fileHM 的键和值。在第 46 行的 if 语句中，还通过 dbHM.containsKey(idInFile) 来判断这个存在于文件的 id 是否还存在于数据表中；如果不存在，则通过第 47 行和第 48 行的代码执行插入数据表的操作。

根据上述的代码，可以归纳迭代器遍历 HashMap 的一般步骤如下。

（1）通过如下形式的代码初始化迭代器，并用它指向被访问的 HashMap，其中迭代器中 Entry 的泛型设置要与待访问的 HashMap 一致。

```
Iterator<Entry<String, String>> fileIt = fileHM.entrySet().iterator();
```

（2）通过如下的代码，在 while 循环中用迭代器的 hasNext 方法来判断是否有下一个元素，如果没有，则直接结束遍历。

```
while (fileIt.hasNext())
```

（3）如果在步骤（2）通过 hasNext 方法发现还有下一个元素，则可以通过如下的代码，即通过迭代器的 next 方法得到下一个元素，并用 entry 对象来接收。注意，这里 Map.Entry 中定义的泛型要与待遍历的 HashMap 相一致。

```
Map.Etry<String,String> entry = (Map.Entry<String,String>)fileIt.next();
```

（4）同如下代码那样，通过 entry.getKey 和 entry.getValue 方法来得到其中一个元素的键和值，然后就可以对此进行处理了。

```
idInFile=entry.getKey();
classNameInFile = entry.getValue();
```

3.3.4　综合对比 HashMap、HashTable 及 HashSet 三个对象

HashMap、HashTable 及 HashSet 这三个对象都是基于 Hash 表实现的，所以面试时有可能会提问这方面的问题，下面来归纳一下。

（1）在遍历时，它们都是乱序的，即程序员插入的次序是 1,2,3，但输出的结果未必是这样，原因是在其中存储元素的位置是和元素的值有一定的关联关系（通过 hashCode 方法关联）的，而不是顺序插入的。

如果要保证遍历的顺序，可以使用 LinkedHashSet 或 LinkedHashMap 等。但在实际项目中，更多的是“查询元素的便捷性”，对于是否“顺序访问”并没有太多的需求，所以项目中 Linked 类的对象用得并不多。

（2）HashMap、HashTable 是键值对的集合，而 HashSet 是线性表类的集合。

（3）为了保证 HashSet 中自定义对象的唯一性，必须要在自定义类中重写 equals 和 hashCode 方法。如果在 HashMap 和 HashTable 的键部分存放的也是自定义的类，那么也要重写其中的 equals 和 hashCode 方法。

（4）HashMap 和 HashTable 的区别。HashMap 是线程不安全的，而 HashTable 是线程安全的；所以 HashMap 可以是轻量级的（对应的 HashTable 就是重量级的）。这样，在单线程情况下，HashMap 的性能要优于 HashTable。此外，HashTable 不允许将 null 值作为键，而 HashMap 可以，但是大家尽量不要在 HashMap 中使用 null 作为键。

3.3.5　键值对部分的面试题

键值对的面试题如下。

（1）如何遍历 HashMap 对象？并说明通过 Iterator 遍历 HashMap 对象的方法。

（2）HashMap 是线程安全的还是线程不安全的？ HashTable 呢？

（3）ConcurrentHashMap 是线程安全的还是线程不安全的？并简述该对象底层实现 get 和 put 方法的流程。

扫描右侧二维码可以看到这部分面试题的答案，且该页面中会不断添加其他同类面试题。

3.4　Collections 类中包含着操控集合的常见方法

java.util.Collections 是集合的一个类，其中包含一些与集合操作相关的静态多态方法。

Jave 集合中有另外一个与它非常相似的接口 Collection（不带 s），它是线性表类集合的父接口，List 和 Set 等接口都是通过实现这个接口来实现的。大家不要在项目中混淆这两个接口，要掌握它们之间的区别。

3.4.1　通过 sort 方法对集合进行排序

前面在 SortedStudent 类中重写了 compareTo 方法，当把它放入 TreeSet 集合后，发现 TreeSet 会根据 compareTo 方法自动地对存入的 SortedStudent 对象进行排序。

大多数集合不支持自动排序。对于那些不支持的，可以通过 Collections.sort 实现对其中元素的排序。下面就以 SortForList.java 为例介绍对 List 集合实现排序的方法。

```
//省略必要的 import 代码
public class SortForList {
    public static void main(String[] args) {
     //这里沿用之前定义的包含 compareTo 的 SortedStudent 类
        SortedStudent s1 = new SortedStudent(1);
        SortedStudent s2 = new SortedStudent(2);
        SortedStudent s3 = new SortedStudent(3);
        SortedStudent s4 = new SortedStudent(4);
     //创建一个不支持自动排序的 ArrayList
        List<SortedStudent> stuList = new ArrayList<SortedStudent>();
     //以不排序的方式放入 4 个对象
        stuList.add(s2);
        stuList.add(s4);
        stuList.add(s1);
        stuList.add(s3);
        //方法 1，调用 Collections 的 sort 方法
        Collections.sort(stuList);
        //方法 2，在 SortedStudent 类里不需实现 Compareable 接口
      //也不需要重写 compareTo 方法，直接在这里定义 Collections.sort 方法
        //Collections.sort(stuList,new Comparator<SortedStudent>(){
    //      public int compare(SortedStudent s1, SortedStudent s2) {
        //          if(s1.getId() == s2.getId())
```

```
23            //                return 0;
24            //            else
25            //            return s1.getId()>s2.getId()?1:-1;
26        //      }
27            //      });
28            // 通过迭代器遍历 ArrayList 集合
29            Iterator<SortedStudent> it = stuList.iterator();
30            while(it.hasNext()){
31           // 通过输出看到了实现排序的效果
32                System.out.println(it.next().getId());
33            }
34        }
35    }
```

这里把 SortedStudent 对象放入了不支持自动排序的 ArrayList 中，然后用了两种方法对 stuList 集合进行了排序。

（1）由于 SortedStudent 类实现了 Compareable 接口，并在 compareTo 方法中定义了排序规则，因此通过第 17 行的 Collections.sort 方法，直接对 stuList 进行排序。

（2）在 SortedStudent 类中，也可以不用实现 Compareable 接口，也无须重写 compareTo 方法，可以运行第 20 ~ 27 行的注释。这里的 Collections.sort 方法有两个参数，通过第二个参数的定义可以直接调用 SortedStudent 类的排序规则。具体而言，在第 21 行中，还是通过 id 来判断大小的。

不论使用哪种方法，第 32 行的打印语句都能输出排序后的结果。

3.4.2　把线程不安全变成线程安全的方法

前面提到过线程安全和不安全的概念。ArrayList、LinkedList 和 HashMap 具有线程不安全的因素，而 HashTable 是线程安全的。

在个别的多线程的情况中，既要用到 ArrayList（或 LinkedList）的特性，又要保证它是线程安全的，这时就可以用到 Collections 中的 synchronizedXxx 方法。

（1）通过 synchronizedList 方法，可以把一个 List（如 ArrayList 或 LinkedList）包装成线程安全的，代码如下。

```
Collections.synchronizedList(stuList);
```

（2）通过 synchronizedSet 方法，可以把一个 Set 对象包装成线程安全的，代码如下。

```
Set set = new HashSet();
```

```
Collections.synchronizedSet(set);
```

（3）通过 synchronizedMap 方法，可以把一个 Map 对象包装成线程安全的，代码如下。

```
        HashMap hm = new HashMap();
    Collections.synchronizedMap(hm);
```

3.5 泛型的深入研究

用户可以在定义集合时设置泛型的约束，也可以在定义类和方法时加上泛型，这样能提升类和方法的灵活性。此外还可以在定义泛型时加上继承和通配符。

在培训中，初学者对一些复杂的泛型感到困惑。这里就通过一些案例展示泛型在项目中的常见用法。

3.5.1 泛型可以作用在类和接口上

泛型作用在类上的案例，如在项目中，程序员需要定义一个仓库类（WareHouse），会用一个列表来表示仓库中存放的东西。在定义仓库类时，可以通过泛型来指定列表中能容纳的数据类型。下面来看 GenericClass.java 例子。

```
1  //省略 import 集合包的代码
2  //请注意在定义类时，直接加上了泛型 T
3  class WareHouse<T>{
4      private List<T> productList;//请注意这里的泛型是 T，和第 3 行一致
5          public List<T> getProductList()
6      {return productList; }
7      public void setProductList(List<T> productList)
8      {this.productList = productList;}
9       //构造函数
10     public WareHouse()
11         {productList = new ArrayList<T>();}
12      //添加元素的方法，请注意参数类型是 T
13         void addItem(T item)
14         {productList.add(item);     }
15      //打印所有的对象
16         public void printAllItems()   {
17        //T 作用到了迭代器上
18         Iterator<T> it = productList.iterator();
19         while(it.hasNext())
```

```
20              {System.out.println(it.next().toString());}
21          }
22  }
```

在第 3 行定义 WareHourse 类时，程序员加上了泛型约束 T，而在这个类的属性和方法中，又多处用到了泛型 T。例如，在第 4 行通过 T 来创建一个含泛型约束的 List，在第 13 行添加元素的方法中，参数是 T，在第 16 行打印所有对象的 printAllItems 方法中，在第 18 行创建迭代器时，也用到了泛型 T。

程序员也可以把 T 修改成 E 等字符，但如果定义成 T，那么在使用时，就需要与这个字符“T”相匹配。

```
23  class Item{
24  // 货物名称
25      private String itemName;
26  // 构造函数
27      public Item(String name)
28      {this.itemName = name;}
29  // 针对属性的 get 方法
30      public String getItemName()
31  {return itemName; }
32  // 针对属性的 set 方法
33      public void setItemName(String itemName)
34  {this.itemName = itemName;    }
35  // 重写了 toString 方法
36      public String toString()
37      {return this.itemName;    }
38  }
```

然后程序员在第 23 ~ 38 行中定义了一个用于描述仓库货物的 Item 类，在第 25 行中，通过 itemName 属性来定义该货物的名称。

```
39  public class GenericClass {
40      public static void main(String[] args) {
41        // 这里传入的泛型种类是 String
42          WareHouse<String> wh = new WareHouse<String>();
43          wh.addItem("Java");
44          wh.addItem("C#");
45          wh.printAllItems();// 能输出 Java 和 C#
46          // 接下来我们创建两个 Item 对象
47          Item bookItem = new Item("Book");
```

```
48            Item carItem = new Item("Car");
49        // 这里的泛型种类是 Item
50            WareHouse<Item> itemWh = new WareHouse<Item>();
51            itemWh.addItem(bookItem);
52            itemWh.addItem(carItem);
53            itemWh.printAllItems(); // 输出是 Book 和 Car
54        }
55    }
```

在 main 函数中用到了带泛型的 WareHouse 类。在第 42 行中，实例化 wh 对象时，指定了该对象的泛型类型是 String，也就是说，在 WareHouse 类中，所有带“T”的都可以用 String 来替代。例如，private List<T> productList; 可以被替代成 private List<String> productList。在第 43 行和第 44 行中，调用了 addItem 方法添加对象，并在第 45 行通过 printAllItems 方法输出了存储在 wh 中的所有商品。

在第 50 行中，指定了泛型类型是自定义的 Item；在第 51 和第 52 行中调用 addItem 方法时，输入的参数就需要是 Item 类型。

在这个例子中，程序员把泛型作用到类上。因此，程序员就可以用比较灵活的方式来定义类中的数据类型，从而这个类也有比较高的通用性。

泛型也可以作用到接口上，其语法与作用到类上相似，这里不再赘述。

此外，在上述代码中，也有泛型作用到方法上的基本用法，如泛型作用到类的返回类型上，代码如下。

```
public List<T> getProductList()
```

也可以让泛型作用到方法的参数类型上，代码如下。

```
void addItem(T item)
```

3.5.2 泛型的继承和通配符

在定义泛型时，可以通过 extends 来限定泛型类型的上限，也可以通过 super 来限定其下限，这两个限定一般会与 ? 等关键字搭配使用。

例如，有这样的代码：List<? super Father> dest。这里，super 包含“高于”的意思，? super Father 就表示 dest 存放的对象应当“以 Father 为子类”；换句话说，在 dest 中，可以存放任何子类是 Father 类的对象。

再来看一个 extends 的用法。例如，有这样的代码，List<? extends Father> src，extends 用来表示继承，这里的 src 可以存放以“Father”为父类的对象；也就是说，src

可以存放任何 Father 对象的子类。

在实际项目中，一般从 List<? extends Father> src 的集合中读取元素，而向 List<? super Father> dest 的集合中写元素。可以通过下面的 GenericExtends.java 例子，了解 extends，super 和 ? 的用法。

```
1  import java.util.ArrayList;
2  import java.util.List;
3  // 定义一个空的父类和空的子类
4  class Father{ }
5  class Son extends Father{}
6  // 这是个包含 main 方法的主类
7  public class GenericExtends {
8      // 这个方法里，将把 src 里的对象复制到 dest 里
9      static void copy(List<? super Father> dest,
10                          List<? extends Father> src) {
11             for (int i=0; i<src.size(); i++)
12             {  dest.add(src.get(i));    }
13      }
```

在第 9 行 copy 方法的两个参数中，可以看到两个包含 extends 和 super 泛型的参数。在方法体的 for 循环中，从带 extends 泛型的集合中读，向带 super 泛型的集合中写元素。

```
14      public static void main(String[] args) {
15       Father f = new Father();
16          Son s = new Son();
17       // 创建了一个带 Father 泛型的集合，并向其中放了一个元素
18          List<Father> srcFatherList = new ArrayList<Father>();
19          srcFatherList.add(f);
20          List<Father> destFatherList = new ArrayList<Father>();
21       // 通过 copy 方法，把元素复制进了 destFatherList 里
22          copy(destFatherList,srcFatherList);
23       // 这里的输出是 1，说明 copy 方法成功地往 destFatherList 里写了元素
24          System.out.println(destFatherList.size());
25      }
26  }
```

在定义方法的参数时，可以用带 extends 和 super 的泛型来确保输入参数类型的准确性。除此之外，这两种泛型的用处不大，如在 main 函数的第 22 行中，调用 copy 方法时，输入的参数都是 List<Father> 类型。

下面是一些错误的用法。

（1）用带问号的类型实例化集合对象。

```
1  List<?> list = new ArrayList<String>();   // 正确
2  //List<?> list = new ArrayList<?>();      // 错误
```

在第 1 行，虽然在等号的左边用到了？，但在右边确立的泛型类型是 String，是正确的。与之相比，在等号的左边和右边都用了？，是错误的，因为编译器不知道 list 集合该采用哪种泛型类型。

（2）向包含 <? extends Father> 泛型的集合中写元素。

```
1  List<? extends Father> list = new ArrayList<Father>();
2  //list.add(f); //error
```

第 2 行会报语法错，原因是编译器不知道基于 Father 的子类型究竟是什么；因为没法确定，为了保证类型安全，所以就不允许在里面加数据。

（3）从包含 <? super Father> 泛型的集合中读。

```
1          List<? super Father> list1 = new ArrayList<Father>();
2          list.add(f);     // 正确
3          //list.get(0);  // 错误
```

第 3 行会报语法错，原因是编译器不知道该用哪种 Father 的父类来接收 get 的返回值；于是，同样为了保证类型安全，所以就不允许读取。

从上述的（2）和（3）错误的用法中可知，extends 和 super 两种定义泛型的用法除了定义方法参数之外，没有其他合适的用途。

3.6 集合部分的面试题及解析

对于初级程序员或是刚完成升级的高级程序员来说，应该能“合理地”使用集合。下面给出一些常见的面试题，并做相应的答疑。

（1）ArrayList 和 LinkedList 有什么区别？在哪种场景里应当用 ArrayList（或 LinkedList）？

大家如果学过数据结构，这个问题不难回答：前者是基于数组，数组比较擅长索引查找，但不擅长被频繁地插入或删除；后者是基于链表，它擅长被频繁地插入或删除，如果对其频繁地进行索引查找，就会影响性能。

（2）ArrayList 和 Vector 有什么区别？

我们知道，ArrayList 是线程不安全的，而且会以大概 50% 的规模进行动态扩容；而

Vector 是线程安全的，它会以 100% 的规模进行动态扩容。所以在单线程环境下，出于性能和内存使用量这两方面的考虑，建议使用 ArrayList。

（3）HashSet 和 TreeSet 有什么区别?

在第 3.2.4 小节中具体分析过它们的区别，这里不再赘述。

（4）由于 Set 中不允许插入重复的元素。对于 HashSet 和 TreeSet，如果要插入自定义的类，程序员应向自定义的类中加入什么方法来保证“不重复”？

HashSet 是基于 Hash 表的，需要重写其中的 hashCode 和 equals 方法；而 TreeSet 需要重写 compareTo 方法（当然还要实现 Compareable 接口）。具体参见第 3.2.3 小节。

在大多数情况下，程序员会放入自定义类型，而不是简单的数据类型。如果候选人不知道怎么回答，那么就可以认定他只是“简单地用到了集合”，而不是“对集合有深入了解”。

（5）在使用迭代器遍历集合对象时，能不能边访问边修改? 这样做，会有什么问题?

我们在第 3.2.6 小节里讲过这个知识点。如果被问到这个问题，大家可以这样说：第一，会报异常，因为使用迭代器时不能边访问边修改；第二，这种异常其实是一种保护机制，因为边遍历边修改会增加出错的机会；第三，如果确实需要这样做，可以使用 CopyOnWriteArrayList 类的集合，或者不要通过迭代器来访问集合对象。

（6）在使用 HashMap 时，你有没有重写 hashCode 和 equals 方法? 如果不重写，会有什么问题? 如果候选人对此答不上来，那么我会给出提示：如果要在 HashMap 的 Key 部分放入自定义的类，而不是基本数据结构，那么该在这个自定义的类中重写什么方法?

要点 1：HashMap 是基于 hash 表数据结构来实现的，所以其中的 get 或 containsKey 的效率相当高（接近于 1）。

要点 2：简述 Hash 表的数据结构，重点说说如何通过 hash 算法把待存入的数据和存储位置绑定到一起，同时还可以说出 HashMap 表是通过链地址法来解决冲突的。

要点 3：hashCode 方法是对应 hash 表中的 hash 算法，由此可以计算出待存储元素的存放位置。如果程序员不重写，将会用到 Object 中的 hashCode 方法，它是返回该对象的内存地址；如果程序员不重写 equals 方法，那么在冲突的情况下，就无法定位到具体的对象。总之，如果不重写 hashCode 和 equals 方法，在调用 containsKey 和 get 方法时，就无法得到“看上去一致”的对象。

如果面试官看到应试者能清晰地表达上述要点，就很可能认为此人对技术细节非常了解，进而做出“对技术了解比较透彻”之类的好评。

（7）Collections 和 Collection 有什么区别?

Collections 是一个集合的一个类，其中包含一些和集合操作相关的静态多态方法。Jave 集合中则有另外一个和它非常相似的接口 Collection（不带 s），它是线性表类集合的父接口，List 和 Set 等接口都是通过实现这个接口来实现的。

（8）怎样才能给自定义的类排序?

大家可以阅读第 3.4.1 小节，可以通过重写 Collections.sort 的方法来实现排序和线程安全。请大家找机会，向面试官说出你用过这些方法；因为一旦证明你用过，面试官就会感觉你对集合部分了解得比较深入。

（9）你有没有用过 T，?， super 和 extends 泛型?

题目中所说的泛型在实际的项目中用得并不多，可以结合第 3.5.1 小节的知识点，向面试官说明怎么把泛型作用到类和方法上，也可以结合第 3.5.2 小节描述的 copy 方法向面试官说明？extends 和？super 的用法，如此面试官就会认为应试者对集合部分的知识掌握得很透彻。

扫描右侧二维码可以看到这部分面试题的答案，且该页面中会不断添加其他同类面试题。

第 4 章

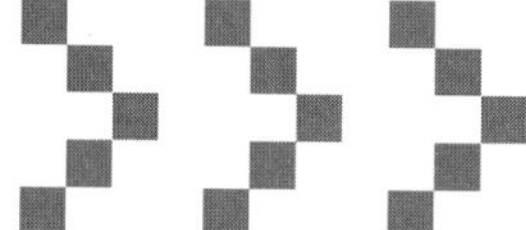

异常处理与 IO 操作

异常不是语法错误，它不是由程序员的疏忽造成的，而是一套保护机制。如果代码运行的环境出现了问题，如数据库服务器坏了，那么通过这套保护机制就可以捕获运行环境的异常并做出合理的异常处理动作。

在 Java 编程中，异常处理会普遍地用在 IO 编程、数据库编程等环节，所以本章也讲述了 Java IO 编程的知识点。一方面，大家能通过 IO 操作进一步体会异常处理技能在项目中的常见用法；另一方面，通过一些案例，大家能了解常见的读写操作方式。

4.1 异常处理的常规知识点

异常是由项目的运行环境引起的，如在连接数据库的代码中，即使程序员把代码写得非常好，但依然无法保证每次都能成功运行，因为数据库服务器是否发生故障，是程序员无法掌控的。

初级程序员比较关注如何让代码没有逻辑问题，而高级程序员则更应关注如果出现异常，该如何做出正确的动作，如应当在异常处理的代码中加上合理的逻辑，从而保证程序不会因为异常的出现而终止，而且更应该在异常发生时展示合理的信息，让最终用户知道后继该如何恢复。

4.1.1 错误和异常

在 Java 程序中，错误 (Error) 和异常 (Exception) 会打断正常的运行流程。在语法中分别有 Error 类与 Exception 类对应错误和异常，它们都是 Throwable 类的子类。

在项目中常见的错误有内存不足、方法调用栈溢出等，对于错误导致的程序中断，仅靠程序代码本身无法有效地恢复，所以如果遇到错误，建议终止程序。

与错误相比，程序一般可以捕获和处理异常，从而让程序继续运行，如遇到“网络无法连接”的异常情况，程序员可以让程序过 10 秒再次尝试连接网络，而不是简单地终止程序。

从图 4.1 中，可以看到 Java 中异常相关类的对应关系。

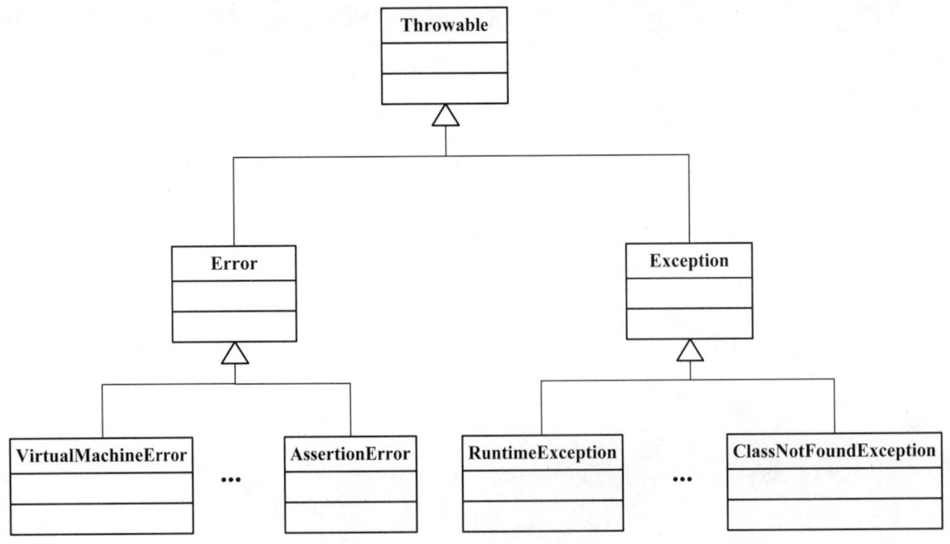

图 4.1　Java 中异常相关类的对应关系

从图 4.1 中可以看出，Throwable 下面有两个子类，它们分别是 Error 和 Exception，对于 Error，我们一般不做任何处理而直接终止程序，所以不需要过多地关注它的语法。

而 Exception 是在程序中需要关心的异常类，它又会派生出一些子类分别处理不同情况（如文件找不到、数据库连接不上）所抛出的异常，其中，RuntimeException 类比较特殊，它可以处理运行时的异常，下面会详细为大家介绍。

4.1.2　异常处理的定式，try...catch...finally 语句

使用 try...catch 语句就足够处理异常了，但在项目中，建议使用 try...catch...finally 的用法。以下是这种异常处理方式的定式。

```
try{
    需要监控的可能会抛出异常的代码块
}
catch(Exception e){
    出现异常后的处理代码
}
finally{
    回收资源的动作
}
```

如果在 try 代码块中发生异常，它将会被抛出，在 catch 代码块中可以捕捉异常并用合理的方法来处理该异常。注意，在这个定式中，不论是否发生异常，也不论发生什么异常，finally 从句中的代码一定会执行，除非在之前通过 System.exit(0); 语句终止程序。

下面通过 BaseExceptionDemo.java 的例子来看一下这种异常处理方式的用法。

```
public class BaseExceptionDemo {
    public static void main(String[] args) {
        int i = 0;
        int a[] = {1,2,3,4};
        try{
          System.out.println("Before while.");
          //故意引发数组越界异常
          while (i < 5){
              System.out.println(a[i]);//不会打印
              i++;
          }
           //由于抛出异常，这句话不会执行
          System.out.println("After while.");
        }
```

```
15         catch(Exception e){
16              System.out.println("Execption happens!");
17              //return;
18              //System.exit(0);
19         }
20         finally{
21             a = null; // 释放 a 数组所占的内存
22         }
23         System.out.println("After try-catch");
24     }
25 }
```

在第 4 行中，定义了一个长度是 4 的数组，在第 8 行的 while 循环中，依次输出这个数组的每个元素。

因为数组的索引是从 0 开始的，所以当访问到了 a[4] 元素时，会引发数组越界异常，从而会被第 15 行的 catch 语句捕获到。当完成第 16 行 catch 的处理语句后（其实是打印了一句话），会执行第 21 行中的 finally 从句中的释放资源的代码。

注意，如果打开第 17 行的注释，即使在 catch 中就通过 return 跳出本方法，第 21 行的 finally 从句中的代码依然会执行，唯一的例外是，如果我们打开第 18 行的代码时，发生 exit 的动作，finally 从句中的代码不会执行。

4.1.3 运行期异常类不必包含在 try 从句中

在 Java 的语法中，Exception 是所有异常类的基类（父类），它有不少子类，如能处理数据库异常的 SQLException，能处理读写异常的 IOException，但是它有一个比较特殊的子类称为运行期异常类（RuntimeException）。

之所以说它特殊，是因为 Java 编译器中不会强制要求程序员必须用 try 从句捕获它，像被零除和上面提到的数组越界所引发的异常都属于这种异常。下面通过 RunTimeDemo.java 例子来看一下它的表现形式。

```
1 public class RunTimeDemo {
2     public static void main(String[] args) {
3         System.out.println("Start"); // 能打印
4         int a[] = {1,2,3,4};
5         System.out.println(a[4]);
6         //int i = 6/0;
7         // 只要触发运行期异常，第 8 行的语句就无法打印
8         System.out.println("Following Action.");
```

```
 9        }
10    }
```

在第 4 行中定义了一个长度为 4 的数组，在第 5 行故意访问它的第 5 个元素，会抛出如下所示的异常提示（在控制台输出时某些文字是红色字体，但在本书中为了印刷方便就都改为黑色字体了，下同）。

```
1  Exception in thread "main" Start
2  java.lang.ArrayIndexOutOfBoundsException: 4
3      at RunTimeDemo.main(RunTimeDemo.java:5)
```

在第 2 行中，会说明是什么类型的错误，如这里是数组越界，在第 3 行，会显示是哪行代码抛出的异常。如果大家注释掉第 4 行和第 5 行的代码，并打开第 6 行的代码，那么就会看到如下抛出的除以 0 的异常，同样在第 2 行会显示哪行引发的异常。

```
1  Exception in thread "main" java.lang.ArithmeticException: /
   by zero
2      at RunTimeDemo.main(RunTimeDemo.java:6)
```

除了上述给出的例子外，常见的运行期异常还包括空指针异常。由此可以看到，运行期异常如果发生，程序会立即终止，而没有机会进入异常处理流程，这对项目来说是非常不安全的。

所以大家要尽量避免引发这种异常，或者用 try 语句包围可能出现这种异常的代码块，因为，有异常不怕，异常发生后程序员应当合理地处理，更要杜绝“异常让程序终止”情况的发生。

4.1.4　throw,throws 的 Throwable 的区别

Throwable 是 Error 和 Exception 的父类，在异常处理流程中，与它拼写相似的还有 throw 和 throws，它们都可以用来抛出异常，通过 ThrowsDemo.java 例子可以看出它们的区别。

```
public class ThrowsDemo {
    //声明该函数会抛出异常
    public static void checkData(int data) throws Exception
    {
        if(data<0)
            throw new Exception("Data Error");
    }
```

```
8       public static void main(String args[]){
9           try{
10              checkData(-1);
11          }
12          catch (Exception e){
13              e.printStackTrace();// 注意输出结果
14          }
15          finally{}
16      }
17  }
```

在第 3 行中，定义了一个检查数字的 checkData 方法，在第 5 行的 if 语句中，判断如果输入的参数 data 小于 0，则通过 throw 语句抛出一个自定义的异常。

注意，在第 3 行定义 checkData 方法时，由于在这个方法中会通过 throw 抛出异常，因此要用 throws 来说明该方法会抛出异常，如果在第 3 行不加 throws Exception，就会出现语法错误。

由于 checkData 方法会通过 throws 抛出异常，因此在调用时，必须要用 try...catch 代码块将它包起来，就如第 9 ~ 15 行那样，否则也会出现语法错误。

下面总结一下 throw 和 throws 的使用要点。

（1）throws 出现在声明方法的位置，而 throw 出现在函数体中。

（2）如果在某个函数内部用 throw 抛出了异常，那么在声明该函数时，一定要配套使用 throws，否则会出现语法错误。

（3）如果在某个函数的声明位置出现了用 throws 抛出异常的情况，那么就需要用 try...catch 代码块来包含调用的代码，否则也会出现语法错误。

4.2 高级程序员需要掌握的异常部分知识点

一般通过异常处理部分的代码，可以看出开发者的水平，一般来说，由于异常处理部分的语法比较简单，初级程序员往往会忽视，他们往往会单纯地抛出异常。

相较于初级程序员，高级程序员也只是多掌握了一些知识点。但正因如此，他们写出的代码不仅能保证发生异常时程序仍能继续运行，还能提示使用者（或管理员）该如何处理异常，此外，更能通过 finally 从句来提升项目运行时的内存使用性能。

4.2.1 finally 中应该放内存回收相关的代码

在用好某些对象后，程序员应主动释放它们，以便虚拟机中的垃圾回收模块（GC）能尽早地回收它们，从而提升内存的使用效率。

由于在异常处理的过程中，不论是否发生异常，也不论发生了什么异常，finally 从句中的代码一定会被执行，除非在之前用 System.exit(0); 语句来终止项目，因此可以在其中回收 try...catch 从句中用到的但之后不会再用的对象。

（1）如果在 try...catch 部分用 Connection 对象连接了数据库，而且在后继部分不会再用到这个连接对象，那么一定要在 finally 从句中关闭该连接对象，否则该连接对象所占用的内存资源无法被回收。

（2）如果在 try...catch 部分用到了一些 IO 对象进行了读写操作，那么也一定要在 finally 中关闭这些 IO 对象，否则，IO 对象所占用的内存资源无法被回收。

（3）如果在 try...catch 部分用到了 ArrayList、LinkedList、HashMap 等集合对象，而且这些对象之后不会再被用到，那么在 finally 中建议通过调用 clear 方法来清空这些集合。

（4）例如，在 try...catch 语句中有一个对象 obj 指向了一块比较大的内存空间（假设 100MB），而且之后不会再被用到，那么在 finally 从句中建议写上 obj=null;，这样能提升内存使用效率。

后面在虚拟机部分会详细阐述上述 4 点的理由，但是大家要先记住这些结论。

4.2.2　在子类方法中不应该抛出比父类范围更广的异常

在介绍面向对象时介绍过这个现象，这里通过下面的例子来验证一下这个结论。

```
1  class Base{
2      void f() throws SQLException{   }
3  }
4  class Child extends Base{
5      //覆盖了父类的 f 方法，但抛出的异常范围比 SQLException 要大
6      void f() throws Exception{    } //会报语法错
7  }
```

在 Base 类的第 2 行，定义了一个 f 方法，其中通过 throws 语句抛出了 SQLException 数据库处理的异常，这样做的原因是，在该方法的内部，有可能出现数据库操作的异常，所以在声明本方法时需要抛出 SQLException。

在 Base 的子类 Child 类中，第 6 行覆盖了 Base 类中的 f 方法，但在声明时，通过 throws 语句抛出的比 SQLException 范围更大的 Exception 异常，这时会报语法错。

其原因是在子类方法中不该抛出比父类范围更广的异常，根据这个原则，如果父类的方法中没有抛出异常，那么子类在覆盖父类的方法时，也不该抛出异常，否则也会报语

法错误。语法是人定的，那么 Java 编译器为什么要制定出这个规则呢?

根据设计原则，在定义父类方法时，应当对它运行环境的险恶程度做充分的考虑，从而用足以处理最大程度异常情况的异常处理类来捕获和处理异常。

例如，有“人类”这个基类，它有中国人和美国人两个子类，在父类中有“修电线”的方法，在两个子类中覆盖了这个方法。在设计父类的方法时，就应当充分地考虑“修电线”所面临的风险（触电风险），在父类的方法中，就该用“throws 触电异常处理类”的语句来抛出异常，如果发生这种异常，就该用这个触电异常处理类中定义的方法来处理（即急救）。正是因为在人类的方法中已经抛出了足够的异常，那么在中国人类和美国人类的相应方法中，就无须抛出比“触电异常处理类”范围更大的异常了，如无须再抛出“溺水异常处理类”来处理溺水的情况。

大家务必理解，为了遵循“父类方法应当充分地考虑运行环境的险恶程度”这个设计原则，Java 语言才制定了“在子类方法中不应抛出比父类范围更广的异常”的语法，总是先有需求再有语法，注意不要倒置因果关系。

4.2.3 异常处理部分的使用要点

项目的运行环境可能会出现各种问题，如数据库服务器连接不上或网络不通畅，所以异常处理代码会频繁地出现在代码中，下面来总结一下异常处理部分的使用要点。

（1）尽量用 try...catch...finally 的语句来处理异常，在 finally 中应当尽可能地回收内存资源。

（2）尽量减少用 try 监控的代码块。

例如，某个方法有 100 行，其中第 4 ~ 20 行代码用来连接数据库，第 50 ~ 90 行代码用来连接网络，也有不少程序员为了省事，直接用一个 try 来包围第 4 ~ 90 行的代码，把一些不需要监控的代码也用 try 包围起来了。

```
4 try{
…
10 连接数据库
…
21 到 49 行 不必监控的代码块
50
…    连接网络的代码
90}
91 catch(Exception e)…
```

这样做的后果是，如果第 10 行出现数据库异常，那么会直接跳转到第 91 行的异常处理代码，这样原本不该受影响的代码（如第 21 ~ 90 行的代码）就不会被执行了。

鉴于此，程序员应该在代码中用多个 try...catch...finally 来包围应该被监控的代码，对于无须监控的代码，不应受 try 的影响。

（3）先用专业的异常来处理，最后用 Exception 异常来处理。

假如在 try 代码块里做了 IO 和数据库的操作，那么首先要用专业的 IOException 和 SQLException 来处理相关的异常，最后用 Exception 处理，其代码如下。

```
try{
    IO 代码
    数据库连接代码
}
catch(IOException ioe){ 处理 IO 异常的代码 }
catch(SQLException ioe){ 处理数据库操作异常的代码 }
catch(Exception ioe){ 最后再用 Exception 这个异常基类 }
```

不少程序员为了省事，直接用 Exception 来处理，代码如下。

```
try{
    IO 代码
    数据库连接代码
}
catch(Exception ioe){ 最后用 Exception 这个异常基类 }
```

虽然 Exception 是所有异常处理类的父类，直接用它来处理异常没有任何语法问题，但是如果不用专业的异常处理类，就无法知道异常的具体信息。

例如，在操作数据库时会遇到数据库连接不上，表字段不对等不同种类的异常，如果只用 Exception 而不用专业的 SQLException，程序员只能知道出现了异常，但无法深入地了解异常的具体信息，这样就无法更好地处理异常了。

（4）在 catch 从句中，不要只简单地抛出异常，要尽可能地处理异常。

例如，在如下的 catch 从句中，除了用 printStacktrace 抛出异常信息外，并不能处理异常。推荐的做法是，可以弹出对话框告诉用户发生了什么事情，以及接下来该怎么办。

```
catch(Exception ex) { ex.printStackTrace();  }
```

再如，如果用 catch 语句捕获到了数据库连接异常，那么可以尝试去连接备份数据库，或者可以等 10 秒后再次尝试连接。总之，发生异常后，应当尽可能地保证业务流程能正常进行，如果实在无法保证，也应用友好的方式（而不是用只有程序员能看懂的技术语言）

告诉用户当前的状况，从而让用户知道后面该怎么操作。

（5）出现异常后，应尽量保证项目不会终止，把异常造成的影响降到最低。

例如，有两个平行的业务，即使其中一个业务出现异常，另一个业务也应当继续执行，如果错误地把业务 1 和业务 2 都包含在一个 try 从句中，那么当业务 1 中出现异常，就会跳转到 catch 处理流程，这样业务 2 就无法执行了，这就违背了程序员设计的本意。

```
//错误的写法
try{
	业务 1
	业务 2
}
catch(Exception e){ 处理异常的代码 }
```

对此程序员应当用两块 try...catch... 分别包含业务 1 和业务 2，其代码如下。

```
try{
	业务 1
}
catch(Exception e){ 处理异常的代码 }
try{
	业务 2
}
catch(Exception e){ 处理异常的代码 }
```

下面再来看一个例子，如要从 csv 文件中读 100 条数据，然后把它们依次插入数据库，即使其中一条插入语句出错，也不能影响其他的插入动作，下面来看这种错误的写法。

```
//错误的写法
try{
	for(int i=0;i<100;i++)
	{	读其中的一条数据，并把它插入数据库	}
}
catch(SQLException e){ 处理数据库操作异常的代码 }
```

在上述的写法中，假设插入第 10 条数据时出现异常，那么就会立即跳转到 catch 从句的异常处理代码中，这样第 11 ~ 100 条的数据就无法插入了。

在正确的写法中，是把每次的插入动作用 try...catch... 语句包围起来，这样本次插入失败也不会影响后续的插入动作，从而把影响降到了最低。

```
for(int i=0;i<100;i++){
    try{
        读其中的一条数据，并把它插入数据库
    }
    catch(SQLException e){
        处理数据库操作异常的代码
        continue;
    }
}
```

4.2.4　异常部分的面试题

异常部分的面试题如下。

（1）throw 和 throws 有什么区别？异常（Exception）和错误（Error）有什么区别？

（2）final、finalize 和 finally 3 个相似的关键字有什么区别？

（3）如果采用 try...catch...finally 的形式来处理异常，在 try 部分有 return 语句，那么 finally 部分的代码会不会执行？

（4）运行期异常（RuntimeException）和其他异常（如 SQLException）有什么区别？你在平时开发中遇到过哪些运行期异常？

（5）一般在 finally 从句中放哪些代码？

（6）如果父类的某个方法抛出了一个异常，那么子类在覆盖父类的方法时，有什么限制？为什么要规定这个限制？

（7）你有没有自定义过异常对象？如何自定义异常对象？

扫描右侧二维码可以看到这部分面试题的答案，且该页面中会不断添加其他同类面试题。

4.3　常见的 IO 读写操作

在项目中，经常会用到一些 IO 操作对文件或内存缓冲区等内容进行读写。在 Java 中，是通过“输入输出流”（也就是 IO 流）来进行读写操作的，其中，用输入流来存放从媒介（如文件、控制台或内存）中读到的内容，通过输出流向媒介中写。

在开发过程中，无须过多地关心 IO 相关类的语法，而应当偏重于实际的应用。这部分将综合使用一些 IO 对象来完成一些项目中常见的操作。

4.3.1 遍历指定文件夹中的内容

例如，有如下的需求，客户管理团队会把描述客户信息的扩展名是 csv 的文件放入指定的 c:/1 目录中，而数据维护团队就须遍历这个目录，查看其中是否存在 csv 文件。

这个代码的难点在于，csv 文件未必会被直接放在 c:/1 目录中，而是被放在深层的子目录中，如图 4.2 所示。

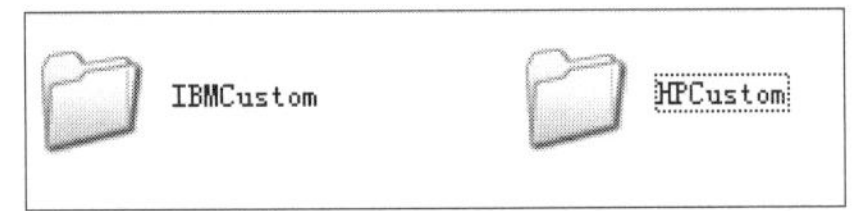

图 4.2 csv 文件被放在 c:/1 下级的子目录中

下面在 VisitFolder.java 代码中，将实现遍历文件夹的功能。

```
import java.io.File;
public class VisitFolder {
        //通过遍历目录，查找 csv 文件，参数是文件夹的路径
       static void getCSVInFolder(String filePath) {
             File folderName = new File(filePath);
             File flist[] = folderName.listFiles();
             if (flist == null || flist.length == 0) {
                 return;
             }
             String fileName = null;
             for (File f : flist) {
                 if (f.isDirectory()) {
                     //如果是文件夹，则递归调用
                     getCSVInFolder(f.getAbsolutePath());
                 } else {
                     //如果是文件，则判断是否是 csv 文件
                 fileName = f.getName();
                 if(fileName.substring(fileName.lastIndexOf(".") + 1).equals("csv"))
                 {
                     System.out.println(f.getAbsolutePath());
                       //省略后继的操作
                 }
                 }
             }
       }
       public static void main(String[] args)
```

```
27          {
28                  // 在 main 方法里调用
29                  getCSVInFolder("c://1");
30          }
31
32  }
```

在第 4 ~ 25 行的 getCSVInFolder 方法中，实现了遍历指定文件夹中的内容的功能。在第 5 行中，通过一个 File 对象来指向待遍历的文件夹，在第 6 行中，通过 listFiles 方法得到了该文件夹下的所有内容（包括文件和文件夹），并把结果放入 flist[] 的 File 类型的数组中。

在第 11 行的 for 循环中，开始遍历动作，如果当前遍历到的对象还是文件夹，则通过第 14 行的代码，递归地调用 getCSVInFolder 方法继续访问该文件夹，如果是文件，则会通过第 18 行的 if 判断，来检查该文件的扩展名是否为 csv，如果是，则输出该 csv 文件的文件名，并做后继的操作。

在 main 方法的第 29 行中，调用了这个方法，注意，由于涉及字符转义操作，该方法的输入参数是 c://1，而不是 c:/1。该代码的输入如下，从中可以看到所有的 csv 文件名。

```
c:\1\HPCustom\HP.csv
c:\1\IBMCustom\IBM.csv
```

如果大家在项目开发中遇到类似遍历文件夹的需求，可以通过改写代码来实现，但是要注意，由于这里用到了递归的方式，因此文件夹中存放文件夹的深入不能太深，如不宜超过 5 层，否则容易出现异常情况。

4.3.2　通过复制文件的案例解析读写文件的方式

在项目中，可能会从一个文件中读取信息，再把该文件移到“已读”文件夹中。这时就需要通过 Java 的 IO 类来实现“读写文件”的功能，如当读完 c:\1\IBMCustom 文件夹下的 IBM.csv 后，需要把它移到 history 目录中，如图 4.3 所示。

图 4.3　移动文件夹

下面在 CopyFile.java 代码中实现了这个功能。

```
// 省略必要的 import IO 包的代码
public class CopyFile {
```

```
    //实现了文件复制的功能
    static void fileCopy(String src, String des) {
        InputStream input = null;
        OutputStream output = null;
        try {
            // 创建输入输出流对象
            input = new FileInputStream(src);
            output = new FileOutputStream(des);
            int fileLength = input.available();
            //获取文件长度，并据此创建缓存
            byte[] buffer = new byte[fileLength];
            //读文件，并把读到的内容放入buffer数组
            input.read(buffer);
            //将buffer数组中的数据写到目标文件
            output.write(buffer);
        } catch (FileNotFoundException e) {
            e.printStackTrace();
            //省略其他异常处理的代码
        } catch (IOException e) {
            e.printStackTrace();
            //省略其他异常处理的代码
        } catch (Exception e) {
            e.printStackTrace();
            //省略其他异常处理的代码
        }
        finally {
            if (input != null) {
                try {
                    // 关闭流
                    input.close();
                } catch (IOException e) {
                    e.printStackTrace();
                }
            }
            if (output != null) {
                    try {
                        // 关闭流
                        output.close();
                    } catch (IOException e) {
                        e.printStackTrace();
```

```
43                          }
44                      }
45
46              }
47      }
```

在第 4 行 fileCopy 方法的参数中，指定了复制操作的源文件和目标文件，并根据它们分别在第 9 行和第 10 行中，创建了用于读和写的 FileInputStream 和 FileOutputStream 对象。

在第 11 行中，通过 input.available() 方法得到了源文件的长度，并据此创建了 byte 数组类型的 buffer 对象。在第 15 行中，通过 input.read(buffer) 操作把源文件的内容读入 buffer 对象，在第 17 行中，则通过 output.write(buffer) 方法把存储在 buffer 中的源文件的内容写入了目标文件。

```
48      public static void main(String[] args) {
49      fileCopy("C:\\1\\IBMCustom\\IBM.csv","C:\\1\\IBMCustom\\
    history\\IBM.csv");
50          new File("C:\\1\\IBMCustom\\IBM.csv").delete();
51      }
52  }
```

在 main 函数的第 49 行中，通过调用 fileCopy 方法完成了 csv 文件的复制操作，并在第 50 行中，通过 delete 方法删除了源文件，这样就完成了文件移动的操作。

此外，在 fileCopy 的方法中，很好地遵循了之前讲到的异常处理的编码要点，下面来总结一下。

（1）先由专业的 FileNotFoundException 和 IOException 来捕获和处理异常，最后用 Exception 来处理。

（2）采用了 try...catch...finally 的样式，并在第 28 行的 finally 从句中，关闭 input 和 output 两个 IO 对象。

（3）分别用两套 try...catch 语句来包围关闭 input 和 output 两个 IO 对象的代码，这样即使关闭 input 时遇到问题，output 对象也能被关闭。

4.3.3　默认的输入输出设备与重定向

1．默认的输入和输出设备

在 Java 的读写操作中，默认的输入设备是键盘，如可以通过 System.in 从键盘获得输入值；默认的输出设备是显示屏，如可以通过 System.out.println 向屏幕输出，如果用 MyEclipse 或 Eclipse 编程时，System.out.println 是向 Console 控制台输出的。

下面通过 IOInOutExample.java 实现“将键盘输入的内容输出到显示屏”的效果。

```
1  import java.io.BufferedReader;
2  import java.io.IOException;
3  import java.io.InputStreamReader;
4  public class IOInOutExample {
5      public static void main(String[] args) {
6            // 从 System.in（也就是键盘）读内容，并放入缓存 br
7            BufferedReader br = new BufferedReader(new
   InputStreamReader (System.in));
8             String read = null;
9             System.out.print("input is:");// 不换行地打印
10            try {
11             // 从缓存里读
12             read = br.readLine();
13            } catch (IOException e) {
14             e.printStackTrace();
15            }
16            System.out.println("output is: "+read);
17     }
18 }
```

在上述代码的第 7 行，定义了 BufferedReader 类型的 br 对象，在调用 new 构造函数时，是用 InputStreamReader(System.in) 的方式，指定该 br 对象将从默认的输入设备，也就是键盘上读取数据。

在第 12 行中，通过 br 对象的 readLine 方法，将从键盘上读到的内容放入 read 的 String 类型的对象，并在第 16 行打印了 read 对象的内容。

2. 输出的重定向

如果不做任何的设置，那么 System.out.println 是向屏幕上输出的，也可以通过重定向，让这个语句向文件中输出。

例如，在实际项目中，输出的日志就需要保存在文件中，而不是简单地在屏幕上显示一遍，在 IORedirectOutput.java 例子中，实现了“重定向输出到文件”的效果。

```
// 省略必要的 import 语句
public class IORedirectOutput {
```

```
3      public static void main(String[] args) {
4          FileOutputStream fout = null;
5          BufferedOutputStream bout = null;
6          PrintStream ps = null;
7          try {
8              //fout 对象包含了往文件写的内容
9              fout = new FileOutputStream("c:\\redirect.txt");
10              //bout 对象包含了缓存向外写的内容
11             bout = new BufferedOutputStream(fout);
12             ps = new PrintStream(bout);
13             // 设置重定向
14             System.setOut(ps);
15              // 这里不是向控制台输出，而是文件输出
16             System.out.println("redirect to redirtct.txt");
17             // 强制地将缓存里的内容输出
18             ps.flush();
19         }
20         catch (FileNotFoundException e)
21         { e.printStackTrace(); }
22         finally
23         { ps.close();// 省略其他 close 的语句        }
24     }
25 }
```

上述代码的运行效果是，从 c:\redirect.txt 文件中，可以看到输出的“redirect to redirtct.txt”字符串，而在控制台中，看不到任何输出。

在代码中，一般不是直接向文件输出，而是先向内存缓冲区输出，然后把内存缓存区中的内容输出到文件中。

所以第 9 行，首先创建了一个 FileOutputStream 对象，用以向指定文件输出，在第 11 行中，把 bout 内存缓冲区里存的内容放入 fout 的 FileOutputStream 类型的对象，最后在第 12 行和第 14 行，将 PrintStream 输出设备和内存缓冲区绑定一起。这样如果在第 16 行调用了 System.out.println，输出的内容就会通过内存缓冲区写入文件中。

在这段代码中需要注意以下两点。

（1）当完成输出后，需要像第 18 行那样，通过 flush 方法把内存缓冲区中的内容强制输出，否则，只有当缓冲区满或是读写句柄关闭时才会输出。

这是初级程序员经常犯的错误，在他们看来是已经输出了，但在文件或其他地方就是看不到结果，其实加上 flush 就可以解决。

（2）需要在 finally 从句中关闭 IO 句柄，就像第 23 行那样，否则，IO 句柄所占有的内存空间是无法被回收的。

3. 输入的重定向

在项目中，不仅可以重定向输出，还可以重定向输入设备。在下面的 IORedirectInput.java 例子中，设置文件为输出设备，将从文件中读到的内容输出到屏幕（也就是控制台）上。

```
1  //省略 import 语句
2  public class IORedirectInput {
3      public static void main(String[] args) {
4          BufferedInputStream bin = null;
5          DataInputStream ds = null;
6          try {
7              String tmp;
8              //将文件里读到的内容放入 bin 这个内存缓冲区里
9              bin = new BufferedInputStream(
10                     new FileInputStream("c:\\redirect.txt"));
11             // 设置重定向
12             System.setIn(bin);
13             // 从重定向的输入（文件）中读内容，并逐行输出
14             ds = new DataInputStream(System.in);
15             while ((tmp = ds.readLine()) != null)
16             { System.out.println(tmp); }
17         }
18         catch (IOException e)
19         { e.printStackTrace();  }
20         catch (Exception e1)
21         {e1.printStackTrace();}
22         finally{
23              //关闭 IO 对象
24             try { bin.close();}
25              catch (IOException e)
26             { e.printStackTrace(); }
27             try { ds.close(); }
28             catch (IOException e) {e.printStackTrace(); }
29         }
30     }
31 }
```

同样不能直接把文件中的内容输出，而要像第 9 行那样，先把文件中的内容输出到

bin 的 BufferedInputStream 类型的内存缓冲区中。

在第 12 行中设置了输入重定向，这里的输入设备就不是默认的键盘了，而是通过 bin 对象指向的文件。在第 13 行中通过 ds 对象读到文件中的内容，并在第 15 行和第 16 行的循环中逐行输出。同样，完成输出后，需要在第 22 ~ 29 行的 finally 重句中关闭 IO 对象。

4.3.4　生成和解开压缩文件

在实际项目中，有时需要进行文件的压缩和解压缩的工作。在 IOCreateZip.java 例子中，使用了 java.util.zip 中提供的方法来实现压缩文件的功能。

```
//省略 import IO 库的操作
public class IOCreateZip {
    public static void main(String[] args) {
        //设置压缩后的文件名
        String zipFile = "c:\\redirect.zip";
         //指定待压缩的文件名
        String file1 = "c:\\redirect.txt";
        int zipRes = -1;
        FileOutputStream fout = null;
        ZipOutputStream zout = null;
        BufferedOutputStream bout = null;
        FileInputStream fisOne = null;
        BufferedInputStream bisOne = null;
        try {
            fout = new FileOutputStream(zipFile);
            zout = new ZipOutputStream(fout);
            bout = new BufferedOutputStream(zout);
            fisOne = new FileInputStream(file1);
            bisOne = new BufferedInputStream(fisOne);
            zout.putNextEntry(new ZipEntry("redirect.txt"));
            //逐行读文件，把读到的内容添加到压缩流里
            while ((zipRes = bisOne.read()) != -1) {
                bout.write(zipRes);
            }
             //强制输出
            bout.flush();
        }
        catch (IOException e) {
            e.printStackTrace();
```

```
30            }
31            finally{
32                // 在 finally 从句里关闭 IO 对象
33                try {
34                    bisOne.close();
35                    fout.close();
36                    zout.close();
37                    fisOne.close();
38                    bout.close();
39                } catch (IOException e) {
40                    e.printStackTrace();
41                }
42            }
43        }
44    }
```

在第 15 行中，程序员用 fout 的 FileOutputStream 类型的对象指向了待生成的 zip 文件，由此可以把 fout 的内容输出到 zip 文件中。在第 16 行中，创建了用于压缩文件的 ZipOutputStream 类型的 zout 对象，并把它和 fout 对象绑定；而在第 17 行中，创建了 BufferedOutputStream 类型的 bout 对象，并把它和 zout 绑定，这样，如果通过第 22 行的 while 循环向 bout 写内容，那么这些内容会被 zout 压缩后传递给 fout，最终写入 zip 文件中。

在第 18 行中，通过 fisOne 的 FileInputStream 对象连接到了待压缩的文件，在第 19 行中，定义了 bisOne 对象，并把它和 fisOne 绑定，在第 20 行中，把待压缩的文件放入了 zout 对象，注意，是通过 new ZipEntry(“redirect.txt”) 来指定压缩文件中被压缩文件的文件名的。在第 22 行的 while 循环中，就可以一边读目标文件，一边把其中的内容压缩后放入 zip 文件中。

这个文件的运行结果是，在 C 盘目录下会生成 redirect.zip 压缩文件，这个压缩包中包含了 redirect.txt 内容。

下面在 IOReadZip.java 文件中，演示了读取 zip 文件中内容的功能，这里是输出了读到的内容。

```
//省略 import IO 包的代码
public class IOReadZip {
    public static void main(String[] args) {
        int cont;
        FileInputStream fin = null;
```

```
6           ZipInputStream zin = null;
7           ZipEntry ze = null;
8           try {
9               // 指定待读取的 zip 文件
10              fin = new FileInputStream("c:\\redirect.zip");
11              zin = new ZipInputStream(new BufferedInputStream(fin));
12              while ((ze = zin.getNextEntry()) != null) {
13                  System.out.println("file name is:" + ze);
14                  while ((cont = zin.read()) != -1)
15                  { System.out.write(cont); }
16              }
17          }
18          catch (FileNotFoundException e){
19              e.printStackTrace();
20          }
21          catch (IOException e){
22              e.printStackTrace();
23          }
24          finally{
25              try {
26                  fin.close();
27                  zin.close();
28              } catch (IOException e) {
29                  e.printStackTrace();
30              }
31          }
32      }
33  }
```

在第 10 行中，初始化了 FileInputStream 类型的 fin 对象，用来指向待读取的 zip 文件，在第 11 行中，创建了用于解析 zip 文件的 ZipInputStream 类型的对象 zin，并把它和 fin 对象绑定到一起。

由于一个 zip 包中可能包含多个文件，因此在第 12 ~ 16 行，用了双层循环，用第一层循环来遍历 zip 包中的所有文件，通过第 14 行中的第二层循环来输出每个文件中的内容。

4.3.5　对 IO 操作的总结

在前面使用 IO 对象完成一些常用的读写操作，下面对 Java 的 IO 操作做一个总结。

（1）“流对象”是处理所有 IO 问题的载体，从表现形式上来看，“流对象”不仅封装了用于保存输入或输出信息的缓冲空间，更包含了针对这个缓冲空间进行操作的方法。

（2）从应用角度来看，Java 流对象分为输入流（InputStream）和输出流（OutputStream）两类。它们是处理所有输入输出工作的两个基类，其中分别包含了 read 和 write 方法。

具体来讲，InputStream 有 FileInputStream 和 BufferInputStream 两个针对文件和内存缓冲进行读操作的子类，而 OutputStream 也对应地有 FileOutputStream 和 BufferOutputStream，在前面已经通过 read 和 write 方法演示了流的读写操作。

（3）IO 流的标准输入和输出设备分别是键盘和显示屏，此外还可以通过 System.setOut 和 System.setIn 方法进行重定向。

重定向时，注意要指定重定向后的输入（或输出）设备，如可以通过 system.setIn 方法的参数指定输入源是文件，也可以通过 system.setOut 的参数指定向文件输出。

（4）在 OutputStream 的基础上，Java IO 类库还提供了功能更强大的 PrintStream，通过它可以方便地输出各种类型的数据，而不是仅为 byte 型，而 PrintWriter 类则封装了 PrintStream 的所有输出方法。

虽然 Java IO 操作的相关对象很多，但可以通过“面向应用”的方式来学习 IO 类知识点。如在实际开发中，大家如果遇到“解析 ZIP 文件”的需求，可以通过网络查找相关的代码，然后在理解的基础上修改成能满足自己需求的代码。但是在改写时必须注意如下的问题。

（1）版权问题，可以借鉴，但不能照搬。

（2）合理地使用 try...catch...finally 代码块来处理 IO 部分的异常，切记，在 finally 从句中需要关闭用过的 IO 对象。

（3）在对缓冲区进行操作时，在合理的位置需要加上 flush 方法强制地输出缓冲区的内容，否则，输出的内容可能与预期的不一致。

4.4 非阻塞性的 NIO 操作

前面介绍的 IO 操作其实是 BIO（blocked IO，阻塞性的 IO）操作，JDK1.4 以上的版本提供了一种新的 NIO，大家可以理解成 New IO，也可以理解成 UnBlocked IO，非阻塞性的 IO。

通过 NIO 大家可以优化 IO 操作的性能，而且，在高并发的网络架构体系中，架构师有可能会用到基于 NIO 的组件来构建不同模块之间的通信体系。也就是说，这个知识点关联着性能优化和架构设计两大热点，所以说它也是面试的必选题。

4.4.1　与传统 IO 的区别

与传统的 IO 相比，NIO 有“面向缓存”和“非阻塞”两大特点，此外，NIO 还可以通过选择器（Selector）来管理多个读写通道。NIO 与传统 IO 的比较如表 4.1 所示。

表 4.1　NIO 与传统 IO 的比较

NIO	IO
NIO 是面向缓存（Buffer）的，而不是面向流操作的，所以可以跳跃性读取，或者反复读取	IO 是面向流（Stream，如文件流）的，只能顺序地从流中读取数据，如果想跳跃性读取或再读取已经读过的内容，就必须把从流中读到的数据缓存起来
读写操作具有非阻塞性，如从某通道读取数据时，仅能得到当前可用的数据，如果当前没有数据，就什么都不会获取，而且代码能继续执行。非阻塞写也是如此	IO 是阻塞的，如调用 InputStream.read() 方法时，它会一直等到数据到来时（或超时）才会继续执行后续代码，否则就会一直等待
NIO 的 selectors 组件允许一个线程（即一个 Java 类）监控多个来源（也就是 channels），也就是说，可以通过一个线程来管理多个输入和输出通道	无此特性

4.4.2　NIO 的三大重要组件

Channel（通道）、Buffer（缓冲器）和 Selector（选择器）是 NIO 最核心的三大组件。

通道（Channel）与传统 IO 中的流（Stream）类似，但通道是双向的，而 Stream 是单向的，输入流只负责输入，输出流只负责输出。唯一能与通道交互的组件是缓冲器(Buffer)，通过通道，可以从缓冲器中读写数据。

用户可以通过选择器（Selector）来管理通道（Channel），如可以在一个选择器上注册多个通道，然后通过这个选择器来管理多个通道的读写操作。

4.4.3　通道（Channel）和缓冲器（Buffer）

在 NIO 中，有 FileChannel、DatagramChannel、SocketChannel 和 ServerSocketChannel 4 种 Channel 对象，第一种是针对文件的，后三种是针对网络编程的。

程序员经常用到的是 FileChannel 对象，但是在大多数项目中，很少会直接通过 Java 代码进行网络编程。

而 Buffer 对象是用来缓存读写的内容的，在 NIO 中，程序员往往会配套地使用 Channel 和 Buffer 对象，具体来讲，通过 Channel 对象来进行读写操作，通过 Buffer 对象缓存读写的内容。

下面来看 NIOBufferDemo.java 例子，其中演示了通过这两个对象读写文件的步骤。

```
1  // 省略 import IO 和 NIO 包的代码
2  public class NIOBufferDemo {
3          public static void main(String[] args) throws IOException {
4          int bufferSize = 1024;      // 定义缓存区的长度
5          // 定义了两个 FileChannel 对象，用来指向待读写的文件
6          FileChannel src = new FileInputStream("c:\\source.txt").getChannel();
7          FileChannel dest = new FileOutputStream("c:\\dest.txt").getChannel();
8          // 通过 allocate() 方法来给 ByteBuffer 分配空间
9          ByteBuffer buffer = ByteBuffer.allocate(bufferSize);
10         // 通过 while 循环从 src 里逐行读
11         while (src.read(buffer)!= -1) {
12            buffer.flip();              // 切换读写模式
13            dest.write(buffer);         // 向 dest 里写
14            buffer.clear();             // 清空缓存，以便下次读
15           }
16     }
17 }
```

在第 6 行和第 7 行中，通过了两个 FileChannel 对象，并通过 getChannel 方法把它们和两个文件绑定到一起。在第 9 行，通过了 allocate 方法给缓冲器对象 buffer 指定了长度，然后通过第 11 ~ 15 行的 for 循环逐行读取 source.txt 文件中的内容并写入 dest.txt 中。

注意，在向目标文件写之前，需要通过第 12 行的 flip 方法，把 buffer 对象从之前的读模式切换到写模式，否则是无法正常完成写操作的。

通过这个例子，归纳出通过 FileChannel 和 Buffer 对象读写数据的一般步骤如下。

（1）通过 Channel 对象指定读写的源和目标，如这里是通过两个 FileChannel 对象指定源和目标文件的。

（2）通过 allocate 方法指定缓冲器的大小。

（3）通过 Channel 对象读源文件中的信息，如这里是调用 src.read(buffer) 方法。

（4）在写之前，需要通过 buffer.flip 方法切换读写模式。

（5）通过 Channel 对象向目标文件中写数据，如这里是调用 dest.write(buffer) 方法的。

（6）通过 clear 方法清空缓冲器，以便下次使用。

在上述案例中，程序员用到了 ByteBuffer 缓冲器，此外还有 CharBuffer、DoubleBuffer、FloatBuffer、IntBuffer、LongBuffer 和 ShortBuffer 等缓冲器，通过它们可以方便地读写各种类型的数据。

除此之外，比较常用的还有 MappedByteBuffer 内存映射文件缓冲器。通过这个对象，可以操作那些因为太大而不方便放入内存的文件，在使用这个对象操作文件时，可以假定整个文件都被装入内存中，从而就可以把这个文件当作数组来操作。

下面通过 NIOMappedByteBufferDemo.java 例子，来演示一下通过 MappedByteBuffer 读写大文件的一般操作。

```
1  //省略 import IO 和 NIO 包的代码
2  public class NIOMappedByteBufferDemo {
3      public static void main(String[] args) throws FileNotFoundException, IOException {
4          int length = 1024*1024 * 10;//10M
5          MappedByteBuffer out = new RandomAccessFile("c:\\bigFile.txt", "rw"). getChannel().map(FileChannel.MapMode.READ_WRITE, 0, length);
6          //写文件
7          for (int i = 0; i < length; i++) {
8              out.put((byte) 'a');
9          }
10         //只读其中的前 10 位
11         for (int i = 0; i < 10; i++) {
12             System.out.print((char) out.get(i));
13         }
14     }
15 }
```

在第 4 行，定义了待读写文件的长度是 10M，在第 5 行，定义了 MappedByteBuffer 类型的 out 对象，其中是通过 map 方法把 bigFile.txt 文件映射到 out 对象中，map 方法有 3 个参数，分别用来表示操作文件的模式（这里是读写模式），待映射文件的起始和终止位置，这里分别是 0（文件开头位置）和 length（文件结束位置）。

完成映射后，程序员就可以像操作数组一样随意操作文件中的内容，如可以跳跃性地访问文件中的内容，与之相比，通过 IO 中的 InputStream 和 OutStream 对象，程序员只能以流的方式顺序操作数据。

当完成 bigFile.txt 和 out 对象绑定后，就可以通过第 7 ~ 9 行的 for 循环向文件里写，也可以通过第 11 ~ 13 行循环从文件里读，在这里读的时候，只读了前 10 位的数据，事实上，可以任意地读取该文件的内容并进行相关的操作（如把读到的内容放到其他文件中）。

4.4.4　选择器（Selector）

选择器往往用在网络编程方面，所以 Selector 的实例一般都是 Socket 网络通信方面的，如用户可以在服务端通过一个选择器来管理来自客户端的多个通道，在一些高并发的系统中，会用到选择器来开发各业务模块之间的通信模块，但这是架构师或资深高级程序员要考虑的事情。

对于初学者或初级程序员而言，基于 Socket 方面的 Selector 案例对大家并不实用，所以这里就不给出实例代码了。但是在面试时一些面试官可能会问到 Selector 部分的知识，所以下面就总结些选择器的工作流程以备大家面试之需。

（1）通过调用 Selector.open() 方法创建一个 Selector，代码如下。

```
Selector selector = Selector.open();
```

（2）为了配套地使用 Channel 和 Selector，程序员必须把 Channel 注册到 Selector 上，代码如下。

```
1   channel.configureBlocking(false);// 如这个是指向 Socket 的通道
2   SelectionKey key = channel.register(selector,Selectionkey.
    OP_READ);
```

在第 1 行中，把 Channel 设置成非阻塞模式，因为如果要把 Channel 和 Selector 一起使用，Channel 必须处在非阻塞模式状态，否则将抛出 IllegalBlockingModeException 异常。

根据规定，FileChannel 不能与 Selector 一起使用，因为 FileChannel 不能切换到非阻塞模式，但套接字通道可以。

第 2 行的代码是用来把 Channel 注册到 Selector 上，register 方法的第一个参数是目标 Selector，第二个参数是通道在这个选择器上的操作，这里是 OP_READ，表示这个通道是只读的，此外，还可以输入另外 3 个参数，SelectionKey.OP_CONNECT 表示连接，SelectionKey.OP_ACCEPT 表示接收，这两个参数一般用在 Socket 中，SelectionKey.OP_WRITE 表示可以往这个通道中写。

如果又要从通道里读，又要往里面写，就可以用 | 来分隔两个不同的参数值，代码如下：

```
register(selector,SelectionKey.OP_READ|SelectionKey.OP_WRITE)
```

其中，register 方法的返回值也是 SelectionKey 类型的，如返回了 SelectionKey.OP_READ 就表示读就绪，如果返回的值是 SelectionKey.OP_READ|SelectionKey.OP_WRITE，就表示读写就绪。

（3）通过 Select 方法进入通道，代码如下。

```
int val = Selector.select();
```

其中 val 表示可以使用的通道数量，如果大于 0，就可以往下执行了。

（4）遍历各通道，进行各种操作。

例如，把 3 个 Socket 通道注册到了一个 Selector 上，如果任何一个 Socket 通道传来数据，那么步骤（3）中的 Selector.select() 方法就会返回大于 0 的数据，这样就可以通过如下形式的代码来遍历各通道进行读写数据的操作了。

```
//通过 selectedKeys 方法返回所有可以操作的通道对象
Set selectedKeys = selector.selectedKeys();
Iterator keyIterator = selectedKeys.iterator();
while(keyIterator.hasNext()) { //开始遍历
    SelectionKey key = keyIterator.next();
        if (key.isReadable()) {
            // 如果某个通道处于读就绪状态，就可以从中读了
        } else if (key.isWritable()) {
            // 如果处于写就绪状态，那么可以往里写
        }
        //处理好之后，需要移除该实例，否则下次循环时还会被调用
        keyIterator.remove();
    }
```

（5）关闭选择器，用完 Selector 后应立即调用 close() 方法关闭该 Selector，否则该通道所占用的内存空间无法被释放。

如果在项目中没有用到 NIO 的选择器，那不要紧，毕竟很少项目会直接进行 Socket 操作，但如果用过，那就得很好地描述应用场景了。

刚才提到过，如果要把 Channel 和 Selector 一起使用，那么 Channel 必须处在非阻塞模式状态，由于 FileChannel 不能切换到非阻塞模式，因此 FileChannel 一定不能和

Selector 配套使用。

4.5 解析 XML 文件

在项目中，用户往往会把一些配置信息放到 XML 文件中，或者各部门之间会通过 XML 文件交换业务数据，所以有时会遇到“解析 XML 文件”的需求。

一般来讲，有基于 DOM 树和 SAX 的两种解析 XML 文件的方式，本节将分别给大家演示通过这两种方式解析 XML 文件的一般步骤。

4.5.1 XML 的文件格式

XML 是可扩展标记语言（eXtensible Markup Language）的缩写，在其中，开始标签和结束标签必须配套地出现，下面来看 book.xml 例子。

```
1  <?xml version="1.0" encoding="UTF-8" standalone="no"?>
2  <books>
3      <book id="01">
4          <name>Java</name>
5          <price>15</price>
6          <memo>good book</memo>
7      </book>
8      <book id="02">
9          <name>FrameWork</name>
10         <price>20</price>
11         <memo>new book</memo>
12     </book>
13 </books>
```

整个 XML 文件是一个文档（Document），其中第 1 行表示文件头，在第 2 行和第 13 行中，可以看到配套出现的 books 标签，从标签头到标签尾的部分称为元素（Element）。

所以可以这样说，在 books 元素中，分别于第 3 ~ 7 行和第 8 ~ 12 行定义了两个 book 元素，在每个 book 元素，如从第 4 ~ 6 行，又包含 3 个元素，如第一本书的 name 元素是 <name>Java</name>，它的 name 元素值是 Java。

在第 3 行中，还能看到元素中的属性（attribute），如这个 book 元素具有 id 属性，具体 id 的属性值是 01。

4.5.2　基于 DOM 树的解析方式

DOM 是 Document Object Model（文档对象模型）的缩写，在基于 DOM 树的解析方式中，解析代码会先把 XML 文档读到内存中，并整理成 DOM 树的形式再读取。

根据前面给出的 book.xml 文档，可以绘制出 DOM 树的样式，如图 4.4 所示。

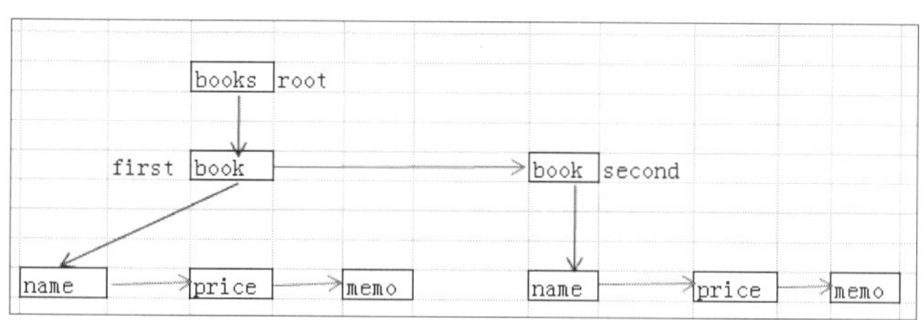

图 4.4　DOM 树的样式

其中，books 属于根 (root) 节点，也称为根元素，由于它包含两个 book 元素，因此第二层是两个 book 节点，每个 book 元素包含 3 个元素，所以第三层是 6 个元素。

在下面 ParserXmlByDom.java 的代码中，来看一下通过 DOM 树方式解析 book.xml 文档的详细步骤。

```
1  //省略 import 相关类库的代码
2  public class ParserXmlByDom {
3      public static void main(String[] args) {
4          //创建 DOM 工厂
5          DocumentBuilderFactory domFactory=DocumentBuilderFactory.newInstance();
6          InputStream input = null;
7          try {
8              //通过 DOM 工厂获得 DOM 解析器
9              DocumentBuilder domBuilder=domFactory.newDocumentBuilder();
10             //把 XML 文档转化为输入流
11             input=new FileInputStream("src/book.xml");
12             //解析 XML 文档的输入流，得到一个 Document
13             Document doc=domBuilder.parse(input);
```

从第 5 行到第 13 行，完成了用 DOM 树解析 XML 文件的准备工作，具体包括，在第 5 行创建了 DOM 工厂，在第 9 行通过 DOM 工厂创建了解析 XML 文件 DocumentBuilder 类型对象，在第 11 行把待解析的 XML 文件放入一个 File InputStream 类型的对象中，在第 13 行通过 parse 方法把 XML 文档解析成一个基于 DOM 树结构的 Document 类型对象。

```
14              // 得到 XML 文档的根节点，只有根节点是 Element 类型
15              Element root=doc.getDocumentElement();
16              // 得到子节点
17              NodeList books = root.getChildNodes();
```

整个 XML 文件包含在第 13 行定义的 doc 对象中，在第 15 行中通过 getDocumentElement 方法得到了根节点（也就是 books 节点）；在第 17 行中通过 getChildNoes 方法得到该 books 节点下的所有子节点，然后开始解析整个 XML 文档。

需要说明的是，在解析前，程序员会通过观察 XML 文档来了解其中的元素名和属性名，所以在后续的代码中，会针对元素名和属性名进行编程。

```
18              if(books!=null){
19                  for(int i=0;i<books.getLength();i++){
20                      Node book=books.item(i);
21                      // 获取 id 属性
22                      if(book.getNodeType()==Node.ELEMENT_NODE){
23                          String id=book.getAttributes().
    getNamedItem("id").getNodeValue();
24                          System.out.println("id is:" + id);
25                          // 遍历 book 下的子节点
26                          for(Node node=book.getFirstChild();
    node!=null;node=node.getNextSibling()){
27  if(node.getNodeType()==Node.ELEMENT_NODE){
28      // 依次读取 book 里的 name,price 和 memo 三个子元素
29      if(node.getNodeName().equals("name")){
30          String name=node.getFirstChild().getNodeValue();
31          System.out.println("name is:" + name);
32      }
33      if(node.getNodeName().equals("price")){
34          String price=node.getFirstChild().getNodeValue();
35          System.out.println("price is:" + price);
36      }
37      if(node.getNodeName().equals("memo")){
38          String memo=node.getFirstChild().getNodeValue();
39          System.out.println("memo is:" + memo);
40      }
41    }
42   }
43  }
44  }
```

```
45  }
```

在第 19 行的 for 循环中，是遍历 book 元素通过观察 XML 文件，发现 book 元素出现了两次，所以这个循环会运行两次，而且，book 元素有一个 id 属性，所以需要通过第 23 行的代码得到 id 属性的值。

在文档中，book 元素有 3 个子节点，分别是 name、price 和 memo，所以在代码的第 26 行中，再次使用 for 循环遍历其中的子节点。在遍历时，通过第 29 ~ 32 行的代码获取了 book 元素中 name 的值，通过类似的代码后继的第 33 ~ 40 行代码得到了 price 和 memo 两个元素的值。

```
46              } catch (ParserConfigurationException e) {
47                  e.printStackTrace();
48              } catch (FileNotFoundException e) {
49                  e.printStackTrace();
50              } catch (IOException e) {
51                  e.printStackTrace();
52              } catch (SAXException e) {
53                  e.printStackTrace();
54              } catch (Exception e) {
55                  e.printStackTrace();
56              }
57              // 在 finally 里关闭 IO 流
58              finally{
59              try {
60                      input.close();
61                  } catch (IOException e) {
62                      e.printStackTrace();
63                  }
64              }
65          }
66  }
```

同样地，在解析完成后，在 finally 从句中关闭之前用到的 IO 流（input 对象）。

4.5.3　基于事件的解析方式

SAX 是 Simple API for XML 的缩写，不同于 DOM 的文档驱动，它是事件驱动的，也就是说，它是一种基于回调（callback）函数的解析方式，如开始解析 XML 文档时，会调用自定义的 startDocument 函数，从表 4.2 中可以看到基于 SAX 方式中的各种回调函数及

它们被调用的时间点。

表 4.2　基于 SAX 方式的回调函数的归纳表

函数名	调用时间点
startDocument	开始解析 XML 文档时（解析 XML 文档第一个字符时）会被调用
endDocument	当解析完 XML 文档时（解析到 XML 文档最后一个字符时）会被调用
startElement	当解析到开始标签时会被调用，如在解析“<name>FrameWork</name>”的 element 时，当读到开始标签“<name>”时，会被调用
endElement	当解析到结束标签时会被调用，如在解析“<name>FrameWork</name>”的 element 时，当读到结束标签“</name>”时，会被调用
characters	（1）行开始后，遇到开始或结束标签之前存在字符，则会被调用 （2）两个标签之间存在字符，则会被调用，如在解析“<name>FrameWork</name>”时，发现存在 FrameWork，则会被调用 （3）标签和行结束符之间存在字符，则会被调用

从表 4.2 可以看到 characters 方法会在多个场合被回调，但用户最期望的调用场景是第（2）种，这就要求在解析 xml 文档前整理它的格式，尽量避免出现第（1）种和第（3）种情况。

在 ParserXmlBySAX.java 案例中，通过编写上述的回调函数，实现以 SAX 方式解析 XML 文档的功能。

```
//省略 import 的代码
//基于 SAX 的解析代码需要继承 DefaultHandler 类
public class ParserXmlBySAX extends DefaultHandler{
    // 记录当前解析到的节点名
    private String tagName;
    //主方法
    public static void main(String[] argv) {
        String uri = "src/book.xml";
        try {
            SAXParserFactory parserFactory = SAXParserFactory.newInstance();
            ParserXmlBySAX myParser = new ParserXmlBySAX();
            SAXParser parser = parserFactory.newSAXParser();
            parser.parse(uri, myParser);
        } catch (IOException ex) {
            ex.printStackTrace();
```

```
16            } catch (SAXException ex) {
17                ex.printStackTrace();
18            } catch (ParserConfigurationException ex) {
19                ex.printStackTrace();
20            } catch (FactoryConfigurationError ex) {
21                ex.printStackTrace();
22            }
23        }
```

在 main 方法的第 8 行，指定了待解析 xml 文档的路径和文件名，在第 10 行，创建了 SAXParserFactory 类型的 SAX 解析工厂对象。在第 12 行，通过 SAX 解析工厂对象，创建了 SAXParser 类型的解析类。在第 13 行，通过 parse 方法启动了解析。

因为在 SAX 方式中，是通过调用各种回调函数来完成解析的，所以在代码中，还要自定义各个回调函数，其代码如下。

```
24        // 处理到文档结尾时，直接输出，不做任何动作
25        public void endDocument() throws SAXException {
26            System.out.println("endDocument");
27        }
28        // 处理到结束标签时，把记录当前标签名的 tagName 设置成 null
29         public void endElement(String uri, String localName,
    String qName) throws SAXException {
30            tagName = null;
31        }
32        // 开始处理文档时，直接输出，不做任何动作
33        public void startDocument() throws SAXException {
34            System.out.println("startDocument");
35        }
36        // 处理开始标签
37         public void startElement(String uri, String localName,
    String name,Attributes attributes) throws SAXException {
38            if ("book".equals(name)) { // 解析 book 标签的属性
39                for (int i = 0; i < attributes.getLength(); i++) {
40                    System.out.println("attribute name is: " + attributes.
    getLocalName(i)  + "  attribute value: " + attributes.getValue(i));
41                }
42            }
43            // 把当前标签的名称记录到 tagName 这个变量里
44            tagName = name;
45        }
```

```
46        //通过这个方法解析 book 的三个子元素的值
47        public void characters(char[] ch, int start, int length)
48                throws SAXException {
49            if(this.tagName!=null){
50                String val=new String(ch,start,length);
51                //如果是 name，price 或 memo，则输出它们的值
52                if("name".equals(tagName))
53                { System.out.println("name is:" + val);  }
54                if("price".equals(tagName))
55                { System.out.println("price is:" + val); }
56                if("memo".equals(tagName))
57                { System.out.println("memo is:" + val);  }
58            }
59        }
60    }
```

这里用 tagName 来保存当前的标签名，是为了解析 book 元素的 name，price 和 memo 这三个子元素。

例如，当解析到 name 开始标签时，在第 44 行，startElement 会把 tagName 值设置成 name。当解析到 FramWork 时，代码如下。

```
<name>FrameWork</name>
```

由于它被包含在两个标签之间，因此会触发第 47 行的 characters 方法。在第 52 行的 if 判断中，由于得知当前的标签名是 name，因此会输出 FrameWork 这个 name 元素的值。当解析到 </name> 结束标签时，会触发第 29 行的 endElement 方法；在第 30 行，会把 tagName 值清空。

这段代码的输出结果如下，其中第 1 行和第 10 行分别是在开始解析和完成解析时输出的。

```
1  startDocument
2  attribute name is: id  attribute value: 01
3  name is:Java
4  price is:15
5  memo is:good book
6  attribute name is: id  attribute value: 02
7  name is:FrameWork
8  price is:20
9  memo is:new book
10 endDocument
```

第 2 行针对 id 属性的输出是在 startElement 方法的第 40 行中被打印的，第 3 行到第 5 行针对 3 个 book 子元素的输出是在 characters 方法中被打印的。

第 2 ~ 5 行是针对第一个 book 元素的输出，而第 6 ~ 9 行是针对第 2 个 book 元素的输出。

4.5.4　DOM 和 SAX 两种解析方式的应用场景

在基于 DOM 方式中，由于用户会把整个 xml 文档以 DOM 树的方式载入内存中，因此可以边解析边修改，而且还能再次解析已经被解析过的内容。

而在 SAX 方式中，由于是基于回调函数的方式来解析的，因此并不需要把整个文档载入内存，这样能节省内存资源。

所以说，选择 DOM 还是 SAX，取决于如下 3 个因素。

（1）如果在解析时还要更新 xml 中的数据，那么建议使用 DOM 方式。

（2）如果待解析的文件过大，把它全部载入内存时可能会影响内存性能，那么建议使用 SAX 方式。

（3）如果对解析的速度有一定的要求，那么建议使用 SAX 方式，因为它比 DOM 方式要快些。

4.6　Java IO 部分的面试题

（1）java 中有几种类型的流?

（2）字节流和字符流有什么区别? 它们各自会被用在哪些场合?

（3）什么是 Java 序列化? 在哪些场合下需要用到序列化? 如何实现 Java 序列化?（或者问 Serializable 接口有什么作用? ）

（4）transient 关键字有什么作用?

（5）读取 XML 文件有几种方式?

（6）用 DOM 和 SAX 解析 XML 文件方式的优缺点是什么? 它们各自的适用范围是什么?

扫描右侧二维码可以看到这部分面试题的答案，且该页面中会不断添加其他同类面试题。

第 5 章

SQL,JDBC 与数据库编程

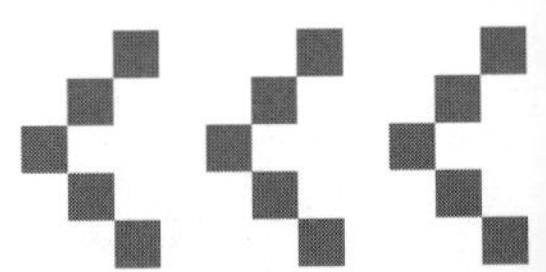

绝大多数项目会用到数据库，这部分知识点的重要性不言而喻，而且面试时一定会问到。

对于高级程序员而言，在 SQL 语句方面，不仅要会写简单的增删改查语句，而且要会用一些相对复杂的语句来实现项目中的各种需求。在 JDBC 编程方面，不仅要会基本的执行增删改查的操作，而且还要了解诸如批处理和事务等的高级知识点。更为重要的是，高级程序员还要具备一定的数据库调优能力，否则是无法完成升级的。

针对上述对高级程序员的要求，本章首先会告诉大家在项目中可能会用到哪些样式的 SQL；其次会在讲述基本 JDBC 语法的基础上讲述一些高级知识点；最后会尽可能多地讲述一些目前大家能接受的调优知识点。

5.1　项目中常用 SQL 语句的注意事项

不少初学者和初级程序员会偏重于功能，对他们来说，只要 SQL 语句能实现预期效果就行。但是，绝大多数的 SQL 注意事项要靠项目的积累才能不断提炼，甚至不少要点是从错误中总结出来的。

这里将直接向大家展示一些项目中常用的要点，其实它们并不复杂，大家如果多写些代码也能总结出来，在这里直接讲述 SQL 语句部分的要点，是希望大家从开始阶段就少走弯路。

5.1.1　尽量别写 select *

如果一个学生表（student 表）有 3 个字段，分别是学号（id）、姓名（name）和住址（address），这时我们可以通过 select * from student 得到这 3 个字段，在 Java 代码中，用户可以通过第 3 个字段来获取学生的住址。

不过有一天用户修改了这个表，在住址字段前加入了电话（phone）字段。这时上述 select * from student 语句就返回 4 个字段了，那么在 Java 代码中取第 3 个字段时，拿到的就是电话信息，而不是期望的住址信息。

而且这并不是语法错误，所以或许只能从项目的运行结果中发现错误再倒查时才会被发现，这就可能导致生产环境出问题。

此外，select * 还会造成性能问题，如 order 表很大，有 100 万条记录，它有 10 个字段，在发货处理模块中，只会用到其中的订单编号、订单地址、订单客户 3 个字段，如果用了 select *，返回的数据量是 100 万 × 10 个字段，相反如果在 select 中指定了只取 3 个字段，那么返回的数据量就能少很多。

因为 select 语句的执行时间 = 数据库服务器执行该 sql 的时间 + 结果返回时间，假设在上海连上美国的 Oracle 服务器执行 select 语句时，结果返回的时间甚至要远远超过服务器执行该 sql 的时间，在这种异地执行 select 的情况下，更不能草率地写 select *，而应该只取需要的返回列，以此来减少返回的数据量，提升 select 语句的执行效率。

5.1.2　count(*) 和 count（字段名）的比较

用户经常通过 count 语句来查询记录条数，如果使用不当，不仅会降低性能，而且会得到错误的结果。

假设员工表有 100 条数据，该表的主键是学号，其中有个可以为空值的“兴趣爱好”字段，在这 100 条数据中，只有 30 个员工的“兴趣爱好”字段不为空。

目前，通过 count(字段名) 取条数要比 count(*) 快，也就是说 count(字段名) 的性能要比 count(*) 高，真的是这样吗？下面来看各种情况。

情况 1

```
select count(*) from 员工表
```

这没什么大的争议，返回结果是 100。

情况 2

```
select count(兴趣爱好) from 员工表
```

注意，这句 SQL 的本意是通过 count(字段名) 来取该表的记录条数，但是，这里只会返回“兴趣爱好”字段不为空的记录条数，也就是说返回的结果是 30，并不是期望中的 100。

情况 3

```
select count(学号) from 员工表
```

由于学号是主键，不允许为空，因此这里的返回结果是 100。而且由于主键上有索引，因此 count(学号) 的执行时间比 count(*) 短。

综上所述，其结论如下。

（1）如果在表中某字段名允许为空，那么通过 count(字段名) 形式得到的结果不是表中的总记录数，而是表中该字段不为空的记录数，所以如果随便使用 count(字段名) 会得到错误的结果。

（2）推荐使用 count(主键) 的方式来得到总记录条数，这样性能会好些。

（3）有时会有 select count(1) from xxx 的写法，这种写法等同于用该表第一个字段来获取总条数，假设 emp 表中第一个字段是 id，那么如下两句语句是等价的。

```
select count(1) from emp 等价于 select count(id) from emp
```

从上面的结论来看，不推荐这种写法，因为如果第一个字段允许为空，那么结果就不对了。即使第一个字段是主键，当前的 count(1) 结果是对的，但如果在 id 之前又加了允许为空的新字段，这时 count(1) 的结果就不对了。

5.1.3 insert 的注意事项

1．在插入时要加入字段列表

insert 语句的语法如下。

```
insert into 表名 （字段列表） values （值列表）
```

如果要在 student 表里添加一条记录，标准的写法如下。

```
insert into student (id,name,address) values ('1','Peter','China')
```

这里也可以省略字段列表，如 insert into student values ('1','Peter','China')，但不建议用这种写法。原因是如果在 name 和 address 之间加了新的一列 city，那么在这种写法中，China 值就被插入 city 列中，而不是被插入预期的 address 列中。

相反，如果写成 insert into student (id,name,address) values ('1','Peter','China') 形式，即使加了新字段，也不至于把值插入错误的字段中。

2. 在一些情况下能同时插入多条

Mysql 或 SQL Server 等数据库支持一次性插入多条记录，这种语法的样式如下。

```
insert into student (id,name,address) values
('1','Peter','China'), ('2','Mike','US')
```

虽然这样能提升插入的性能，但是大家要注意如下两点。

（1）不是每种数据库都支持这种批量插入的做法，如 Oracle 就不支持。

在面试时，我问一位面试者他在数据库方面有哪些调优的经验。他前面说得不错，如说用过索引等，但在这块，他说在 Oracle 里可以用 insert 语句同时插入多条记录，以此来提升插入的性能，而且还信誓旦旦地说在项目里用过。这种就属于说漏嘴了，大家确实可以把这当成自己掌握的数据库调优的技能，但要在 MySQL 等数据库上去确认，确认这种数据库支持调优后再说。

（2）在一个 insert 中，不能无限多地插入。

用户可以通过代码拼装 insert 语句，在其中动态地加入多个待插入的值，但待插入的值的数目应该有一个上限，如一次性插入 1000 条，这个上限不能过大，否则会出错。

5.1.4　在 delete 中，可以通过 in 语句同时删除多个记录

delete 语句的语法如下。

```
delete from 表名 where 条件
```

例如：

```
delete from student where id = 1
```

这里可以通过 in 的方式，一次性地删除多条数据，这样能提升性能，如果要同时删除多条记录，可以写 delete from student where id in (1,2,3,xxx)。

同样，一次性删除时，每句 delete 中的 in 从句的待删除条数不能太多，否则也会报错。

5.1.5 merge 和 update 的比较

用户可以通过 update 语句来完成对表的更新，但在项目里，有时会遇到“无则插入有则更新”的需求。在这种情况下，就需要用 merge 语句了。

例如，某图书馆系统中，一张图书进货表中有 ISBN、图书名称和价格 3 个字段，另一张图书表中有 ISBN、图书名称两个字段。

现在的需求是，以 ISBN 为依据，如果某本书在图书进货表中，但不存在于图书表中，则需要把图书进货表中的这条记录插入图书表中，如果这本书已经存在于图书表中了，则需要用图书进货表中的图书名称更新图书表中的对应字段值。

merge 语句的基本语法如下。

```
1  merge into 目标表 a
2  using 源表 b
3  on(a.条件字段1=b.条件字段1 …可以加上其他条件)
4  when matched then update set a.更新字段=b.字段...
5  when not macthed then
6         insert into a(字段1,字段2……)values(值1,值2……)
```

其中在第 59 行里，可以写目标表和源表的关联条件，如果可以关联，则通过第 60 行的语句进行 update 操作，在第 60 行，只更新了一个字段，还可以用多个 set 操作更新多个字段。如果无法关联，则通过第 62 行语句进行 insert 操作。

根据这一语法，下面是针对图书进货表和图书表的操作。

```
1  merge into 图书表 a
2  using 图书进货表 b
3  on(a.ISBN=b.ISBN)
4  when matched then update set a.图书名称=b.图书名称
5  when not macthed then
6         insert into a(ISBN,图书名称)values(b.ISBN,b.图书名称)
```

对于这样的需求，如果要用 insert 加 update 的方式进行操作，那么就可能比较复杂，但是在使用 merge 时，要注意如下两点。

（1）不是每种数据库都支持 merge 语句，如 Oracle、SQL Server 能支持，而其他数据库，要先确认。

（2）还可以在 update 和 insert 后面加上 where 语句，如在上述需求中，程序员只想更新或插入以 Java 开头的书籍，那么 merge 语句可以改写为：

```
1  merge into 图书表 a
2  using 图书进货表 b
3  on(a.ISBN=b.ISBN)
4  when matched then update set a.图书名称=b.图书名称
5      where b.图书名称 like 'java%'
6  when not macthed then
7          insert into a(ISBN,图书名称)values(b.ISBN,b.图书名称)
8            where b.图书名称 like 'java%'
```

上述代码的第 5 行和第 8 行，分别给 update 和 insert 语句加上了 where 条件，如果发现图书表和图书进货表中的 ISBN 一致，则进行 update 操作，否则执行 insert 操作。

5.1.6　关于存储过程的分析

数据库方面，会编写存储过程是一项比较重要的技能。存储过程的语法不复杂，大家只要认真学都能学会，如果项目组需要你来编写存储过程，但你之前没用过，现学现用也来得及。

如果你在面试的过程中，仅让面试官感觉你用过存储过程，面试官可能不会觉得有什么，最多会写上“会用存储过程”的评语。但如果你能不露痕迹地说出如下针对存储过程的开发要点，面试官就会认为你对数据库开发具有一定的见解，从而会认为你具有一定的数据库开发经验。

（1）这是个争议点：存储过程只在创建时进行编译，以后每次执行时都不需要重新编译，这样能提高数据库执行速度。

但是，一般在存储过程中会有 insert、delete 或 update 的语句的集合，在创建存储过程时，这些语句确实会被编译。不过如果对比一下在存储过程里和在 JDBC（或 Hibernate）等场合里多次执行 insert 或 delete、update 语句，那么会发现两者的性能差异并不是很明显，更何况在 JDBC 等场合下还可以通过 PreparedStatemetn 对象的批处理来优化执行性能。

（2）如果针对某个业务逻辑，要对多个表进行多次 insert、delete、update 或 select 操作，那么可以把这些操作汇集成一个存储过程。这样以后每次执行业务时，只需要调用这个存储过程即可，这样能提升代码的可重用性，这也是存储过程的价值所在。

（3）存储过程的移植性很差，如针对 MySQL 数据库的存储过程不能在 Oracle 上运行，在项目中，这种情况一般是很少见的，所以存储过程虽然有这个缺点，但在一般的项目中体现不出来。

（4）存储过程关键性的缺点，在存储过程中很难调试，如在一个存储过程中有 5 个 insert 语句，分别向 5 张不同的表中插入数据，在某次通过 JDBC 执行该存储过程时，向第三张表中插数据的 insert 语句发生一个“主键冲突”的错误，这时从 Java 语句抛出的异常来看，只能知道“哪个执行存储过程出错”，至于是存储过程中的哪句语句出的异常，这就只能靠自己去查了，而从该存储过程中 5 句 insert 语句中找到出错的那条，不是件容易的事，只能通过 Java 的输出语句，把 5 句 insert 语句打印出来然后逐条分析执行，这很费工夫。

相比之下，如果不用存储过程，而是在 Java 的一个方法里封装了这 5 句 insert 语句，那么出错时，从 Java 的异常输出里，可以很清晰地看到是哪句语句出错，以及出错的原因。

下面来介绍一下值得推荐的关于存储过程的说辞，当被问及在上个项目里有没有用过存储过程时，可以表述如下 3 个要点。

（1）知道存储过程的语法，不仅学过，而且也在项目中用过。

（2）由于存储过程不大好调试，因此可以说在项目里存储过程实现的功能比较简单，随后讲一下用存储过程实现的具体业务。

（3）项目里有大批量数据插入、删除、更新的操作，对此可以用存储过程和 JDBC 里的批处理做对比测试，具体做法是向 XX 表插入 10 000 条数据等，由此发现用批处理方式的性能要比用存储过程的好，所以在项目里并没有用存储过程来处理大批量的 insert、delete 或 update 的操作。

这样一来，由于在回答里同时提到了存储过程的优点和缺点，而且又涉及性能优化，就会被认为在数据库方面比较资深。

5.2 通过 JDBC 开发读写数据库的代码

JDBC 可以向程序员屏蔽数据库的实现细节。具体来讲，不论面对哪种数据库，程序员都可以用大致相同的代码来开发针对数据库的读写操作。

假设项目组把数据库从 Oracle 切换到 MySQL（这种情况其实不大可能发生），只要数据表名不变，表中的字段不变，那么程序员只需要更改 JDBC 部分代码就可以完成这个迁移操作。

5.2.1 MySQL 数据库中的准备工作

在 MySQL 中创建一个名为 JDBCDemo 的数据库，并在其中创建一个名为 student 的表，其字段如表 5.1 所示。

表 5.1　student 的字段列表

字段名	含义
id	varchar 类型，是主键，表示学号
name	varchar 类型，表示学生姓名
score	int 类型，表示成绩

5.2.2　编写读数据表的代码

为了连接 MySQL 数据库，在项目中，用户需要引入 mysql-connector-java-5.1.19-bin.jar 的 MySQL 驱动包。

在这个 JDBCRead.java 案例中，我们通过 JDBC 的代码连接到 JDBCDemo 数据库，并输出 student 表中的所有数据，其代码如下。

```
// 省略必要的 import 操作
public class JDBCRead {
    public static void main(String[] args) {
        try {
            // 装载 MySQL 数据库的驱动
            Class.forName("com.mysql.jdbc.Driver");
        } catch (ClassNotFoundException e) {
            System.out.println("Where is your MySQL JDBC Driver?");
            e.printStackTrace();
            return;
        }
        Connection connection = null;
        Statement stmt = null;
        try {
            // 创建连接
            connection = DriverManager.getConnection(
"jdbc:mysql://localhost:3306/JDBCDemo", "root", "123456");
            if (connection != null) {
                // 通过 Statement 对象执行 Select 语句
                stmt = connection.createStatement();
                String query = "select id,name,score from student";
                // 通过 ResultSet 对象得到查询的结果
                ResultSet rs=stmt.executeQuery(query);
```

```
23          //通过 rs.next 方法遍历查询结果
24          while(rs.next()){
25              System.out.print("id:"+rs.getString("id")+"");
26              System.out.print("name:"+rs.getString("name"+"");
27              System.out.println("Score:"+rs.getInt("score"));
28      }
29      } else { //如果获取连接失败
30          System.out.println("Failed to make connection!");}
31  } catch (SQLException e)
32    { e.printStackTrace();}
33    finally {
34      try {
35          connection.close();
36          stmt.close();
37      } catch (SQLException e)
38      { e.printStackTrace(); }
39  }
40  }
41  }
```

用户可以通过以下相对固定的步骤来通过 select 语句从数据表中读取数据。

步骤 1，在第 4 ~ 11 行的代码中，通过 Class.forName("com.mysql.jdbc.Driver"); 代码装载 MySQL 的驱动。

步骤 2，在第 16 行的代码中，通过 DriverManager.getConnection 方法创建和数据库的连接，这个方法的参数有 3 个，第一个参数“jdbc:mysql://localhost:3306/JDBCDemo”是数据库的目标地址，也称为连接 url，其中 jdbc:mysql: 是固定写法，连接 MYSQL 数据库时一般都这样写，localhost:3306 是指 MYSQL 服务器所在的地址和端口号，JDBCDemo 是 student 表所在的数据库名。而后两个参数分别是指 MYSQL 服务器的连接用户名和密码。

步骤 3，在第 22 行，通过 Statement 对象的 executeQuery 方法执行 SQL 语句，这个方法的返回类型是 ResultSet。还可以用 PreparedStatement 对象来执行 SQL 语句，这部分的知识将在后面介绍。

步骤 4，可以通过诸如第 24 ~ 28 行的 while 循环，依次输出保存在 ResultSet 中的 Student 表中的信息。

在第 25 行和第 26 行，由于 student 表中的 id 和 name 字段是 varchar 类型，因此是用 rs.getString 的方法来获取数据的，由于 Score 字段是整数类型，所以在第 27 行是用

getInt 的方式来获取数据的。此外，还可以通过 getFloat 或 getDate 等方式获取浮点型或日期型的数据。

上述程序将输出图 5.1 所示的结果。

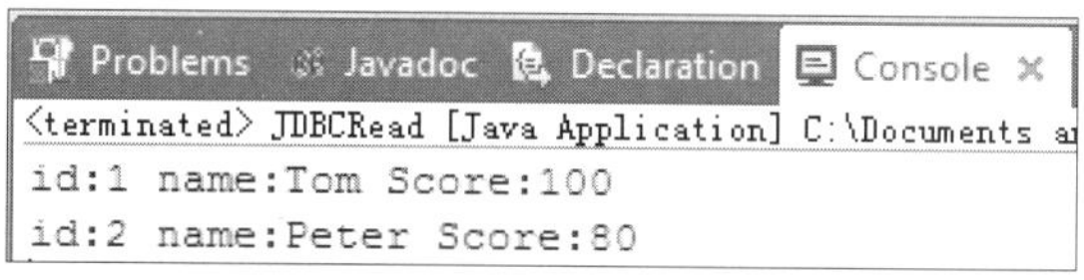

```
Problems  Javadoc  Declaration  Console
<terminated> JDBCRead [Java Application] C:\Documents a
id:1 name:Tom Score:100
id:2 name:Peter Score:80
```

图 5.1 JDBCRead 代码的输出结果

经过简单的培训，哪怕是没有基础的程序员也可以实现读数据表的操作，为了让代码看上去更专业，大家需要注意如下的要点。

（1）在进行数据库读写操作时，发生异常的概率很高，所以应当在 catch 语句中编写恰当的处理代码，而不是仅抛出异常。如在第 7 ~ 11 行的 catch 从句中，输出了一段话，如果发生无法装载驱动时，程序员须检查项目中是否成功地引入了驱动 jar 文件。

（2）是通过 getString(字段名) 的方式，而不是通过 getString(1) 的方式来得到值。

（3）完成操作后，要在 finally 从句中通过诸如第 35 行和第 36 行的代码关闭 JDBC 连接对象，否则，JDBC 连接对象所占用的 JVM 内存空间不会被释放。

5.2.3 编写插入、更新、删除数据表的代码

前面介绍了读数据表的操作，下面在 JDBCWriter.java 案例中介绍通过 JDBC 插入、更新、删除数据表的代码。

```
// 省略必要的 import 语句
public class JDBCWriter {
    public static void main(String[] args) {
        // 装载 MySQL 的驱动
        try {
            Class.forName("com.mysql.jdbc.Driver");
        } catch (ClassNotFoundException e) {
        System.out.println("Where is your MySQL JDBC Driver?");
        e.printStackTrace();
        return;
    }
    Connection connection = null;
    Statement stmt = null;
    PreparedStatement ps = null;
    int affectRows = 0;
```

```
16      try {
17          // 得到和 MySQL JDBCDemo 这个数据库的连接
18          connection = DriverManager.getConnection(
        "jdbc:mysql://localhost:3306/JDBCDemo", "root", 123456");
19              if (connection != null) {
20                  // 通过 Statement 执行 insert 语句
21                  stmt = connection.createStatement();
22                  String insSql = "insert into student (id,
    name,score) values ('3','Tom',80)";
23                  //affectRows 的值是 1
24                  affectRows = stmt.executeUpdate(insSql);
25                  String updateSql =
26      "update student set score=100 where id='3'";
27                  // 通过 PreparedStatement 对象执行 update 语句
28          ps = connection.prepareStatement(updateSql);
29          //affectRows 的值是 1
30          affectRows = ps.executeUpdate();
31          // 通过 PreparedStatement 执行 delete 语句
32          String delSql = "delete from student where id = '3'";
33          ps = connection.prepareStatement(delSql);
34           //affectRows 的值是 1
35          affectRows = ps.executeUpdate();
36      } else {
37          System.out.println("Failed to make connection!");
38      }
39  } catch (SQLException e) {
40      e.printStackTrace();
41  } finally { // 在 finally 从句里释放资源
42      try {
43          stmt.close();
44          ps.close();
45          connection.close();
46      } catch (SQLException e) {
47          e.printStackTrace();
48      }
49    }
50   }
51  }
```

与之前的 JDBCRead.java 相似，在第 6 行，通过 Class.forName("com.mysql.jdbc.

Driver"); 语句加载 MySQL 的驱动，在第 18 行，通过 DriverManager.getConnection 方法创建与 MySQL 中的 JDBCDemo 数据库的连接。

在第 21 行，通过 connection.createStatement(); 方法创建一个 Statement 对象，然后在第 24 行用 stmt.executeUpdate(insSql) 方法来执行 insert 语句。这个方法的返回值是 int 类型，表示该语句执行后有多少条数据记录受影响，这里是插入 1 条数据，所以这里 affectRows 的值是 1。

在之前的 JDBCRead.java 代码中，是通过 Statement 类型的 stmt 对象的 executeQuery 方法执行 select 语句的，该方法返回的是 ResultSet 对象，这里是通过 stmt 对象的 executeUpdate 方法执行 insert 语句的（也可以用此方法执行 delete、update 或 merge 语句），该方法返回的是这句 sql 语句影响的记录条数。

此外，在第 28 行，用 connection.prepareStatement(updateSql); 语句，创建了一个 PreparedStatement 类型的 ps 对象；而在第 30 行，通过 ps.executeUpdate(); 方法执行了 update 语句，该方法也是返回一个 int 值，用以表示受影响的记录条数。

在第 32 ~ 35 行，同样是用 PreparedStatement 类型的 ps 对象，通过 executeUpdate 方法执行 delete 的操作。

最后，在第 41 ~ 49 行的 finnally 从句中，关闭了一些数据库对象。

5.2.4　迁移数据库后，JDBC 部分代码的改动

前面介绍的是通过 JDBC 的代码操作 MYSQL 数据库里的 student 表，如果把这个表迁移到 Oracl 的 JDBCDemo 数据库里，可以在上述 JDBCRead.Java 的基础上，通过修改少量的代码，完成读这张表的操作。

修改点 1：需要装载针对 Oracle 数据表的驱动程序，ojdbc14.jar 文件。

修改点 2：在 JDBCRead.java 的第 6 行，通过 Class.forName 方法装载 MYSQL 的驱动：Class.forName("com.mysql.jdbc.Driver");，对于 Oracle，可以通过同样的方法来装载驱动，但是需要把参数修改成针对 Oracle 的：Class.forName("oracle.jdbc.driver.OracleDriver")。

修改点 3：在 JDBCRead.java 的第 16 行，通过 DriverManager 类的 getConnection 方法获得针对 MYSQL 数据库的连接，其代码如下。

```
connection = DriverManager.getConnection(
    "jdbc:mysql://localhost:3306/JDBCDemo", "root", "123456");
```

针对 Oracle，同样可以通过 DriverManager 类的 getConnection 方法获得连接，只需更改参数即可，示例代码如下。

```
1  // localhost 是地址，1521 是端口号，JDBCDemo 是数据库名
2  String url = "jdbc:oracle:thin:@localhost:1521:JDBCDemo";
3  connection=DriverManager.getConnection(url, 用户名 , 密码 );
```

在第 2 行，指定了连接 Oracle 数据库的连接字符串地址，其中 jdbc:oracle:thin: 是固定写法，localhost:1521 是 Oracle 服务器所在的 IP 地址和端口号，JDBCDemo 是存放 student 数据表的 Oracle 数据库，在第 3 行，只需输入对应的连接字符串、用户名和密码即可。

如果用户连接的是 SQLServer 数据库，也只需修改上述 3 个要点，通过 Class.forName 装载合适的驱动，通过 DriverManager.getConnection 方法输入合适的连接字符串、用户名和密码即可。

也就是说，用户可以用相似的代码，开发针对不同数据库的操作代码，如图 5.2 所示，JDBC 屏蔽了底层数据库的差异，通过 JDBC 的 API，在开发数据库部分的代码时，无须过多地关心各种数据库的底层细节。

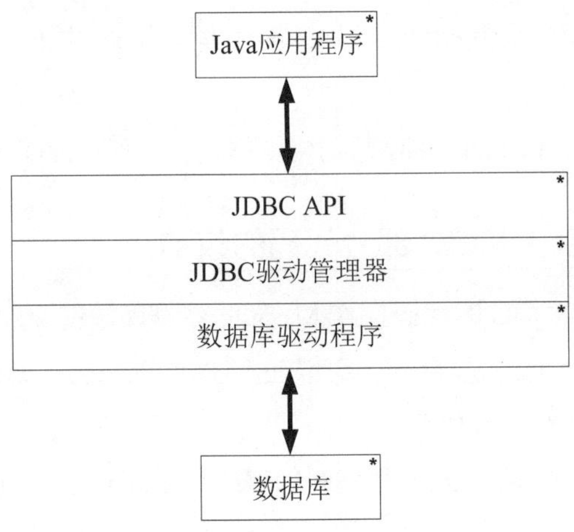

图 5.2　JDBC 屏蔽底层数据库差异

5.3　优化数据库部分的代码

通过上面的示例，大家能了解如何通过 JDBC 进行对数据库的增删改查的操作，下面将介绍 JDBC 技能在项目中的高级用法。

比较初级和高级程序员编写的 JDBC 部分的代码，发现他们代码的差异也就集中在这些方面。换句话说，当大家掌握了如下知识点后，至少在 JDBC 方面，就更有可能通过以高级程序员为标准的技术面试。

5.3.1　把相对固定的连接信息写入配置文件中

前面介绍的是把 JDBC 的一些参数（如需要装载的驱动、连接字符串、用户名和密码）写在 Java 文件中，在实际项目中，一般是把它们写入配置文件中，这样做有以下两个优点。

（1）在项目中，一般会有多个代码同时用到数据库连接的参数。在配置文件中写参数时，如果以后发生更改，也只需改一个地方，而不必到所有使用的位置多次修改，从而可以降低因修改参数而导致出错的风险。

（2）在项目中有测试和生产两种环境，一般是先把代码在测试环境上运行通过后再上线。如果测试环境和生产环境的数据库连接参数不同，那么可以用两个配置文件分别写两种环境的参数。在运行时，则可以通过输入命令行的参数来判断该读取哪种配置文件。

下面来看一下在代码中写配置文件，以及通过 Java 代码读取配置文件从而操作数据库的案例。

（1）在项目中，创建 prop 目录，并在其中创建两个空的文件，分别命名为 qa.properties 和 prod.properties，并在其中分别写针对测试和生产环境的 JDBC 连接参数，目录结构如图 5.3 所示。

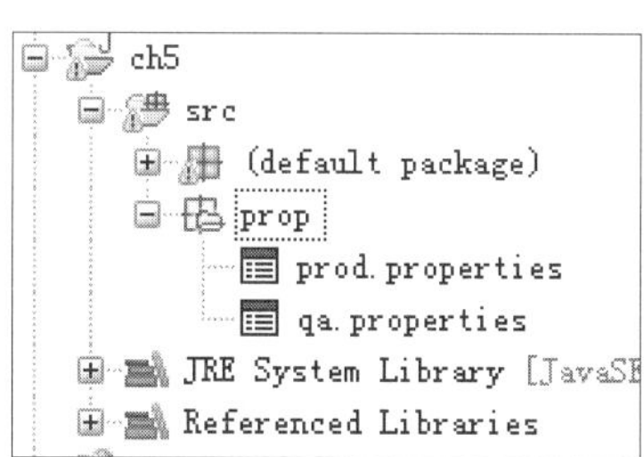

图 5.3　在项目里创建 prop 目录

（2）在 qa.properties 文件中，添加如下关于 MYSQL 的驱动、连接字符串、连接用户名和密码等配置信息。

```
mysql.Driver=com.mysql.jdbc.Driver
mysql.url=jdbc:mysql://localhost:3306/JDBCDemo
mysql.username=root
mysql.pwd=123456
```

由于是演示，在 prod.properties 的配置文件中，放入同样的配置信息，在实际的项目中，两者应该是不同的。

（3）通过编写如下的 JDBCByConfig.java 代码，根据输入参数的不同，分别读取测试和生产环境上的 student 表，其代码如下。

```
1  //省略必要的 import 代码
2  public class JDBCByConfig {
3      public static void main(String[] args) {
4          String fileName;
5          if (args != null && args.length == 1) {
6              fileName = args[0] + ".properties";
7          } else {
8              fileName = "qa.properties";
9          }
```

这里根据输入的参数，设置待读取配置文件的名称。如果通过第 5 行的 if 判断，发现输入了一个参数，则在第 6 行，通过输入的参数拼接配置文件名，如果没有参数，则在第 8 行，指定默认地读取 qa.properties 文件。

```
10         String driver = null;
11         String url = null;
12         String username = null;
13         String pwd = null;
14         Properties prop = new Properties();
15         InputStream in = null;
16         try {
17             // 读配置文件
18             in = new BufferedInputStream(new FileInputStream
   ("src/prop/" + fileName));
19             prop.load(in);
20             // 读 JDBC 连接参数
21             driver = prop.getProperty("mysql.Driver");
22             url = prop.getProperty("mysql.url");
23             username = prop.getProperty("mysql.username");
24             pwd = prop.getProperty("mysql.pwd");
25         } catch (IOException e) {e.printStackTrace(); }
26          finally {
27             if (in != null) {
28                 try {in.close();} catch (IOException e)
29                  {e.printStackTrace(); }
30                 prop.clear();
31             }
32         }
```

在上述代码的第 18 行，读出了配置文件中的信息，并放入了 InputStream 类型的 in

对象中，然后通过第 19 行的代码把配置文件中的信息载入了 prop 中的 Properties 类型的对象中。

因为在配置文件中，是通过“mysql.Driver=com.mysql.jdbc.Driver”的形式定义 JDBC 的连接参数的。所以从第 21 ～ 24 行，是通过 prop.getProperty("xxx"); 的方式把各参数赋予了各 String 类型的对象。

装载完配置文件后，需要在 finally 从句中，通过第 27 ~ 30 行的代码，释放所占用的资源。

```
33 try {
34             // 这是的驱动程序字符串是从配置文件里读出的
35     Class.forName(driver);
36 } catch (ClassNotFoundException e)
37 {e.printStackTrace();   }
38 Connection connection = null;
39 PreparedStatement ps = null;
40 try {
41    // 连接字符串，用户名和密码也是从配置文件里读出的
42  connection = DriverManager.getConnection(url, username, pwd);
43  String query = "select id,name,score from student";
44  // 通过 PreparedStatement 对象从 student 表里读数据
45  ps = connection.prepareStatement(query);
46  ResultSet rs = ps.executeQuery();
47  // 读出的数据放入 ResultSet 类型的对象，并通过 while 循环显示
48  while (rs.next()) {
49     System.out.print("id:" + rs.getString("id") + " ");
50     System.out.print("name:" + rs.getString("name") + " ");
51     System.out.println("Score:" + rs.getInt("score"));
52   }
53 } catch (SQLException e)
54 { e.printStackTrace(); }
55 finally {
56     try {
57         ps.close();
58         connection.close();
59     } catch (SQLException e)
60     { e.printStackTrace();}
61  }
62  }
63 }
```

读完配置文件，之后的代码就很熟悉了，在第 45 行，通过 PreparedStatement 类型的 ps 对象执行 SQL 语句，并通过第 48 ~ 52 行的 while 循环输出表中的各条记录。

当执行完成后，需要在 finally 从句中，通过第 57 行和第 58 行的代码关闭数据库资源对象。

5.3.2 用 PreparedStatement 以批处理的方式操作数据库

在实际项目中，往往会在一个方法里执行多个插入（或更新或删除）操作，这时如果用到 PreparedStatement 对象，那么就可以通过批处理的方式来提升性能了。

下面通过 JDBCBatch.java 代码，来看一下具体的做法。

```
//省略必要的 import 方法
public class JDBCBatch {
    public static void main(String[] args) {
        //装载 MySQL 的驱动
        try {Class.forName("com.mysql.jdbc.Driver");}
        catch (ClassNotFoundException e)
        { e.printStackTrace();}
        Connection connection = null;
        PreparedStatement pstmt;
        //获得连接
        try {
            connection = DriverManager.getConnection(
    "jdbc:mysql://localhost:3306/JDBCDemo", "root", "123456");
             //insert 语句里，有三个问号作为占位符
            String query = "insert into student (id,name,score)
values (?,?,?)";
    //通过 connection 对象给 pstmt 对象赋值
    pstmt = connection.prepareStatement(query);
    //插入第 1 条数据
    pstmt.setString(1,"1");
    pstmt.setString(2,"Peter");
    pstmt.setInt(3,95);
    //插入第 2 条数据
    pstmt.addBatch();
    pstmt.setString(1,"2");
    pstmt.setString(2,"Mike");
    pstmt.setInt(3,90);
    pstmt.addBatch();
```

```
27        // 执行批处理
28        pstmt.executeBatch();
29    } catch (SQLException e) {
30            e.printStackTrace();
31    } finally {
32            try { connection.close();}
33             catch (SQLException e) {
34               e.printStackTrace(); }
35                 }
36        }
37  }
```

在第 14 行的 insert 语句中，没有设置具体待插入的值，而是在 3 个位置上用问号作为占位符。在第 18 ~ 20 行中，通过 setString 和 setInt 的方法，设置了第一条待插入记录的 3 个值，之后并没有立即执行，而是通过第 22 行的 addBatch 方法把这条插入语句放入了缓存。

在第 23 ~ 25 行中，用同样的方法设置了第二条待插入记录的 3 个值，并在第 26 行，也是通过 addBatch 方法把这条语句放入缓存。

最后在第 28 行，通过 executeBatch 的方式，一次性地执行缓冲区中存放的两条语句。

如果通过 ps.executeUpdate 的方式一条条地执行语句，那么每次执行语句都包括“连数据库 + 执行语句 + 释放数据库连接”3 个动作。相比之下，如果用批处理的方式，那么耗费的代价是“一次连接 + 多次执行 + 一次释放”，这样就能省去多次连接和释放数据库资源，从而提升操作性能。

这里是用 insert 来举例子的，如果遇到 delete 或 update 语句，也可以通过类似的方法来处理，不过大家在使用批处理时需要注意如下两点。

（1）PreparedStatement 里，占位符的编号是从 1 开始的，而不是从 0 开始的。

（2）批量操作能提升效率，但一次性操作多少，效率能提升多高？这在不同的数据库中是不同的，一般每批是操作 500 ~ 1000 条语句。但是，不要一次性把所有的 insert 语句都用 addBatch 放入，因为如果 SQL 语句过多会“撑爆”缓冲区，从而导致出错。

5.3.3　通过 PreparedStatement 对象防止 SQL 注入

预处理除了可以提升性能外，还能避免 SQL 注入，从而保证系统的安全。例如，图 5.4 所示的登录界面。

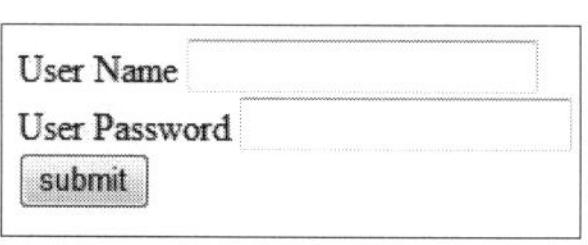

图 5.4　登录界面

当接收到用户名和密码后，一般用如下的 SQL 语句来验证其身份。

```
Select userName from users where username = '输入的用户名' and
pwd = '输入的密码'
```

如果用户名和密码不匹配，就无法通过验证，但可以在 User Name 中输入“1”，在 User Passwor 部分输入：

```
1' and pwd = '1' or '1'='1
```

那么整个 SQL 语句就会变成：

```
Select userName from users where username = '1' and pwd = '1'
or '1'='1'
```

因为在 where 从句中有 or '1'='1' 语句，通过这样的输入就可以绕过验证，从而能在未经授权的情况下进入网站。

而处理对象 PreparedStatement 能有效地防止这个现象，这里 Select 语句会被改写成如下的样式。

```
Select userName from users where username = ? and pwd = ?
```

然后通过 ps.setString(1, 输入的用户名) 和 ps.setString(1, 输入的密码) 来设置两个值，这样即使用户在 User Password 的位置乱输入，如输入 1' and pwd = '1' or '1'='1，这个值也只会与数据库中的 pwd 字段相匹配，从而可以避免 SQL 注入的问题。

5.3.4 使用 C3P0 连接池

在项目中，如果对数据库的操作不是很频繁，那么可以在必要时创建一个连接，用完后就关闭它。但是如果操作很频繁，那么频繁的创建和关闭数据库连接动作会极大地减低系统的性能，在这种情况下，可以使用连接池。

当在代码中初始化数据库连接池时，会在池中创建一定数量的连接对象，在程序中，外部使用者能获得这些连接对象并使用。当使用完毕后，连接池会继续保持这些连接对象处于“可用”状态，而不会释放这些对象。这样就可以避免因频繁创建和释放数据库连接对象而带来的性能损耗。

在项目中经常用到的连接池有 C3P0 和 DBCP，它们的用法相似，下面通过 C3P0 来看一下连接池的具体用法。

首先我们需要在项目中引入 c3p0-0.9.2.1.jar 包，在 JDBCC3P0Demo 案例中，使用 C3P0 连接池，其代码如下。

```
1  // 省略必要的 import 方法
2  public class JDBCC3P0Demo {
3      public static void main(String[] args) {
4          //初始化连接池对象
5          ComboPooledDataSource ds;
6          ds = new ComboPooledDataSource();
7          try {
8              // 设置连接池的驱动
9              ds.setDriverClass("com.mysql.jdbc.Driver");
10         } catch (PropertyVetoException e) {
11             e.printStackTrace();
12         }
13        // 设置连接数据库的 URL
14        ds.setJdbcUrl("jdbc:mysql://localhost:3306/JDBCDemo");
15        ds.setUser("root");
16        ds.setPassword("123456");
17        ds.setMaxPoolSize(10);          // 设置连接池的最大连接数
18        ds.setMinPoolSize(2);           // 设置连接池的最小连接数
19        ds.setInitialPoolSize(10);      // 设置连接池的初始连接数
```

在第 6 行，创建了一个连接池对象，在第 7 ~ 19 行中，设置了该连接池的诸多属性。

```
20         Connection conn = null;
21         PreparedStatement ps = null;
22         try {
23             // 通过 ds 这个连接池对象获得连接
24             conn = ds.getConnection();
25             String sql = "SELECT * FROM student ";
26             ps = conn.prepareStatement(sql);
27             ResultSet rs = ps.executeQuery();
28             while(rs.next())  {
29             System.out.println("Name is:" + rs.getString("name"));
30             }
31         } catch (SQLException e) {
32             e.printStackTrace();
33         }
34         finally{
35         try {
36                 ps.close();
37                 conn.close();
38             } catch (SQLException e) {
```

```
39                  e.printStackTrace();
40              }
41          }
42      }
43  }
```

在第 24 行，通过 ds 连接池对象得到同数据库的连接；在第 26 行，通过 ps 对象执行了一句 select 语句，并在第 27 行通过 rs 对象得到执行结果；在第 28 ~ 30 行，通过 while 循环输出 student 表中各记录的 name 字段。

在第 37 行，关闭了数据库连接，由于这个连接是由连接池管理的，因此连接池在回收这个连接对象后，物理上并不会释放，而是会维持该连接处于“可用”状态，以等待下一个获得连接的请求。

在上述代码的第 17 ~ 19 行中，通过了一些 set 方法设置了连接池的常用属性，下面通过表 5.2 来归纳一下 C3P0 连接池的常用属性。

表 5.2　C3P0 连接池常用属性归纳表

方法名	含义
setMaxPoolSize	设置连接池的最大连接数，如果请求的数量超过这个数，那么多余的连接请求将无法得到连接对象
setMinPoolSize	设置连接池的最小连接数，即使当前没有连接请求，那么也要保留这个数量的连接对象
setInitialPoolSize	设置当连接池对象被初始化时的连接对象数
setMaxConnectionAge	设置连接对象的最大生存时间，超过这个时间的连接将会被断开
setMaxIdleTime	设置连接的最大空闲时间，如果超过这个时间，某个连接还没有被使用，则会断开这个连接。如果为 0，则永远不会回收此连接

在实际项目中，用户需要适当地设置最大连接数，一般这两个数值需要和项目的最大连接数相匹配。如果设置过大，则会让连接池维护一些不会被使用的连接对象，造成浪费；如果设置过小，则会导致一些请求无法得到连接对象。

此外，如果在大多数运行时间中需要的连接对象数并不是很多，那么用户可以适当调小初始化连接数和最小连接数，避免让连接池维护一些不常用的连接对象。

对于连接对象的最大生存时间和最大空闲时间两个参数，大家要谨慎设置，一般情况下，这两个值应当被设置成足够大。因为如果设置不当，会在数据库操作的过程中丢失连接对象，从而造成系统错误。

5.3.5　数据库操作方面的面试题

数据库操作方面的面试题如下。

（1）事务的四大特性是什么?

（2）简述共享锁和排斥锁的含义及用途。

（3）简述乐观锁和悲观锁的含义及用途。

（4）简述内连接、外连接、全连接和左连接的语法及用途。

（5）简述触发器、视图和游标的含义及用途。

（6）简述第一范式、第二范式和第三范式的含义以及反范式的含义。你在建表时，用到的是哪种范式?

（7）什么是 SQL 注入？它有什么后果？一般怎么预防?

扫描右侧二维码可以看到这部分面试题的答案，且该页面中会不断添加其他同类面试题。

5.4　通过 JDBC 进行事务操作

事务（Transaction）是一组针对数据库的操作，这些操作要么都做，要么都不做，是一个不可分割的 SQL 语句集合。

例如，针对从 A 账户转账到 B 账户的操作，可以把“从 A 账户里扣钱”和“向 B 账户里加钱”两个操作定义成一个事务。这两个操作必须同时被执行，而不能只执行其中的一个操作。

5.4.1　开启事务，合理地提交和回滚

在 JDBC 中，一般采用如下的方法使用事务。

（1）通过 setAutoCommit，设置不是自动提交。在 JDBC 中，一般默认是自动提交，即有任何增删改的 SQL 语句都会立即执行。如果大家设置了非自动提交，要在用好事务后设置回“自动提交”。

（2）在合适的地方用 connection.commit(); 来提交事务，一般是在执行结束后提交事务，这样就会同时执行事务中的所有操作。

（3）可以通过 connection.rollback() 来回滚事务，回滚语句一般是放在 catch 从句中的。

下面通过 JDBCTrans.java 代码，来看一下事务的具体用法。

```
//省略必要的import代码
public class JDBCTrans {
    public static void main(String[] args) {
        try {
            Class.forName("com.mysql.jdbc.Driver");
        } catch (ClassNotFoundException e) {
            e.printStackTrace();
        }
        Connection connection = null;
        PreparedStatement pstmt;
        try {
            connection = DriverManager.getConnection(
                    "jdbc:mysql://localhost:3306/JDBCDemo",
                 root", "123456");
            //开启非自动提交模式
            connection.setAutoCommit(false);
            String query = "insert into student (id,name,score) values (?,?,?)";
            pstmt = connection.prepareStatement(query);
            pstmt.setString(1,"1");
            pstmt.setString(2,"Peter");
            pstmt.setInt(3,95);
            pstmt.addBatch();
            pstmt.setString(1,"2");
            pstmt.setString(2,"Mike");
            pstmt.setInt(3,90);
            pstmt.addBatch();
            //执行批处理，但有了事务，这句话执行后不是立即提交
            pstmt.executeBatch();
            //在commit时插入两条数据
            connection.commit();
        } catch (SQLException e) {
                //一旦出现异常，则在catch里回滚
                try {
                    connection.rollback();
                } catch (SQLException e1) {
                    e1.printStackTrace();
                }
                e.printStackTrace();
            } finally {
```

```
40          try {
41              connection.close();
42          } catch (SQLException e) {
43              e.printStackTrace();
44          }
45        }
46      }
47    }
```

在第 16 行，设置了“非自动提交模式”，这样在第 28 行通过 pstmt.executeBatch() 进行批量提交时，就不会立即执行两句 insert 语句了。只有在第 30 行进行 commit 提交时才会执行。如果出现异常，则会在 catch 从句中的第 34 行通过 rollback 回滚到事务开始的状态。

5.4.2　事务中的常见问题：脏读、幻读和不可重复读

在项目中，如果同时对一张表有两个（或多个）事务进行读写操作时，很容易出现数据读写错误的问题，具体表现形式有脏读、幻读和不可重复读。

（1）脏读（dirty read）是指一个事务读取了另一个事务尚未提交的数据。例如，Mary 的工资原本是 1000 元，财务人员在某一时刻将她的工资改成 8000 元（但尚未提交这个修改事务），此时 Mary 发现自己的工资变为 8000 元，非常高兴。但是，财务发现操作有误，回滚了事务，Mary 的工资又变为 1000 元。

像这样，Mary 读到的 8000 元是一个脏数据，相对的读操作就称为脏读。如果在第一个事务提交前，任何其他事务不可读取其修改过的值，则可以避免出现该问题。

（2）幻读（phantom read）是指一个事务的操作会导致另一个事务前后两次查询的结果不同。例如，在事务 1 里，读取到 10 条工资是 1000 元的员工记录，这时事务 2 又插入了一条员工记录，工资也是 1000 元，那么事务 1 再次以“工资是 1000 元的员工”作为查询条件读取时，就会返回 11 条数据。解决办法是如果在操作事务完成数据处理之前，任何其他事务都不可以添加新数据，则可避免该问题。

（3）不可重复读（non-repeatable read）是指一个事务的操作导致另一个事务前后两次读取到不同的数据。例如，同一查询在同一事务中多次进行，由于其他事务提交了所做的修改（或添加或删除等操作），这样每次查询会返回不同的结果集，这就是不可重复读。

例如，在事务 1 中，Mary 读取了自己的工资为 1000 元，但针对工资的操作并没有完成，在另一个事务中，财务人员修改了 Mary 的工资为 2000 元，并提交了事务，这时在事务 1 中，Mary 再次读取自己的工资时，工资就变为 2000 元。具体的解决办法是，只

有在修改事务完全提交之后，才允许读取数据。

5.4.3 事务隔离级别

用户可以通过事务隔离级别来解决上述在事务中读写不一致的问题。在 JDBC 中，有 5 个常量来描述事务隔离级别，级别从低到高依次如下。

（1）读取未提交：TRANSACTION_READ_UNCOMMITTED，允许脏读、不可重复读和幻读。

（2）读取提交：TRANSACTION_READ_COMMITTED，禁止脏读，但允许不可重复读和幻读。

（3）可重读：TRANSACTION_REPEATABLE_READ，禁止脏读和不可重复读，但允许幻读。

（4）可串化：TRANSACTION_SERIALIZABLE，禁止脏读、不可重复读和幻读。

（5）还有一个常量是 TRANSACTION_NONE，如果读取这个值，那么将使用当前数据库所指定的事务隔离级别。

综上所述，如果设置高级别的事务隔离级别，那么数据库系统就要采取额外的措施来保证这个设置。

例如，用户设置成禁止脏读的 TRANSACTION_READ_COMMITTED（读取提交），那么在数据库系统中，如果有执行修改功能的事务未被提交，那么读数据的操作一直会延后直至这些事务提交。

下面来看一个具体的例子，如果执行修改功能的事务运行时间很长（如一个小时以上），那么假设此时有人要看网站的数据（如某货物的价格），这个请求就会处于等待状态，相应地，这个请求所对应的连接也会一直持续。以此类推，如果在事务运行的这段时间来了足够多的请求，这些请求的连接同样也不会被释放，这样的连接请求积累到一定数量，足以导致数据库崩溃。

也就是说，用户需要根据实际业务的需求，非常谨慎地设置事务隔离级别，如在项目中，经常会遇到多个事务同时操作数据表，而且如果不避免脏读（或幻读或不可重复读），项目会经常出错的情况，那么就需要设置。

而且设置事务隔离级别会增加数据库被锁或连接数过多等风险，所以设置好以后，需要不断地监控数据表的各种性能。如果出现锁表等情况，需要立即处理，避免出现更大的数据库错误。

5.5　面试时 JDBC 方面的准备要点

针对初级程序员（或刚完成升级的高级程序员）的面试中，考查数据库使用经验时，一般会综合地考查对数据库的基本操作（如增删改查）、JDBC、ORM（如 Hibernate）和数据库优化方面的技能，换句话说，当大家整理好本章所提到的 JDBC 方面的相关知识点后，还应当再去整理 ORM 相关的知识点。

具体而言，一般会从如下 4 个方面来确认数据库的基本操作和 JDBC 数据库方面的技能。

（1）需要确认候选人会基本的数据库操作，如知道建表语句，会简单的增、删、改、查等 SQL 语句，会写存储过程，会建索引。下面列出了这方面的常见问题。

① 你最近的项目里用到的是哪个数据库？或你用过哪些数据库？或你对哪个数据库最熟悉？

通过这个问题，可以确认候选人是否在项目里用过数据库或 JDBC。

② 你有没有建过表？或修改表里的字段？或有没有建过索引？

这属于基本的对数据库的操作问题。

③ 你有没有存储过程的使用经验？如果要通过存储过程的参数返回值，该怎样做？

本章 5.1.6 小节讲过关于存储过程的知识点，大家可以去了解一下存储过程的语法。此外，更应当去了解一下存储过程的优缺点，然后向面试官说明用到（或不用）存储过程的原因。

（2）需要确认候选人会基本的 JDBC 的操作，如会创建连接，会通过 Statement 和 PreparedStatement 等对象执行增删改查等操作，会进行批处理操作等，下面列出常见的问题。

① 简述你在项目中用到 JDBC 的那些对象。

② 简述通过 JDBC 的对象得到 select 的结果的流程，或简述用 JDBC 的对象执行增删改操作的流程。

上述两个问题是为了确认候选人确实用过 JDBC，关于这方面，建议大家找合适机会说出如下比较资深的知识点：我在用 JDBC 时，一般会用 try...catch...finally 的结构，在 finally 从句中，我会关闭数据库对象，如连接对象等，在 catch 从句中，我会做些针对性的操作，如隔段时间重连或给出用户能看明白的提示，而不是简单地抛出异常。

③ Statement 对象和 PreparedStatement 对象有什么区别？

通过 PreparedStatement 可以执行批处理，还可以避免 SQL 注入。

④ 在 JDBC 中如何进行批处理操作？在项目中一般批处理操作的数量是多少？

这方面的语法比较好描述，但要注意，每次批操作的数量不能太大，一般可以每 1000 条处理一次。如果通过 addBatch 方法把太多的语句放入缓冲区，可能会把缓冲区“撑爆”，从而导致异常。

（3）需要确认候选人掌握一些比较高级的技能，如如何操作事务，是否有连接池的使用经验等，这方面常见的问题如下。

① 什么是事务？你有没有用过事务？

大家可以去了解事务的概念。也可以通过阅读本章了解在 JDBC 中使用事务的方法。此外，如果大家在项目中用过 Spring 管理事务，也要把这部分的知识点说出来。

② 你是否知道事务隔离级别？ JDBC 中事务隔离级别有哪些？

这里大家可以先说一下脏读、幻读和不可重复读的概念，再说在 JDBC 中如何通过相关的常量设置事务隔离级别。

建议大家再说下不合理地设置事务隔离级别会给项目带来什么危害，如会让一个事务等待过长时间从而导致锁表等严重情况，然后说下，如项目中禁止脏读和幻读，那么在项目中就需要实时监控数据库，以防止锁表等情况发生。

③ 你是否知道连接池的概念？是否用过连接池？如果用过，用的是哪种连接池？连接池的参数你是怎么设置的？

用连接池可以避免频繁创建和释放连接对象所带来的性能损耗。本章提到的是 C3P0 连接池，而且也提到了一些常见参数，对于这个问题大家可以结合自己的项目，参考本章的知识点综合地整理出自己的说辞。

（4）考查数据库优化方面的技能。

① 你在项目中有没有用过索引？用到的是哪种索引？

② 告诉我一种适合建索引的情况？或者告诉我在哪些场景下不适宜建索引？

③ 当索引建好以后，请告诉我如何正确地使用索引，或者列举些不能正确使用索引的做法？

④ 这是个开放性的问题，说下你掌握的数据库优化方面的技能。

在面试的过程中，可以发现大部分的候选人能较好地回答出前三个方面基础部分问题，但大多数的候选人无法说出第四个方面即关于性能优化的使用经验。

其实这些候选人不是没用过，而是没想到或者是不会说，如前面提到的批处理是一个优化技能点，连接池也是优化点。大多数人一定用过，但即使是这些，面试时也很少有候选人能说出来。

换句话说，如果能整理出自己用过的优化技能，而且能在面试时条理清晰地说出来，你就能超越很多候选人。下面是整理的关于数据库优化的技能点。

（1）索引方面。知道建索引的场合，知道哪些场景下不该建索引，知道建好索引后该如何正确地使用。

（2）SQL 优化方面。知道如何通过执行计划查看 SQL 语句的代价，并能通过 with 等语句优化查询语句。

（3）会合理地使用批处理。

（4）能合理地建表。建表时，如果表中数据量比较大，能通过添加冗余字段来防止多表关联带来的性能损耗。

（5）知道使用数据表的监控工具。例如，如果某 SQL 语句运行超过 2 分钟，能发警告邮件；发现连接数过多，也能发警告邮件，这样就能知道哪些 SQL 需要优化。

扫描右侧二维码可以看到这部分面试题的答案，且该页面中会不断添加其他同类面试题。

第6章

反射机制和代理模式

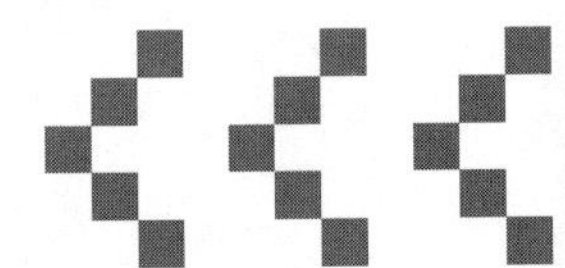

在商业项目中，反射机制的使用场景并不多，有些（这里可以说大多数）工作经验满3年的高级程序员或许在项目中都没写过反射相关的代码。

从资深程序员（或者更高级的架构师）的角度来看，他们见到反射机制就能“条件反射”地想到两个相关联的高级知识点，一是代理模式，它是常见的23种设计模式的一种，这种模式能很好地提升系统结构；二是Spring IOC的内核代码，可以说反射机制是Spring“依赖注入”和“面向切面编程”特性的重要基石。

所以说，反射机制是Java中的“重要基础设施”，在用惯它提供的服务的同时反倒感觉不到它的存在，但一旦没了这种机制，很多事情（至少是Spring）就干不成了。本章不仅将讲述反射的常见用法，还将以代理模式应用点向大家展示它如何发挥作用。

6.1 字节码与反射机制

字节码（Byte Code）是 Java 语言跨平台特性的重要保障，也是反射机制的重要基础。通过反射机制，我们不仅能看到一个类的属性和方法，还能在一个类中调用另一个类的方法，但前提是要有相关类的字节码文件（也就是 .class 文件）。

6.1.1 字节码和 .class 文件

当程序员编写好以 .java 为扩展名的文件后，如果它能被运行（如其中包含 main 函数），那么我们能通过单击 MyEclipse 中的运行按钮运行这个 .java 文件。

此时，MyEclipse 隐藏了一个关键步骤：先把 .java 文件编译成扩展名为 .class 的字节码文件，然后让 Java 的虚拟机（JVM）在当前的操作系统（如 Windows 7）上运行 .class 文件。

也就是说，.java 文件被编译成 .class 文件后才能运行。更为神奇的是，大家在 Windows 7 系统中编译好的 .class 文件能直接在 Linux 系统中运行（当然这个系统中得有 Java 运行环境），这就是 Java 的跨平台的特性，也称为“一处编译到处运行”。

有些偏题了，回到反射这个话题上，只要能得到 .class 字节码文件，那么通过反射机制我们不仅能看到 .class 所对应 Java 文件中的属性方法等信息，而且还能调用它所对应 Java 文件里的方法。

6.1.2 Class 类是反射实现的语法基础

通过某些工具，我们能打开 .class 文件，并能看到其中包含的属性和方法，但我们不能直接针对 .class 文件编程，要使用 Class 这个类。

Class 类的全称是 java.lang.Class，当一个类或接口（总之是 java 文件被编译后的 class 文件）被装入 Java 虚拟机（JVM）时便会产生一个与它相关联的 java.lang.Class 对象，在反射部分的代码中，我们一般通过 Class 来访问和使用目标类的属性和方法。

6.2 反射的常见用法

反射的常见用法有三类，一是“查看”，如输入某个类的属性方法等信息；二是“装载”，如装载指定的类到内存中；三是“调用”，如通过输入参数，调用指定的方法。

6.2.1 查看属性的修饰符、类型和名称

通过反射机制，我们能从 .class 文件里看到指定类的属性，如属性的修饰符，属性的类型和属性的变量名。下面通过 ReflectionReadVar.java，来演示具体的做法。

```
1  import java.lang.reflect.Field;
2  import java.lang.reflect.Modifier;
3  class MyValClass{
4      private int val1;
5      public String val2;
6      final protected String val3 = "Java";
7  }
```

在第 65 行定义了一个 MyValCalss 的类，并在第 66 ~ 68 行，定义了 3 个属性变量。

```
8  public class ReflectionReadVar {
9      public static void main(String[] args) {
10         Class<MyValClass> clazz = MyValClass.class;
11         // 获取这个类的所有属性
12         Field[] fields = clazz.getDeclaredFields();
13         for(Field field : fields) {
14             // 输出修饰符
   System.out.print(Modifier.toString(field.getModifiers()) + "\t");
15             // 输出属性的类型
16             System.out.print(field.getGenericType().toString()
   + "\t");
17             // 输出属性的名称
18             System.out.println(field.getName());
19         }
20     }
21 }
```

在 main 函数的第 72 行，通过 MyValClass.class，得到了 Class<MyValClass> 类型的变量 clazz，在这个变量中，存储了 MyValClass 这个类的一些信息。

在第 74 行，通过 clazz.getDeclaredFields() 方法得到了 MyValClass 类中的所有属性的信息，并把这些属性的信息存入 Field 数组类型的 fields 变量中。

通过第 75 行的 for 循环依次输出这些属性信息。具体来讲，通过第 76 行的代码输出了该属性的修饰符，通过第 78 行的代码输出了该属性的类型，通过第 80 行的代码输出了该属性的变量名。这段代码的输出如下，从中可以看到各属性的信息。

```
private int val1
public  class java.lang.String      val2
protected final    class java.lang.String  val3
```

6.2.2 查看方法的返回类型、参数和名称

下面以 ReflectionReadFunc.java 为例，我们能通过反射机制看到指定类的方法。

```
1 import java.lang.reflect.Constructor;
2 import java.lang.reflect.Method;
3 class MyFuncClass{
4     public MyFuncClass(){}
5     public MyFuncClass(int i){}
6     private void f1(){}
7     protected int f2(int i){return 0;}
8     public String f2(String s) {return "Java";}
9 }
```

在第 3 行定义的 MyFuncClass 类中，定义了两个构造函数和 3 种方法。

```
10 public class ReflectionReadFunc {
11     public static void main(String[] args) {
12         Class<MyFuncClass> clazz = MyFuncClass.class;
13         Method[] methods = clazz.getDeclaredMethods();
14         for (Method method : methods)
15         { System.out.println(method); }
16         // 得到所有的构造函数
17         Constructor[] c1 = clazz.getDeclaredConstructors();
18         // 输出所有的构造函数
19         for(Constructor ct : c1)
20         { System.out.println(ct);  }
21     }
22 }
```

在 main 函数的第 12 行，我们同样通过类名 .class 的方式（也就是 MyFuncClass.class 的方式）得到了 Class<MyFuncClass> 类型的 clazz 对象。

在第 13 行，通过 getDeclaredMethods 方法得到了 MyFuncClass 类的所有方法，并在第 14 行的 for 循环中输出了各方法。在第 17 行里，通过 getDeclaredConstructors 方法得到了所有的构造函数，并通过第 19 行的循环输出。

本代码的输出结果如下，其中第 1 ~ 3 行输出的是类的方法，第 4 行和第 5 行输出的

是类的构造函数。

```
private void MyFuncClass.f1()
protected int MyFuncClass.f2(int)
public java.lang.String MyFuncClass.f2(java.lang.String)
public MyFuncClass()
public MyFuncClass(int)
```

在实际项目中，不仅会“查看”类的属性和方法，在更多的情况下，还能通过反射装载和调用类中的方法。

6.2.3 通过 forName 和 newInstance 方法加载类

在前面 JDBC 操作数据库的代码里，我们看到在创建数据库连接对象（Connection）之前，需要通过 Class.forName(“com.mysql.jdbc.Driver”); 的代码来装载数据库（这里是 MySQL）的驱动。

可以说，Class 类的 forName 方法最常见的用法就是装载数据库的驱动，以至于不少人错误地认为这个方法的作用是“装载类”。

其实，forName 方法的作用仅是返回一个 Class 类型的对象，它一般会与 newInstance 方法配套使用，而 newInstance 方法的作用才是加载类。

下面通过 ForClassDemo.java 代码，来看一下综合使用 forName 和 newInstance 这两个方法加载对象的方式。

```
class MyClass{
    public void print()
    {   System.out.println("Java"); }
}
public class ForClassDemo {
    public static void main(String[] args) {
        //通过 new 创建类和使用类的方式
        MyClass myClassObj = new MyClass();
        myClassObj.print();//输出是 Java
        //通过 forName 和 newInstance 加载类的方式
        try {
            Class<?> clazz = Class.forName("MyClass");
            MyClass myClass = (MyClass)clazz.newInstance();
            myClass.print();//输出是 Java
        } catch (ClassNotFoundException e) {
            e.printStackTrace();
```

```
17            } catch (InstantiationException e) {
18                e.printStackTrace();
19            } catch (IllegalAccessException e) {
20                e.printStackTrace();
21            }
22        }
23 }
```

在第 1 行定义的 MyClass 类中，我们在其中的第 2 行定义了一个 print 方法。

Main 函数的第 8 行和第 9 行，演示了通过常规 new 的方式创建和使用类的方式，通过第 9 行，我们能输出“Java”字符串。

在第 12 行，通过 Class.forName("MyClass") 方法返回了一个 Class 类型的对象，注意，forName 方法的作用不是“加载 MyClass 类”，而是返回一个包含 MyClass 信息的 Class 类型的对象。通过第 13 行的 newInstance 方法，加载了一个 MyClass 类型的对象，并在第 14 行调用了其中的 print 方法。

既然 forName 方法的作用仅是“返回 Class 类型的对象”，那么在 JDBC 部分的代码中，为什么还能通过 Class.forName("com.mysql.jdbc.Driver"); 代码来装载 MySQL 的驱动呢?

在 MySQL 的 com.mysql.jdbc.Driver 驱动类中有如下的一段静态初始化代码。

```
1 static {
2 try {
3     java.sql.DriverManager.registerDriver(new Driver());
4 } catch (SQLException e) {
5 throw new RuntimeException("Can't register driver!");
6 }
7 }
```

也就是说，当调用 Class.forName 方法后，会通过执行这段代码新建一个 Driver 对象，并调用第 3 行的 DriverManager.registerDriver 把刚创建的 Driver 对象注册到 DriverManager 中。

在上述的代码中，可以看到除了 new 外，还能通过 newInstance 来创建对象。

其实这里说“创建”并不准确，虽然说通过 new 和 newInstance 都能得到一个可用的对象，但 newInstance 的作用是通过 Java 虚拟机的类加载机制把指定的类加载到内存中。

在工厂模式中，经常会通过 newInstance 方法来加载类，但这个方法只能通过调用类的无参构造函数来加载类，如果在创建对象时需要输入参数，那么就要使用 new 来调用对应的带参数的构造函数了。

6.2.4 通过反射机制调用类的方法

如果通过反射机制来调用类的方式，那么就要解决 3 个问题：一是通过什么方式来调用；二是如何输入参数；三是如何得到返回结果。

以下面的 CallFuncDemo.java 代码为例，我们通过反射来调用类中的方法，在其中可以找到上述 3 个问题的解决方法。

```
1  import java.lang.reflect.Constructor;
2  import java.lang.reflect.InvocationTargetException;
3  import java.lang.reflect.Method;
4  class Person {
5      private String name;
6      public Person(String name)
7      {this.name = name;}
8      public void saySkill(String skill) {
9        System.out.println("Name is:"+name+",skill is:" + skill);
10     }
11     public int addSalary(int current)
12     {   return current + 100;}
13 }
```

在第 4 行，我们定义了一个 Person 类；在第 6 行，我们定义了一个带参数的构造函数；在第 8 行里，我们定义了一个带参数但无返回值的 saySkill 方法；在第 11 行里，我们定义了一个带参数且返回 int 类型的 addSalary 方法。

```
14 public class CallFuncDemo {
15     public static void main(String[] args) {
16         Class clazz = null;
17         Constructor c = null;
18         try {
19             clazz = Class.forName("Person");
20             c = clazz.getDeclaredConstructor(String.class);
21             Person p = (Person)c.newInstance("Peter");
22             //output: Name is:Peter, skill is:java
23             p.saySkill("Java");
24             // 调用方法，必须传递对象实例，同时传递参数值
25             Method method1 = clazz.getMethod("saySkill",
   String.class);
```

```
26                  // 因为没有返回值，所以能直接调用
27                  // 输出结果是 Name is:Peter, skill is:C#
28                  method1.invoke(p, "C#");
29                  Method method2 = clazz.getMethod("addSalary",
    int.class);
30                  Object invoke = method2.invoke(p, 100);
31                  // 输出 200
32                  System.out.println(invoke);
33              } catch (ClassNotFoundException e) {
34                  e.printStackTrace();
35              } catch (NoSuchMethodException e1) {
36                  e1.printStackTrace();
37              } catch (InstantiationException e) {
38                  e.printStackTrace();
39              } catch (IllegalAccessException e) {
40                  e.printStackTrace();
41              } catch (InvocationTargetException e) {
42                  e.printStackTrace();
43              }
44          }
45  }
```

在第 19 行通过 Class.forName 得到了一个 Class 类型的对象，其中包含了 Person 类的信息。第 20 行输入 String.class 参数，得到 Person 类带参数的构造函数，并通过了第 21 行的 newInstance 方法，通过这个带参数的构造函数创建了一个 Person 类型的对象。随后在第 23 行调用了 saySkill 方法。这里是通过反射调用类的构造函数来创建对象的方式。

第 25 行通过 getMethod 方法，得到了带参的 saySkill 方法的 Method 类型的对象，随后通过第 28 行的 invoke 方法调用了 saySkill 方法，这里第一个参数指定了该方法是由哪个对象来调用，而第二个参数则指定了该方法的参数。

用同样的方式，第 29 行和第 30 行通过反射调用了 Person 类的 addSalary 方法，由于这个方法有返回值，因此第 30 行用了一个 Object 类型的 invoke 对象来接收返回值，通过第 32 行的打印语句，可以看到 200 这个执行结果。

6.2.5　反射部分的面试题

下面归纳的是一些与反射相关的问法。

（1）你知不知道反射？或者你有没有用过反射？

（2）Class（C 是大写的）类有什么作用？你用过其中的什么方法？

（3）如果我要看一个 class 文件中的属性和方法，该怎么看?

（4）我该怎么通过反射机制调用一个类中的方法?

可能还会有其他的问法，不过你一旦遇到反射相关的问题，可以先说出如下的三层回答。

首先，说一下反射的作用，如可以说，通过反射，可以看到 .class（字节码）文件中的属性和方法。

其次，可以说出反射的实现基础 Class 类，如可以说，当一个类或接口被装入 Java 虚拟机（JVM）时，便会产生一个与它相关联的 java.lang.Class 对象，通过 Class.forName 方法，我们能得到一个指定类（如 6.2.4 小节中提到的 Person 对象）的 Class 对象，其中包含了该类（如 Person 类）的属性和方法等元信息（Metadata）。

通过 Class 类的 forName 方法，我们能得到一个指定类型的 Class 对象，通过 newInstance 方法，可以加载指定的类。

最后，可以说一下反射中的常用类及它们的用法，如通过 Field 类，我们能得到类中的属性，通过 Method 类，能得到并调用类中的方法，通过 Constructor 类，能得到类的构造函数。

哪怕没任何实际经验，初学者只要学过 Java 的反射机制也应该能说出上述的三层含义。所以大家不要止步于此，可以继续说出两层基于实战的经验。

第一，你在项目里如果用过反射机制，如果用过，那么可以结合具体的需求和代码描述一下。不过在实际项目里，反射用得并不多，如果确实没在项目里直接写过反射相关的代码，也不要紧。

第二，一定要说出反射机制和代理模式（动态代理）的关系，如果候选人有能力，还可以说出在 Spring 中面向切面（AOP）和拦截器的关系。

6.3 代理模式和反射机制

这里我们给出反射的一个使用场景，在代理模式中，我们是通过反射机制实现动态代理的功能的。

6.3.1 代理模式

代理模式是常见的 23 种设计模式中的一种，在现实生活中，用户也会经常用到这种模式。例如，我打算买辆车，如果不用代理模式，那么就要亲自到汽车生产厂家和他们打交道。如果我和厂家不在同一个城市，那么我就可能要多次往返于两个城市，最后还要亲自把车开回来。

如果用代理模式，那么我们就可以和当地的代理商打交道。付款后也是从代理商这里取车，这样能节省大量的时间成本。

从上述的描述中可以看到代理模式存在的意义，在开发项目时（或者任何时候），我们不可能所有事情都亲力亲为，我们可以把一些比较费时费力的事情交给专业的代理商，通过请求代理商提供的接口方法用一种代价较小的方式得到我们所需要的服务。

6.3.2　有改进余地的静态代理模式

在某些情况下，如果客户不能直接调用另一对象的方法，那么就可以让代理对象在中间起到中介的作用。下面通过 StaticProxy.java 代码，来详细了解一下静态代理模式。

```
1  // 提供 sellCar 方法的接口类
2  interface CarFactoryImp
3  { public void sellCar();}
4  // 汽车厂商的实现类，在其中实现了 sellCar 的方法
5  class CarFactory implements CarFactoryImp {
6      public void sellCar()
7      { System.out.println("Sell Car");     }
8  }
```

第 2 行定义了一个提供 sellCar 方法的接口，在这个接口中有 sellCar 方法。

这个接口称为“抽象角色”，由于服务的实际提供者（厂商）和代理类（汽车的厂商）都需要提供 sellCar 的方法（代理商会调用厂商的 sellCar 方法），因此，第 5 行定义的厂商和后面第 9 行定义的代理商类都需要实现这个接口。

```
 9  class CarProxy implements CarFactoryImp {
10      // 最终提供服务的目标对象
11      private CarFactoryImp target;
12      public void sellCar() {
13          if (target == null) // 如果没初始化，则 new 一下
14          { target = new CarFactory(); }
15          target.sellCar();
16      }
17  }
```

第 9 行定义了一个代理类，它相当于汽车代理商，注意它也实现了 CarFactoryImp 接口。第 11 行引入了 CarFactoryImp 接口类型的对象，在第 12 行通过提供服务的 sellCar 方法中，最终在第 15 行的代码中，通过 CarFactoryImp 接口类型 target 对象的 sellCar 方法来提供服务。

```
18  public class StaticProxy {
19      public static void main(String[] args) {
20          CarFactoryImp imp = new CarProxy();
21          imp.sellCar();
22      }
23  }
```

在 main 函数的第 20 行创建了一个 CarProxy 类型的代理对象，第 21 行是通过代理来调用 sellCar 方法的，而在代理对象的 sellCar 方法中，则调用了厂商的同名方法向用户提供了汽车。从图 6.1 中，我们能看到这些类之间的调用关系。

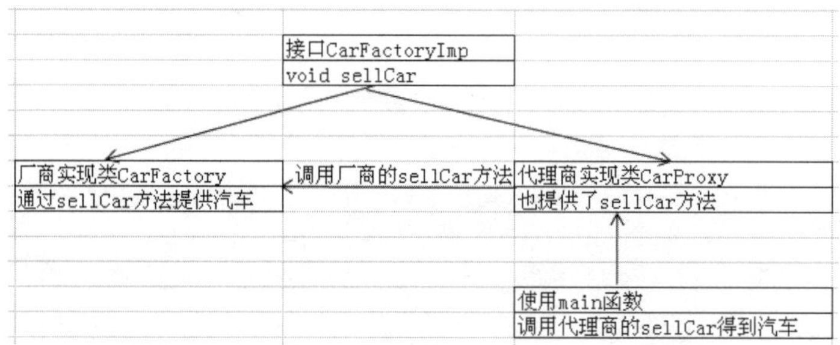

图 6.1　静态代理中各类的关系

在这个买车的案例中，其实提到了 3 个角色，这也是代理模式中的 3 个重要组成角色，它们分别是抽象角色、真实对象（也称为真实角色）和代理角色，通过表 6.1，我们来详细了解这 3 个角色的含义。

表 6.1　静态代理模式中 3 个角色的含义

角色名称	在代理模式中的含义	举例说明
抽象角色	真实对象和代理对象的共同接口	接口 CarFactoryImp，汽车生产厂家和代理厂家都需要实现这个接口并实现该接口中的方法
真实角色	真实对象，最终要引用的对象	厂商的实现类 CarFactory，在真实角色中，会提供真正的服务
代理角色	内部含有对真实对象的引用，从而可以操作真实对象	代理商类 CarProxy，在其中会引入真实角色（这里是汽车厂商类），而且会通过调用真实角色中的方法向最终用户提供服务

在上述的 CarProxy 代理类中，会引入提供服务的 CarFactory 对象，这个对象是静态的，所以，我们把这种代理模式称为静态代理。

从架构层面上来看，代理模式确实能降低业务使用类和业务提供类之间的耦合度，这样，业务提供者如果修改了内部实现细节，也不会影响到使用者，这就好比虽然汽车生产厂商更改了销售汽车的流程，但我们是和代理商打交道的，服务厂商的修改影响不到我们。

但这不是代理模式的优势，因为，如果出于性能或成本方面的考虑，我们无法直接调用某个服务，那么我们可以使用代理模式，这也是“代理模式”的使用场景，而“降低耦合度”只是附带的一个优点。换句话说，我们不能为了“降低耦合度”而在代码中引入代理模式，一定是“使用代理模式”能让我们以更快、更便宜的方式得到某些服务，那么我们才使用代理模式。

6.3.3　在动态代理中能看到反射机制

在静态代理中，每个“代理角色”代理了一个“真实角色”，如果需要被代理的“真实角色”很多，这样我们就不得不写多个 “代理角色”，这样就会使代码比较难维护。

如果我们借助反射机制的支持，那么就可以在运行时“动态”地生成代理类，这样就能很好地优化系统的结构，从而提升代码的可维护性。下面通过 DynamicProxy.java 案例，来看一下动态代理的组织结构和调用方式。

```
import java.lang.reflect.InvocationHandler;
import java.lang.reflect.Method;
import java.lang.reflect.Proxy;
//这是个提供服务的接口
interface Service
{ public String sellCar(String carName); }
//实现服务的类
class ServiceImpl implements Service {
    public String sellCar(String carName)
    {return carName + " is ready!";  }
}
//实现了InvocationHandler接口，它是包含在反射包中的
class MyInvocationHandler implements InvocationHandler {
    private Object target;
    //在构造函数中初始化target对象
    MyInvocationHandler(Object target)
    {  this.target = target;   }
    //通过invokie方法，可以调用target类中的方法
     public Object invoke(Object o, Method method, Object[]
args) throws Throwable {
        System.out.println("Call:" + method.getName());
        //通过method的invoke方法调用target类中的方法
```

```
22          //args 是参数，是从 invoke 方法的参数中输入的
23          Object result = method.invoke(target, args);
24          // 返回执行结果
25          return result;
26      }
27  }
```

第 13 行定义的 MyInvocationHandler 类实现了 InvocationHandler 接口，从第 1 行的 import 语句中可以看到，这个接口是基于反射包的，我们可以通过实现这个接口中的 invoke 方法来代理 target 对象中提供的服务。

第 19 行实现了 invoke 方法，它的第一个参数表示代理类的实例，第二个参数表示待调用的方法名，第三个参数表示待调用的方法参数。第 23 行是通过 method.invoke 基于反射机制的方法调用 target 实例中的方法，并用 result 对象接收返回值。

```
28  public class DynamicProxy {
29      public static void main(String[] args) {
30           // 要被代理的真实对象
31          Service service = new ServiceImpl();
32          // 要代理哪个真实对象，就把这个对象输进去
33          InvocationHandler invocationHandler = new
    MyInvocationHandler (service);
34            // 通过第一个参数来指定加载代理对象的方法
35            // 通过第二个参数来指定为代理对象提供服务的接口
36            // 通过第三个参数把个代理对象关联到
37            //invocationHandler 这个对象上
38          Service serviceProxy = (Service)Proxy.newProxyInstance
    (service.getClass().getClassLoader(),service.getClass().
    getInterfaces(), invocationHandler);
39          System.out.println(serviceProxy.sellCar("Aston Martin"));
40      }
41  }
```

在 main 函数的第 32 行创建了一个提供真实服务的对象，第 33 行用输入的 service 对象构造了一个 invocationHandler 对象。

第 38 行创建了提供服务的代理对象 serviceProxy，并通过 Proxy.newProxyInstance 方法把这里的代理对象和 invocationHandler 对象关联上，最终在第 39 行，通过代理对象调用了真实服务中的 sellCar 方法，如果运行代码，能看到如下的输出。

```
Call:sellCar
```

```
2  Aston Martin is ready!
```

通过上述案例，我们能看到动态代理中确实用到了代理机制，但如果再仔细思考，会发现这样的问题：我们明明没在 main 函数里调用 MyInvocationHandler 类的 invoke 方法，但从第 1 行的输出中，能看到 invoke 方法确实已经被调用了。

这是因为 MyInvocationHandler 类实现了 InvocationHandler 接口，而且通过第 38 行的代码把代理对象 serviceProxy 和 invocationHandler 关联上了，根据 InvocationHandler 接口的内部实现机制，如果代理类 serviceProxy 发出调用方法的请求（这里是调用 sellCar），那么这个请求最终会在第 19 行重写的 invoke 方法中调用。

接着问题又来了，既然 serviceProxy 也是 Service 类型的，那么为什么我们要多此一举通过代理来调用，而不是直接通过如下 new 的方式调用?

```
Service serviceProxy = new ServiceImpl();
serviceProxy.sellCar();// 这样也能看到同样的输出
```

与上述 new 方法不同，这里我们把调用控制权交给了 InvocationHandler 接口的 invoke 方法。换句话说，在调用 sellCar 方法时，这个调用请求会先被 invoke 方法截获，在处理 sellCar 方法之前或之后（或环绕或在返回前或在出现异常时），我们只能添加必要的代码。

大家如果了解 Spring 的面向切面编程（AOP），就会发现这种描述很熟悉。其实这里已经通过基于反射的动态代理机制看到了 Spring 中面向切面编程实现原理。

假如我们要在 sellCar 方法之前添加一个“返利”的方法，在之后添加一个“加入车友会”的方法，如果我们不用动态代理机制，那么实现起来可能会如下所示。

```
调用 " 返利 " 方法的动作
调用 sellCar()
调用 " 加入车友会 " 方法的动作
```

在代码中如果有 50 个地方调用 sellCar 方法，那么就要在这 50 个调用点之前和之后都加上类似的代码。这样代码会很难维护。但如果我们用到上述基于动态代理的实现方式，那么只需要在 invoke 方法中的这一个地方加上如下的代码，就可以在任何调用 sellCar 请求之前或之后执行恰当的方法，这样代码维护起来就很方便了。

```
public Object invoke(Object o, Method method, Object[] args) throws Throwable {
        System.out.println("Call:" + method.getName());
    之前加上调用“返利”方法的动作
```

```
            //通过 method 的 invoke 方法调用 target 类中的方法
            //args 是参数，是从 invoke 方法的参数中输入的
            Object result = method.invoke(target, args);
        之后加入调用“加入车友会”方法的动作
            //返回执行结果
            return result;
        }
```

其实我们已经能看到动态代理的优势。与静态代理相比，动态代理最大的好处是真实服务里的所有方法最终都是在 InvocationHandler 接口中的 invoke 方法里被调用。

一方面，当接口方法数量比较多时，可以灵活地通过诸如 method.invoke 的反射机制来处理，而不需要像静态代理那样定义很多用不上但不得不重写的方法（如果实现了接口，那么就要重写接口的方法，哪怕用不到）；另一方面，在动态代理的 invoke 方法中，还可以在调用服务的方法之前（或之后）等位置加上相关代码，这点静态代理就无法轻易地做到。

6.4 你已经掌握了一种设计模式，就应大胆地说出来

前面介绍了反射和代理部分的常用技能，那么在面试过程中应如何通过这两个知识点最大限度地展示自己的能力?

6.4.1 如何在面试时找机会说出“代理模式”

如果在面试中发现候选人只会写代码，没有掌握任何架构方面的知识，那么哪怕他相关工作时间已经达到了高级程序员所要求的年限（最低是 3 年，一般是 3 ~ 5 年），也只能将他定位成初级程序员。或者他的写代码的能力不错，但也只能定位成“资深”初级程序员，如果某个岗位需要招聘高级程序员，那么这个候选人就没有达标。

衡量初级程序员是否升级到高级程序员的客观标准不少（如是否具备调优能力），但是否具备架构方面的能力绝对是其中的重要标准，毕竟在大多数公司里，高级程序员需要有协助架构师（或项目经理）一起设计系统架构的能力。

可以通过 Spring MVC 等 Web 架构来考查候选人在架构方面的能力，但设计模式也是一个重要的考查点，本章介绍了代理模式，那么大家完全可以利用它来展示自己在架构设计方面的能力。

先来说下你该如何找机会说出代理模式的说辞，有些面试官会直接问，你掌握了哪些设计模式? 这时你就可以直接说出。但如果面试官没有直接问，你该怎么引出这个话题呢?

方法一，刚才在介绍反射时，你可以说一句，在动态代理模式里，我们用过反射，那么当面试官进一步发问时，你就可以顺理成章地说出来了。

方法二，直接在简历上，写上在 ×× 项目里用了动态代理。在介绍项目时再说一句，“我们还用到了动态代理模式实现了 ×× 功能”，注意这个功能一定要用动态代理，否则会弄巧成拙，如果面试官继续发问，那么你就可以说出这个功能点和动态代理的关系了。

这是比较推荐的方法，因为这样能结合应用说出动态代理模式。

方法三，一般来说，大多数公司对 Java 后端的高级程序员的要求是需要掌握 Spring，那么在回答 Spring AOP 相关的问题时就可以提一句，在 Spring 面向切面编程中用到了动态代理，然后可以展开介绍。

方法四，面试官一般会问，你平时会看哪些资料？看哪些书？那么你就能说出，我会看些与设计模式相关的资料，而且在项目里，我实际用过动态代理模式。

总之，在面试中要抓住一切合理的机会引出设计模式话题。一旦这方面说好了，你就能得到“知道（或熟悉）设计模式，有架构设计的经验”之类的评语，这对成功应聘高级程序员相当有帮助。

6.4.2　面试时如何说出对代理模式的认识

在实际面试中，大家可以从如下五方面说出对代理模式的认识。

（1）说下代理模式的作用，为什么要用代理模式？可以这样说，出于对性能或成本方面的考虑，如果无法直接调用某个服务，在这种场景里，就可以使用代理模式。

（2）可以通过画出类似图 6.1 的示意图来说出代理模式中抽象角色、真实角色和代理角色三者之间的关系（必要时还可以通过代码），从而说出代理模式的组织结构。

（3）通过项目中的一些实例来说出你是怎么使用代理模式的。

例如，在项目里我们把一些比较机密数据放在名为 Secrete（简称 S）的机器上，不是随便哪台机器都能访问其中的数据，这时可以在 S 机器上启动一个起到安全代理的服务类，这个代理类会检查发起请求的模块是否有访问权限，如果有，才提供机密数据。通过这个安全代理，能有效地保护数据。

又如，项目运行在上海的 A 机器上，但数据库在美国的 B 机器上，如果让 A 机器直接向 B 机器的数据库获取数据，性能会很差。而在上海有代理服务器 Proxy，Proxy 和 B 是通过高速光纤连接的，性能很快，这时我们就可以让 A 通过 Proxy 向 B 请求数据库中的数据，这样就能通过远程代理提升访问数据库的性能。

（4）可以说代理模式有静态代理和动态代理之分，然后说它们两者的区别。之后可以进一步说通过实现（implements）InvocationHandler 接口并重写其中 invoke 方法，从而实现动态代理的方式。

（5）可以说动态代理和 Spring 中面向切面编程的关联。例如，在动态代理中，我们一般是通过实现 InvocationHandler 接口，并重写 invoke 方法实现。如果通过代理对象调用服务方法时，这个方法最终是在 invoke 中被调用的。这样就可以在 invoke 方法中调用服务方法之前（或之后）加上所需的关联方法，这就是面向切面编程的做法。

第 7 章

多线程与并发编程

多线程的优势在于并发操作，比如在一个网站项目里，如果来了多个用户，可以为每个用户启动一个线程来提供服务。多线程开发的难点也在于并发控制，如启动多个线程后，不仅要避免因线程间相互等待而导致的死锁问题，还要避免因多个线程同时操作某个临界资源（如一个账户对象）而导致的数据不一致问题。

目前大多数公司（尤其是互联网公司）会用 Java 来开发 Web 项目，一定要考虑其中的并发问题，所以多线程在许多公司面试中经常出现。

在这方面，首先，大家要了解基本知识点，如该如何创建线程或线程的基本用法；其次，大家要掌握如线程安全、锁和信号量等高级知识点。最后更为重要的是，大家必须掌握在线程并发操作时，如何正确地读写临界资源的技能，从而保证数据的准确性。

7.1 线程的基本概念与实现多线程的基本方法

本节将讲述实现多线程的两种基本方法，一种是通过 extends Thread 类的方式来实现，另一种是通过 implements Runnable 接口的方式来实现。

通过这两种方法创建的线程都无法返回结果值，而在本节的后半部分，将讲述通过 Callable 让线程返回执行结果的方法。

7.1.1 线程和进程

进程是实现某个独立功能的程序，它是操作系统（如 windows 系统）进行资源分配和调度的一个独立单位，也是可以独立运行的一段程序。

线程是一种轻量级的进程，它是一个程序中实现单一功能的一个指令序列，是一个程序的一部分，不能单独运行，必须在一个进程环境中运行。

线程和进程的区别归纳如下。

（1）进程间相互独立，但同一进程的各线程会共享该进程所拥有的资源，而进程则是用独占的方式来占有资源，也就是说，进程间不能共享资源。

（2）线程上下文切换（如一个从线程切换到另外一个线程）要比进程上下文切换速度快得多。

（3）每个线程都有一个运行的入口、顺序执行序列和出口，但是线程不能独立执行，必须依靠进程来调度和控制线程的执行。

（4）一般操作系统级别会偏重于“进程”的角度和管理，而应用项目（如某个在线购物平台）会偏重于“线程”，如在某应用项目中的某些组件可以以多线程的方式同时执行。也就是说，在编程时会更偏重于“多线程”，而不是“多进程”。

7.1.2 线程的生命周期

在 Java 中，一个线程的生命周期中会有 4 种状态：初始化、可执行、阻塞和死亡状态。

我们可以通过 new 语句创建一个线程对象，这时还没有调用它的 start() 方法，此时线程也没有分配到任何系统资源，这时称为初始化状态。

当我们调用了 start() 方法之后，它会自动调用线程对象的 run() 方法，此时线程如果分配到了 CPU 时间就可以开始运行，否则等待分配 CPU 时间，但无论是否分配到了 CPU 时间，线程此刻都处于可执行状态。

通过某些方法，如 sleep() 方法或 wait() 方法，我们可以把线程从可执行状态挂起。此时线程不会分配到 CPU 时间，因此无法执行，这时称为阻塞状态。

当线程睡眠了 sleep 参数所指定的时间后，能自动地再次进入可执行状态，这时也可以通过 notify() 方法把因调用 wait() 方法而处于阻塞状态的线程变为可执行状态，此刻该线程又有机会得到 CPU 时间继续运行了。

线程 run() 方法中的逻辑正常运行结束后就进入了死亡状态。调用 stop() 方法或 destroy() 方法时也会非正常地终止当前线程，使其进入死亡状态，之后该线程就不存在了。

从图 7.1 中可以看到线程状态间切换的一般方式。

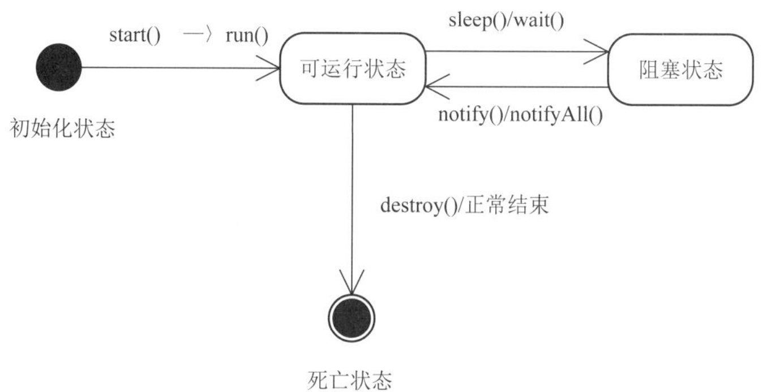

图 7.1　线程间的状态转换

7.1.3　通过 extends Thread 来实现多线程

我们可以继承 java.lang.Thread 这个类，然后可以在 run() 方法中写入想让该线程执行的逻辑代码。在运行时，我们可以通过 start() 方法来启动该线程，它会触发 run() 方法。

通过下面的 SimpleThread.java，我们能看到通过继承 Thread 类实现多线程的一般方法。

```
public class SimpleThread extends Thread {
    int index; // 线程的编号
    // 通过构造函数指定该线程的编号
    public SimpleThread(int index) {
        this.index = index;
        System.out.println("Create Thread[" + index + "]");
    }
    //在其中定义线程的运行代码
    public void run() {
        // 循环打印当前次数
        for (int j = 0; j <= 3; j++) {
```

```
12              System.out.println("Thread[" + index + "]:running
    time " + j);
13          }
14          // 当前线程运行结束
15          System.out.println("Thread[" + index + "] finish");
16      }
17      // 在 main 方法里创建 3 个线程并运行
18      public static void main(String args[]) {
19          for (int j = 0; j < 3; j++) {
20              Thread t = new SimpleThread(j + 1);
21              t.start();
22          }
23      }
24  }
```

在第 1 行中，在定义 SimpleThread 时继承了 Thread 这个类，通过第 4 行的构造函数，我们设置了该线程的 index 变量，以此作为该线程的编号。第 9 行的 run 方法定义了该线程的运行代码。

在 main 函数里，在第 19 行的 for 循环中创建并启动了 3 个线程。具体的做法是通过第 20 行的代码创建线程 t，并通过第 21 行的 t.start 方法启动该线程。

值得大家注意的是，由于线程的调度工作是由操作系统来做的，因此，每次运行该程序时，输出的打印语句未必相同。下面是其中的一次输出。

```
Create Thread[1]
Create Thread[2]
Thread[1]:running time 0
Thread[1]:running time 1
Thread[1]:running time 2
Thread[1]:running time 3
Thread[2]:running time 0
Create Thread[3]
Thread[1] finish
Thread[2]:running time 1
Thread[2]:running time 2
Thread[2]:running time 3
Thread[2] finish
Thread[3]:running time 0
Thread[3]:running time 1
Thread[3]:running time 2
```

```
17  Thread[3]:running time 3
18  Thread[3] finish
```

从第 1 和第 2 行的输出来看，并不是 1 号线程完成输出所有的打印后，2 号线程再启动，而且从第 8 行的输出我们能看到，3 号线程是在 1 号和 2 号线程并没有完成输出的情况下启动的。这就是多线程运行的特点，即线程启动后是并发且同步运行的。

例如，让三个人帮忙到三个地方去买火车、汽车和飞机票，并不是甲买好三张票后回来之后乙再出门，也就是说多个线程启动后并不是按顺序运行，而是当我向三个人发出购票请求后，三个人同时出门去买票，对应于线程启动后就是并发运行的。

我们还能看到，线程内部的执行语句的次序是不可控的。例如，从上述输出的第 7 行可以看到，2 号线程在输出“running time 0”之后就失去了运行资格（占不到 CPU 了），CPU 被 3 号线程抢占了。正是因为这种次序的不可控性，导致多线程运行时会出现“数据不一致”的问题。

7.1.4　通过 implements Runnable 来实现多线程（线程优先级）

我们知道，在 Java 语言中一个 class 不能同时继承（extends）两个类，如果一个 class 已经继承了另一个 class，在这种情况下，我们可以让它以 implements Runnable 的方式来实现多线程。

从上面的例子中，我们可以看到多个线程是并发运行的，如果在项目中，线程之间需要按照一定的次序来运行，这时可以通过线程的优先级来实现。

在 Java 语言中把线程分成了 10 个不同的优先级别，分别用数字 1 ~ 10 表示，数字越小优先级别越高。不过，这并不代表高优先级的线程就一定能先执行，而是高优先级的线程比低优先级先运行的概率大，线程的默认优先级为 5。

接下来将通过 ThreadPriority.java 为大家展现线程的优先级是如何影响线程并发情况的。

```
// 实现 Runnbale 接口，此时这个类就可以 extends 其他父类了
public class ThreadPriority implements Runnable {
    // 线程编号
    int number;
    public ThreadPriority(int num) {
        number = num;
        System.out.println("Create Thread[" + number + "]");
    }
    // run 方法，当调用线程的 start 方法时会调用该方法
```

```
10      public void run() {
11         for (int i = 0; i <= 3; i++) {
12          System.out.println("Thread[" + number + "]:Count " + i);
13         }
14      }
15      public static void main(String args[]) {
16          // 定义线程 t1，并设置其优先级为 5
17          Thread t1 = new Thread(new ThreadPriority(1));
18          t1.setPriority(5);
19          // 定义线程 t2，并设置其优先级为 7
20          Thread t2 = new Thread(new ThreadPriority(2));
21          t2.setPriority(7);
22          // 启动这两个线程
23          t1.start();
24          t2.start();
25      }
26  }
```

上述代码的第 2 行是通过 implements Runnable 来实现多线程的，这种方法同样是在 run 方法中定义线程的动作。在第 10 行的 run 方法中输出了 3 个数字。

在 main 方法的第 17 行中，我们创建了 t1 这个线程；在第 18 行中，通过 setPriority 的方法把 t1 的优先级设置为 5；在第 20 行中创建了 t2 线程；第 21 行用同样的 setPriority 方法把 t2 的优先级设置为 7。第 23 行和第 24 行通过 start 方法启动了两个线程。

由于 5 比 7 小，因此 t1 比 t2 拥有更高的优先级。我们多运行几次这个代码，会发现输出是相同的，在其中并没有发生输出次序不一致的情况。

```
Create Thread[1]
Create Thread[2]
Thread[1]:Count 0
Thread[1]:Count 1
Thread[1]:Count 2
Thread[1]:Count 3
Thread[2]:Count 0
Thread[2]:Count 1
Thread[2]:Count 2
Thread[2]:Count 3
```

从输出中，可以看到优先级高的 t1 线程的 run 方法先运行，然后再执行 t2 中的 run 方法。

7.1.5　多线程方面比较基本的面试题

（1）如果某个类已经继承（extends）了一个类，那么让这个类具有多线程的特性。

（2）启动一个线程是用 run() 方法还是用 start() 方法？

（3）说下你在项目里的哪些场景中用到了多线程?

扫描右侧二维码能看到这部分面试题的答案，且在该页面中会不断添加同类其他面试题。

7.2　多线程的竞争和同步

当我们启动多个线程后，在单核 CPU 的情况下，某个时间点其实只有一个线程能得到 CPU 资源。也就是说，会有多个线程竞争 CPU 资源，但在同一时刻只会有一个线程在运行。

在常规情况下，我们并不只启动一个线程，而是会启动多个线程。这时它们是以同步协作的方式来完成具体的业务。

7.2.1　通过 sleep 方法让线程释放 CPU 资源

线程类 Thread 中有一个 sleep() 的静态方法，该方法的参数是整数型，表示以指定毫秒数为一段时间间隔，让当前运行的线程在这段时间内进入阻塞状态。阻塞状态过去后，该线程会重新进入可执行状态。

项目中常见的做法是，比如某个线程因数据库连接异常而无法连接到数据库，这时我们可以通过 sleep 方法让该线程阻塞一段时间，过后再重新连接。

通过线程阻塞的做法，可以大大提高 CPU 资源的利用率，下面通过 ThreadSleep.java 的代码为大家展现 sleep 的用法。

```
public class ThreadSleep extends Thread {
    public void run() {
        Long curTime = System.currentTimeMillis();
        // sleep 方法会抛出 InterruptedException 异常
        // 需要用 try-catch 语句进行捕捉
        try {
            sleep(2000);
        } catch (InterruptedException e) {      }
        System.out.println("ts 线程阻塞的时间 " + (System.currentTimeMillis() - curTime) + " 毫秒");
```

```
10      }
11      // 主程序
12      public static void main(String arg[]) {
13          ThreadSleep ts = new ThreadSleep();
14          ts.start();
15          Long curTime = System.currentTimeMillis();
16          try {
17              Thread.sleep(1000);
18          } catch (InterruptedException e) {     }
19          System.out.println(" 主线程阻塞的时间 " + (System.currentTimeMillis() - curTime) + " 毫秒 ");
20      }
21  }
```

第 1 行是通过 extends Thread 方式来实现多线程的，在 run 方法中第 7 行通过 sleep 方法来让当前线程运行，也就是在第 14 行启动的 ts 睡眠 2000 毫秒（也就是 2 秒）开始运行。第 17 行让 main 线程睡眠了 1000 毫秒，运行这段代码后，可以看到如下结果。

```
（睡眠 1 秒后会输出）主线程阻塞的时间 1000 毫秒
（睡眠 2 秒后会输出）ts 线程阻塞的时间 2000 毫秒
```

关于 sleep 方法，大家注意如下要点。

（1）sleep 方法是让当前运行的线程睡眠，除了可以通过第 14 行启动的 ts 线程睡眠外，还可以让 main 函数执行的线程睡眠，因为 main 函数也是在一个线程中执行的。

（2）调用 sleep 方法时，必须要包含在 try...catch 代码块中，否则会报语法错误。

（3）线程通过 sleep 方法进入睡眠状态后，指定时间一到，会自动继续执行后续的代码。

7.2.2 Synchronized 作用在方法上

在启动多个线程后，它们有可能会并发执行某个方法或某块代码，从而可能会发生不同线程同时修改同块存储空间内容的情况，这就会造成数据错误，通过下面的 ThreadError.java 代码来演示一下这样的情况。

```
// 需要同步的对象类
class SynObject {
    // 定义两个属性
    int i;
    int j;
    // 把两个属性同时加 1
```

```
7       public void add() {
8           i++;
9           // 睡眠 500 毫秒
10          try {
11              Thread.sleep(500);
12          } catch (InterruptedException e) {
13              e.printStackTrace();
14          }
15          j++;
16      // 打印当前 i,j 的值
17      System.out.println("Operator: +  Data: i=" + i + ",j=" + j);
18    }
19    // 把两个属性同时减 1
20    public void minus() {
21      i--;
22      // 睡眠 500 毫秒
23      try {
24          Thread.sleep(500);
25      } catch (InterruptedException e) {
26          e.printStackTrace();
27      }
28      j--;
29      // 打印当前 i,j 的值
30      System.out.println("Operator: -  Data: i=" + i + ",j=" + j);
31    }
32  }
```

以上代码的第 2 ~ 32 行定义了一个 SynObject 类，在其中的第 3 ~ 5 行中，定义了 i 和 j 两个属性。

在第 7 行的 add 方法中，把 i 和 j 两个属性的值都加 1，是为了提升该方法被抢占的概率；第 11 行通过 sleep 方法让该线程睡眠 500 毫秒。

同样，在第 20 行定义了 minus 方法，在其中把 i 和 j 两个属性的值都减 1，在第 24 行添加了 sleep 方法。

```
33  class SynThreadAdd extends Thread {
34      // 需要同步的对象
35      SynObject o;
36      // 接受需要操作的那个对象的带参构造函数
37      public SynThreadAdd(SynObject o) {
```

```
38            this.o = o;
39        }
40        // 覆写线程对象的 run 方法定义真正的执行逻辑
41        public void run() {
42            for (int i = 0; i < 3; i++) {
43                o.add();
44            }
45        }
46    }
```

第 33 行通过 extends Thread 的方式创建了一个线程对象 SynThreadAdd，在第 37 行的构造函数中，设置待操作的对象 o，在第 41 行的 run 方法中，通过一个 for 循环调用了 SynObject 对象的 add 方法，对其中的 i 和 j 的属性值进行加的操作。

```
47    class SynThreadMinus extends Thread {
48        SynObject o;
49        public SynThreadMinus(SynObject o) {
50            this.o = o;
51        }
52        public void run() {
53            for (int i = 0; i < 3; i++) {
54                o.minus();
55            }
56        }
57    }
```

第 47 行的 SynThreadMinus 对象和刚才定义的 SynThreadAdd 对象相似，同样是通过 extends Thread 的方式创建了一个线程对象。不同的是，在第 52 行的 run 方法中，通过一个 for 循环调用了 SynObject 对象的 minus 方法，对其中的 i 和 j 的属性值进行减操作。

```
58    public class ThreadError {
59        // 测试主函数
60        public static void main(String args[]) {
61            // 实例化需要同步的对象
62            SynObject o = new SynObject();
63            // 实例化两个并行操作该同步对象的线程
64            Thread t1 = new SynThreadAdd(o);
65            Thread t2 = new SynThreadMinus(o);
66            // 启动两个线程
67            t1.start();
```

```
68              t2.start();
69          }
70      }
```

在 main 函数中的第 62 行创建了一个 SynObject 对象，第 64 行和第 65 行分别创建了 SynThreadAdd 和 SynThreadMinus 两个线程对象，并在第 67 行和第 68 行启动了这两个线程。

下面来看运行结果，如果大家多次运行，每次的结果会不相同，但不影响下文的讲解。

```
1  Operator: +   Data: i=0,j=1
2  Operator: -   Data: i=1,j=0
3  Operator: +   Data: i=0,j=1
4  Operator: -   Data: i=1,j=0
5  Operator: -   Data: i=0,j=-1
6  Operator: +   Data: i=0,j=0
```

在第 1 行中，我们看到的是执行完 add 方法后的输出，但这个方法是对 i 和 j 两个对象进行加操作，i 和 j 应当都是 1，而这里的值却出乎意料。同样，第 2 ~ 5 行的输出中，i 和 j 的值也不一致。其原因出在多线程竞争上，这里的两个线程 t1 和 t2 分别通过 add 和 minus 方法操作 SynObject 对象中的 i 和 j，在多线程并发的情况下，完全有可能按如表 7.1 所示的次序执行上述代码。

表 7.1　t1 和 t2 线程并发时执行的次序列表

次序	t1 的动作	t2 的动作	i	j
1	通过 t1.start(); 方法启动		0	0
2		通过 t2.start(); 方法启动		
3	t1 通过 run 方法执行 o.add 操作		0	0
4	在 add 方法里执行 i++		1	0
5	在 add 方法里执行 sleep 方法进入阻塞状态		1	0
6	处于阻塞状态	t2 通过 run 方法执行 o.minus 操作	1	0
7	处于阻塞状态	在 minus 方法里执行 i--	0	0
8	处于阻塞状态	在 minus 方法里执行 sleep 方法进入阻塞状态	0	0
9	sleep 时间到，恢复执行	处于阻塞状态	0	0
10	执行 j++ 并输出 i 和 j	处于阻塞状态	0	1

表 7.1 解释了在第 1 行中输出 i 和 j 不一致的原因。从表 7.1 中我们能看到，一旦 t1

通过 add 方法操作 SynObject 类型的 o 对象后，t2 线程通过 minus 方法，也有机会同时操作这个对象。这样，t1 的 add 方法尚未执行完（尚未完全地完成对 i 和 j 操作），t2 的 minus 方法就插进来并发地操作同一个 SynObject 类型 o 对象，所以导致了数据不一致的问题的出现。这里我们解释了第 1 行的输出，后续输出的不一致现象也是由这样的原因造成的。

也就是说，在多线程并发的情况下，多个线程有可能会像上表那样，通过不同的方法同时更改同一个资源（一般把它称为临界资源），这样就会造成临界资源紊乱的情况发生。

为了避免这样的问题，我们可以在 SyncObject 类的 add 和 minus 方法前加上 synchronized 关键字，改写后的 SynObject 类代码如下。

```
class SynObject {
    // 定义两个属性，这部分代码不变
    int i;
    int j;
    // 给这个方法加上了 synchronized 关键字，而且 sleep 时间是 5 秒
    public synchronized  void add() {
        i++;
        // 睡眠 5 秒
        try {
            Thread.sleep(5000);
        } catch (InterruptedException e) {
            e.printStackTrace();
        }
     j++;
     // 打印当前 i,j 的值
     System.out.println("Operator: +  Data: i=" + i + ",j=" + j);
    }
    // 也加了 synchronized 关键字
     public  synchronized  void minus() {
        i--;
        // 依然是睡眠 500 毫秒
        try {
            Thread.sleep(500);
        } catch (InterruptedException e) {
            e.printStackTrace();
        }
        j--;
        // 打印当前 i,j 的值
```

```
            System.out.println("Operator: -  Data: i=" + i + ",j=" + j);
    }
```

其他部分的代码不变，从运行后的结果可以看到，i 和 j 的值保持一致，也就是说，能避免被抢占的情况出现。

```
Operator: +  Data: i=1,j=1
Operator: +  Data: i=2,j=2
Operator: +  Data: i=3,j=3
Operator: -  Data: i=2,j=2
Operator: -  Data: i=1,j=1
Operator: -  Data: i=0,j=0
```

这里我们是把 synchronized 关键字作用到方法上。在给出正确的讲解前，先列举一个似是而非的错误说法，这些错误的说法看上去很有迷惑性，大家在阅读后一定要分辨清楚。

错误说法：如果我们把 synchronized 关键字作用在方法上，那么就相当于给这个方法加了锁，也就是说，在一个时间段里只能有一个线程来访问这个方法。

反驳的依据：我们用反证法假设上述说法是正确的，加上 synchronized 关键字后，假设 add 和 minus 方法只能同时被一个线程调用，那么会有这种情况，t1 调用 add，t2 调用 minus（这符合假设的说法）。由于 add 里睡眠时间是 5 秒，而 minus 是 0.5 秒，这样 minus 方法还是有足够多的时间来修改 j 的值，从而会导致 i 和 j 不一致，但不论运行多少次程序，均不会再出现 i 和 j 不一致的情况，因此，这种说法是错误的。

正确的说法：一旦给方法加了 synchronized 关键字，就相当于给调用该方法的对象加了锁。例如，这里的 add 方法加了 synchronized 关键字，调用的写法是 o.add();，也就是说是给 o 对象加了把锁，在 o.add 调用结束之前，其他线程是无法得到 o 对象的控制和访问权的。

正确说法的依据：在调用 add 方法时，哪怕在其中 sleep 了 5 秒（大家甚至可以修改成睡眠 10 秒，效果更有说明意义），在这 5 秒中给了 t2 线程足够多的时间让它有机会执行 minus 去造成 i 和 j 值不一致，但从输出的结果上来看，不会出现 i 和 j 值不一致的现象。

正是因为给 o 对象加了锁，在执行 add 时就不怕其他线程来抢占 o 对象了，也就不会出现数据不一致的问题了。

7.2.3　Synchronized 作用在代码块上

我们可以把 synchronized 作用在方法上，也可以把它作用在代码块上，通过下面

SyncBlock.java 代码，看一下相关的用法。

```
1  // 通过 implements Runnable 来实现多线程
2  public class SyncBlock implements Runnable {
3      public void run() {
4          // 用 synchronized 作用在代码块上
5          synchronized (this) {
6              for (int i = 0; i < 3; i++){
7      System.out.println(Thread.currentThread().getName() + ",count:" + i);
8              }
9          }
10     }
11     public static void main(String[] args) {
12         SyncBlock t1 = new SyncBlock();
13         Thread t1 = new Thread(t1, "A");
14         Thread t2 = new Thread(t1, "B");
15         t1.start();
16         t2.start();
17     }
18 }
```

第 5 ~ 9 行的代码块是包含在 synchronized 中的，通过第 5 行的 this 参数，我们能知道一旦有多个线程同时访问 this 对象（也就是 SyncBlock 对象）中的被 synchronized 包含的代码块，只有其中的一个线程能得到访问权，多个线程无法同时访问该代码块。

main 函数的第 13 行和第 14 行创建了 t1 和 t2 两个线程，并在第 15 行和第 16 行启动了它们，然后就能看到如下的运行结果。

```
B,count:0
B,count:1
B,count:2
A,count:0
A,count:1
A,count:2
```

从上述输出的结果中，我们能看到用 synchronized 包含的代码块在同一个时间段里，确实只能被一个线程访问，具体来讲，当一个线程完成从 0 ~ 2 的打印前，其他线程是无法进入的。

也就是说，synchronized 所包含的代码块能避免多个线程的抢占，从而能有效避免可能导致的数据不一致的问题。

7.2.4　配套使用 wait 和 notify 方法

在刚才讲述 synchronized 时，我们提到了“锁”这个概念。例如，某线程如果调用了带 synchronized 的方法，就相当于给该调用方法的对象加了锁，这样在当前线程执行完之前，其他线程是没有机会进入的。

通过 wait 和 notify 方法，同样可以通过控制“锁”的方式来实现多线程的并发管理。这两个方法需要放置在 synchronized 的作用域中（如 synchronized 作用的方法或代码块中），一旦一个线程执行 wait 方法后，该线程就会释放 synchronized 所关联的锁，进入阻塞状态，所以该线程一般无法再次主动回到可执行状态，一定要通过其他线程的 notify（或 notifyAll）方法去唤醒它。

一旦一个线程执行了 notify 方法，则会通知那些可能因调用 wait 方法而等待对象锁的其他线程。如果有多个线程等待，则会任意挑选其中的一个线程来发出唤醒通知，这样得到通知的线程就能继续得到对象锁从而继续执行下去。

而 notifyAll 会让所有因 wait 方法进入阻塞状态的线程退出阻塞状态，但由于这些线程此时还没有获得对象锁，因此还不能继续往下执行。它们会去竞争对象锁，如果其中一个线程获得了对象锁，则会继续执行，在它退出 synchronized 代码释放锁后，其他已经被唤醒的线程则会继续竞争。以此类推，直到所有被唤醒的线程执行完毕。

在多线程的编程中，生产者和消费者问题是个典型的案例，其中的要求如下。

（1）在一个时间段中只能有一个线程操作某对象（即商品），不能出现多个线程同时操作某对象的情况。

（2）只有当生产线程生产一个对象后，才能唤醒消费者线程，让消费者线程消费该对象，当对象数是 0 时，消费者线程需要进入阻塞状态。

（3）如果对象数是 1，那么生产者线程则会进入阻塞状态，当消费者线程完成消费后，则会唤醒生产者线程，让它继续生产。

在下面的 ProducerConsumer.java 代码里中，我们配套使用 wait 和 notify 方法解决生产者和消费者问题。

```
class ProductData {
    //表示被哪个生产者线程生产出来的编号
    private int number;
    // 标志位，true 表示已经消费
    private boolean flag = true;
```

```
6       public synchronized void product(int number) {
7           if (!flag) {
8               try {
9                   // 未消费等待
10                  wait();
11              } catch (InterruptedException e) { }
12          }
13          this.number = number;
14          // 标记已经生产
15          flag = false;
16          // 通知消费者已经生产，可以消费
17          notify();
18      }
19      public synchronized int consume() {
20          if (flag) {
21              try {
22                  // 未生产等待
23                  wait();
24              } catch (InterruptedException e) {
25                  // 省略报异常的语句    }
26          }
27          // 标记已经消费
28          flag = true;
29          // 通知需要生产
30          notify();
31          return this.number;
32      }
33  }
```

第 1 ~ 33 行定义了待生产或待消费的 ProductData 对象。

在第 6 行的 product 方法中，我们如果通过第 7 行的 if 语句判断出该商品没有被消费，则需要通过第 10 行的 wait 语句使调用该方法的线程进入阻塞状态；如果判断出商品已被消费，则会通过第 15 行的语句设置该商品不可被生产（即可被消费）；随后会通过第 17 行的 notify 语句，唤醒因无商品可消费而进入阻塞状态的线程。注意 wait 方法需要包含在第 6 行的 synchronized 方法中。

在第 19 行的 consume 方法中，它的动作正好与 product 方法中的相反。如果在第 20 行通过 if 语句判断该商品已被消费，则会通过第 23 行的 wait 语句使调用该方法的线程进入阻塞状态，否则会通过第 28 行的语句设置消费标记。同时通过第 30 行的 nofity 语句唤

醒因无法生产而进入阻塞状态的线程。同样，notify 也需要包含在 synchronized 所作用的方法中。

```
34 // 生产者线程
35 class Producer extends Thread {
36     private ProductData s;
37     Producer(ProductData s) {this.s = s;}
38     public void run() {
39         for (int i = 0; i <= 5; i++) {
40             s.product(i);
41             System.out.println("P[" + i + "] Product.");
42         }
43     }
44 }
```

在第 35 行定义的生产者线程中，在第 38 行定义该线程的主体逻辑，在其中的第 39 行通过 for 循环生产了 5 个商品。

```
45   // 消费者线程
46 class Consumer extends Thread {
47     private ProductData s;
48     Consumer(ProductData s) {this.s = s; }
49     public void run() {
50         int i;
51         do {
52             i = s.consume();
53             System.out.println("P[" + i + "] Consume.");
54         } while (i != 9);
55     }
56 }
```

在第 46 行定义的消费者线程中，在第 51 ~ 54 行的 do...while 循环中，我们通过调用 s.consume 方法消费了生产者线程所生产的商品。

```
57 public class ProducerConsumer {
58     public static void main(String argv[]) {
59         ProductData s = new ProductData();
60         new Producer(s).start();
61         new Consumer(s).start();
62     }
63 }
```

在第 58 行的 main 函数中，在第 60 行和第 61 行启动了生产者和消费者两个线程，该代码的运行结果如下。

```
P[0] Product.
P[0] Consume.
P[1] Product.
P[2] Product.
P[1] Consume.
P[2] Consume.
P[3] Product.
P[3] Consume.
P[4] Product.
P[4] Consume.
P[5] Product.
P[5] Consume.
```

通过表 7.2 所示，我们能看到该代码的执行流程，从而能理解输出的次序。

表 7.2　生产者和消费者代码的执行次序列表

次序	生产者线程的动作	消费者线程的动作
1	启动	启动
2	在 for 循环中，通过调用 ProductData 类的 product 方法生产第 1 个商品，但没有生产完	在 do...while 循环中，在通过 ProductData 类的 consume 方法消费第 1 个商品时，因为无商品可消费，所以会通过调用 ProductData 类的 wait 方法，使当前消费者线程进入阻塞状态
3	完成生产第 1 个商品，调用 ProductData 类的 product 方法中的 notify 方法，唤醒第 2 步中进入阻塞状态的消费者线程	
4		被唤醒后，消费第 1 个商品，但没消费完
5	开始生产第 2 个商品，但由于消费者线程没有消费完第 1 个商品，因而执行 ProductData 类的 product 方法中的 wait 动作，进入阻塞状态	
6		完成消费第 1 个商品，唤醒第 5 步中因无须生产商品而进入阻塞状态的生产者线程
7	以后动作依此类推	以后动作依此类推

最后值得注意的是，两个方法都是作用在调用它们的线程上。例如，生产者线程调用了 product 方法，在其中执行了 wait 动作，那么是调用者（生产者线程）进入阻塞状态。

7.2.5　死锁的案例

多线程的并发访问中，死锁是个非常麻烦的问题，一旦出现，将会导致该线程无法继续执行，从而可能会进一步导致整个项目无法继续执行。

在导致死锁出现的情况中，一个重要的原因是“循环等待”。例如，有两个对象验钞机和复印机，A 和 B（对应于两个线程）为了完成它们的工作，分别要使用这两样对象。在工作中，A 得到了验钞机资源，但由于缺乏复印机资源从而进入了阻塞状态。而 B 正好相反，得到了复印机资源，但由于缺乏验钞机资源从而也进入了阻塞状态。

在这种情况下，A 和 B 都无法完成工作，只能继续等待，而且它们由于无法完成工作从而无法释放所占用的资源，因此死锁就发生了。在下面的 DeadLock.java 中，用代码模拟了死锁的情况。

```
class T extends Thread {
    //得到另外一个线程对象
    T t;
    public void run() {
        sync();
        //线程结束时调用
        System.out.println("Thread finished");
    }
    //sync 为同步方法，只有获得当前对象锁之后才能使用该方法
    public synchronized void sync(){
        try{ sleep(2000);     }
        catch (InterruptedException e)
        { e.printStackTrace(); }
        //调用另外一个对象 t 的同步方法 f()
        t.anoSync();
    }
    //anoSync 也是同步方法，但是空方法
    public synchronized void anoSync() {  }
}
public class DeadLock extends Thread {
    public static void main(String arg[]) {
        //创建两个线程
        T t1 = new T();
        T t2 = new T();
        t1.t = t2;
        t2.t = t1;
```

```
27            //启动两个线程
28            t1.start();
29            t2.start();
30            System.out.println("main finished");
31        }
32    }
```

第 10 行和第 18 行用关键字 synchronized 定义了两个同步方法 sync() 和 anoSync()。在第 4 行的 run 方法中，首先执行 sync() 方法，这时会获得执行 run 方法所在的 T 对象的锁。

在 sync() 方法中睡眠 2000 毫秒后，会调用属性对象 t 的 anoSync() 方法，因为它也是个同步方法，所以一定要获得该对象 t 的锁才能继续执行 anoSync() 方法。

main 函数中的第 23 行和第 24 行创建了两个 T 类型的对象 t1 和 t2，并且把这两个对象互置为属性域，然后在第 28 行和第 29 行启动了这两个线程。

为了结束 t1 线程，需要得到 t2 线程的锁以执行 t2 的 anoSync() 方法，同样 t2 线程也要得到 t1 线程的锁以执行 t1 的 anoSync() 方法，这样的相互等待会导致死锁。

通过以下两点，我们可以有效避免死锁的发生。

（1）应尽量缩小 synchronized 代码块的范围，能不用 synchronized 代码块就尽量别用。

（2）在多线程场景下，千万要注意方法的调用顺序，从而避免相互等待。

7.2.6 Synchronized 的局限性

通过 synchronized 关键字能解决一些线程同步的问题，但它虽然可以锁调用方法的对象，但无法有效控制业务层面的并发问题。

例如，有一张银行卡（只是一张银行卡，没有副卡），所有者可以自己使用（如存钱、取钱），也可以给他人使用。但同一个时间段，只能有一个人使用。用这个关键字我们是无法做到这点的，下面来看 SyncLimit.java 代码。

```
class Account {
    int balance;
    public Account() {balance = 0;    }
    public synchronized void login()
    {     //省略验证银行卡的代码   }
    public synchronized void logout()
    {     //省略取出银行卡的代码   }
    //加钱方法
    public synchronized void add() {
        balance += 800;
```

```
11              System.out.println("After add balance is:" + balance);
12          }
13          // 取钱方法
14          public synchronized void minus() {
15              balance -= 800;
16              System.out.println("After minus balance is:"+balance);
17          }
18  }
```

这里我们定义了 Account 类，通过第 3 行的构造函数初始化了账户余额，在第 4 行的登录方法中省略了身份验证的动作，在第 6 行的退出登录方法中也省略了相关动作。

我们看到，在这个类中的登录、退出登录、加钱和取钱的方法前，均加了 synchronized 关键字。

```
19  class AddThread extends Thread {
20      String person;// 用于输出谁加钱
21      Account acc;// 加钱的账户
22      public AddThread(String person,Account acc) {
23          this.person = person;
24          this.acc = acc;
25      }
26      public void run() {
27          for (int i = 0; i < 3; i++) {
28              System.out.println(person+" add money," +i+"cnt");
29              acc.login();// 先登录
30              System.out.println(person + " login ");
31              try {
32                  sleep(2000);
33              } catch (InterruptedException e) {
34                  // TODO Auto-generated catch block
35                  e.printStackTrace();
36              }
37              acc.add();// 再加钱
38              System.out.println(person + " logout ");
39              acc.logout();// 最后退出登录
40          }
41      }
42  }
```

在第 26 行的 AddThread 类的主体逻辑 run 方法中，我们实现了加钱的动作，具体做法是先通过第 29 行的代码实现登录，随后在第 37 行中实现加钱，最后在第 39 行中实现退出登录。

```
43  class MinusThread extends Thread {
44      Account acc; //待取钱的账户
45      String person; //用户输出谁取钱
46      public MinusThread(String person,Account acc) {
47          this.person = person;
48          this.acc = acc;
49      }
50      public void run() {
51          for (int i = 0; i < 3; i++) {
52            System.out.println(person+"minus money,"+i+"cnt");
53            System.out.println(person + " login ");
54            acc.login();
55            try {
56                  sleep(2000);
57            } catch (InterruptedException e) {
58                  e.printStackTrace();
59            }
60            acc.minus();
61            System.out.println(person + " logout ");
62            acc.logout();
63          }
64      }
65  }
```

在 MinusThread 类的 run 方法中，我们实现了取钱操作，具体做法也是先登录、再取钱、最后退出登录。

```
66  public class SyncLimit {
67      public static void main(String[] args) {
68          Account acc = new Account();
69          Thread add = new AddThread("Tom",acc);
70          Thread minus = new MinusThread("Peter",acc);
71          add.start();
72          minus.start();
73      }
74  }
```

在 main 方法的第 68 行中，我们创建了一个 Account 对象，在第 69 行和第 70 行定义 add 和 minus 两个线程时，我们输入 acc 这个对象。也就是说，在第 71 行和第 72 行中启动这两个线程时，是针对同一个 acc 对象进行操作的，这段代码的输出如下。

```
1  Tom add money,0 cnt
2  Tom login
3  Peter minus money,0 cnt
4  Peter login
5  After add balance is:800
6  Tom logout
7  After minus balance is:0
8  Tom add money,1 cnt
9  Tom login
10 Peter logout
11 Peter minus money,1 cnt
12 Peter login
13 After add balance is:800
14 Tom logout
15 Tom add money,2 cnt
16 Tom login
17 After minus balance is:0
18 Peter logout
19 Peter minus money,2 cnt
20 Peter login
21 After add balance is:800
22 Tom logout
23 After minus balance is:0
24 Peter logout
```

整个加钱的动作包括登录、加钱和退出登录，从第 1 ~ 6 行的输出来看，在 Tom 没有完成整个加钱动作的情况下，Peter 就开始登录，进行他的取钱操作了。从后面的输出来看，这种情况普遍存在，如第 17 行 Tom 在加钱时，Peter 尚在操作中（Peter 的操作要在第 18 行退出登录时才算结束）。

这里我们能看到 synchronized 作用在方法上的局限性。通过该关键字，只能保证方法层面的排他性，如仅能保证加钱方法在执行时 Accout 对象不会被其他线程（如取钱线程）使用，而不能保证业务层面的排他性，如不能保证加钱这个业务动作（这个业务动作包含 3 个方法）在执行时的排他性。

7.2.7 通过锁来管理业务层面的并发性

在项目中，我们往往需要的是业务层面的排他性，这就需要用到锁对象了。

上文提到的锁是一个抽象的概念，程序员无法控制。例如，通过 synchronized 关键字，可以给相关对象加个锁，这样其他线程就无法来抢占了。这里提到的锁是具体的对象，如 ReentrantLock。

在下面的 LockDemo.java 代码中，通过锁对象实现了业务层面的并发控制。

```
import java.util.concurrent.locks.Lock;
import java.util.concurrent.locks.ReentrantLock;
class AccountWithLock {
    int balance; //余额
    private Lock lock; //锁
    public AccountWithLock() {
        balance = 0;
        lock = new ReentrantLock(); //构造时初始化锁对象
    }
    //锁账户的方法
    public void lockAccount()
    { lock.lock();    }
    //解锁账户的方法
    public void unLockAccount()
    { lock.unlock();  }
    //不需加 synchronized
    public void login() {
        //省略验证的代码
    }
    //不需加 synchronized
    public void logout() {
        //省略退卡及退出登录的代码
    }
    //加钱
    public void add() {
        balance += 800;
        System.out.println("After add balance is:" + balance);
    }
    //取钱
    public synchronized void minus() {
      balance -= 800;
      System.out.println("After minus balance is:" + balance);
```

```
33      }
34  }
```

在 AccountWithLock 类中，我们在第 5 行定义了一个 Lock 锁对象，在构造函数的第 8 行中，用 ReentrantLock（可重入锁）初始化了这个 Lock 对象。

在第 11 行的 lockAccount 方法中，通过 lock.lock 方法来锁账户，在第 14 行的 unLockAccount 方法中，通过 lock.unlock 方法来解锁账户。

由于这里用锁来实现多线程之间的并发控制，因此，在相关的登录、退出登录、存钱和取钱的方法前，就无须加 synchronized 关键字了。

```
35  class AddThreadWithLock extends Thread {
36      String person; //操作的人
37      AccountWithLock acc;//待操作的账户
38      //在构造函数里，初始化操作的人和账户
39      public AddThreadWithLock(String person, AccountWithLock acc) {
40          this.person = person;
41          this.acc = acc;
42      }
43      public void run() {
44          for (int i = 0; i < 3; i++) {
45              //在操作前，先锁账户
46              acc.lockAccount();
47              System.out.println(person +"add money,"+i +"cnt");
48              acc.login();
49              System.out.println(person + " login ");
50              acc.add();
51              System.out.println(person + " logout ");
52              acc.logout();
53              //操作结束退出登录后，解锁账户
54              acc.unLockAccount();
55          }
56      }
57  }
```

在实现加钱功能线程的第 43 行的主体 run 方法中，我们通过 for 循环加了 3 次钱，每次登录账户之前，都是在第 46 行通过调用 acc 对象的 acc.lockAccount 方法锁住账户对象，在退出登录之后，通过第 54 行的 acc.unLockAccount 方法解锁账户。

```
58  class MinusThreadWithLock extends Thread {
59      AccountWithLock acc;
60      String person;
61      // 在构造函数中，初始化操作的人和账户
62      public MinusThreadWithLock(String person, AccountWithLock
    acc) {
63          this.person = person;
64          this.acc = acc;
65      }
66      public void run() {
67          for (int i = 0; i < 3; i++) {
68              acc.lockAccount();// 锁账户
69              System.out.println(person + "minus money,"+i+"cnt");
70               System.out.println(person + " login ");
71               acc.minus();
72               System.out.println(person + " logout ");
73               acc.logout();
74               acc.unLockAccount();// 解锁账户
75          }
76      }
77  }
```

在取钱的 MinusThreadWithLock 线程中，第 66 行的 run 方法实现了多次取钱的操作。同样，在登录前是通过第 68 行的 acc.lockAccount 方法锁住账户，在退出登录后，通过第 74 行的 acc.unLockAccount 方法解锁账户。

```
public class LockDemo {
    public static void main(String[] args) {
        AccountWithLock acc = new AccountWithLock();
        Thread add = new AddThreadWithLock("Tom", acc);
        Thread minus = new MinusThreadWithLock("Peter", acc);
        add.start();
        minus.start();
    }
}
```

Main 函数创建和启动线程的方式与之前 SyncLimit.java 代码中的一致，运行后我们能看到以下的输出结果。值得注意的是，即使运行多次，运行结果也不会出现抢占的情况。

```
Tom add money,0 cnt
```

```
2   Tom login
3   After add balance is:800
4   Tom logout
5   Tom add money,1 cnt
6   Tom login
7   After add balance is:1600
8   Tom logout
9   Tom add money,2 cnt
10  Tom login
11  After add balance is:2400
12  Tom logout
13  Peter minus money,0 cnt
14  Peter login
15  After minus balance is:1600
16  Peter logout
17  Peter minus money,1 cnt
18  Peter login
19  After minus balance is:800
20  Peter logout
21  Peter minus money,2 cnt
22  Peter login
23  After minus balance is:0
24  Peter logout
```

从以上代码中我们看不到任何的线程抢占现象，如从第 1 ~ 4 行，我们看到的是 Tom 第一次加钱时的输出，其中看不到有取钱线程输出语句的插入。

Lock 对象用来控制所在对象的并发，具体来讲，当执行 lock.lock(); 后，会把该 Lock 对象所在的 AccountWithLock 类型的 Lock 对象锁住，这里我们是在加钱（或取钱）的线程登录前做了锁动作，当退出登录后，通过 lock.unlock(); 方法释放加在 acc 上的锁。

也就是说，在每次加钱（或取钱）的登录和退出登录之间，其他线程是没有机会得到 acc 对象的控制权的，它们只能等待，直到锁释放后才有机会去竞争 acc 对象。

除了用 lock.lock() 方法加锁外，我们还可以通过 lock.tryLock 方法加锁，如果获取失败（即锁已被其他线程获取），则会返回 false。也就是说，无论得到什么结果都会立即返回，不存在拿不到锁就一直等待的情况。

而且，从上述的案例中我们可以看到 Lock 对象可以跨方法锁对象。例如，在登录方法前就锁 acc 对象，在退出登录后再解锁，这样能解决业务层面上（一个业务一般会包含多个方法）的“并发”问题，相比之下，synchronized 一般只能实现单个方法层面上的并发问题。

7.2.8 通过 Condition 实现线程间的通信

Condition 对象是个控制多线程并发的工具类，当线程 A 调用 Condition 的 await 方法后，会释放相应的对象锁，并且让自己进入阻塞状态，等待被其他线程唤醒。线程 B 得到锁资源后，开始执行业务，完成后，能调用 Condition 的 signal 方法，唤醒线程 A，使线程 A 恢复执行。

通过之前基于 Object 类的 wait、notify 和 notifyAll 的方法，我们只能建立一个阻塞队列。例如，通过 wait 方法把某线程加入该队列中，通过 notify 或 notifyAll 方法唤醒这个队列中的一个或多个线程。而通过 Condition 类的相关方法，我们可以在不同的线程中创建多个阻塞队列。

通过下面的 ConditionDemo.java 代码，我们用 Condition 对象实现了生产者和消费者的问题，与之前不同的是，这里存放待生产（或待消费）商品的仓库容量不是 1，而是 3。

```
//省略必要的 import 方法
class Store { //定义仓库类
    private  Lock lock;
    private  Condition notFull;
    private  Condition notEmpty;
    private int maxSize;
    private LinkedList<String> storage;
    //在构造函数中，通过 Lock 对象创建了两个 Condition 对象
    public Store(int maxSize) {
        lock=new ReentrantLock();
        notFull=lock.newCondition();
        notEmpty=lock.newCondition();
        this.maxSize = maxSize;
        storage = new LinkedList<String>();
    }
    // 生产方法
    public void product() {
        lock.lock();
        try {
        //如果仓库满了
            while (storage.size() == maxSize ){
              System.out.println (Thread.currentThread().getName()+":wait");
              //阻塞生产线程
```

```
24                  notFull.await();
25              }
26              storage.add("Java Book");
    System.out.println(Thread.currentThread().getName()+":
    put:"+storage.size());
27              Thread.sleep(1000);
28              //唤醒消费线程
29              notEmpty.signalAll();
30          } catch (InterruptedException e) {
31              e.printStackTrace();
32          }finally{
33              lock.unlock();
34          }
35      }
36      // 消费方法
37      public void consume() {
38          lock.lock();
39          try {
40          //如果仓库空了
41          while (storage.size() ==0 ){
42            System.out.println (Thread.currentThread().
    getName()+":wait");
43            notEmpty.await();//阻塞消费线程
44          }
45          //取出消费
46          System.out.println(storage.poll());
47             System.out.println (Thread.currentThread().
    getName()+": left:"+storage.size());
48              Thread.sleep(1000);
49              notFull.signalAll();//唤醒生产线程
50          } catch (InterruptedException e) {
51              e.printStackTrace();
52          }finally{
53              lock.unlock();
54          }
55      }
56  }
```

在Store类的第4行和第5行中，我们创建了两个Condition对象，构造函数的第11行和第12行通过Lock对象初始化了这两个类。

在 product 方法中，一旦通过第 21 行的 while 条件判断出仓库满了（容量等于上限），就会通过调用 Condition 类型的 notFull 对象的 await 方法，阻塞生产线程；如果容量没满，则会通过第 26 行的代码生产一个 Java Book 对象放入 storage 中，并通过第 29 行的代码唤醒所有因无商品可以消费从而进入阻塞状态的线程。

第 37 行的 consume 方法正好与 product 相反，如果通过第 41 行的 while 条件判断出仓库空了，就会通过第 43 行的代码阻塞消费线程；如果有商品可以消费，则可以通过第 46 行的代码进行消费，消费后会通过第 49 行的代码唤醒生产线程。

```
57  class ProductThread implements Runnable{
58      private Store store;
59      public ProductThread(Store store)
60      {   this.store=store;    }
61      public void run() {
62          while(true)
63          {   store.product();   }
64      }
65  }
66  class ConsumeThread implements Runnable{
67      private Store store;
68      public ConsumeThread(Store store)
69      { this.store=store;    }
70      public void run() {
71          while(true){
72              store.consume();
73          }
74      }
75  }
```

在第 57 行创建的生产线程中，第 61 行的 run 方法是在第 63 行通过调用 store 的 product 方法进行生产操作的。在第 66 行创建的消费线程中，则是通过第 70 行 run 方法中的第 72 行的代码进行消费操作。

```
76  public class ConditionDemo {
77      public static void main(String[] arg){
78          Store store=new Store(3);
79          ProductThread product=new ProductThread(store);
80          ConsumeThread consume=new ConsumeThread(store);
81          for(int i=0;i<2;i++){
82              new Thread(product,"producer-"+i).start();
```

```
83            }
84            for(int i=0;i<2;i++){
85                new Thread(consume,"consumer-"+i).start();
86            }
87        }
88    }
```

在 main 函数的第 78 行中，我们创建了一个容量为 3 的仓库，在第 79 行和第 80 行中，分别创建了生产者和消费者两个线程，并在第 82 行和第 85 行中，分别启动了这两个线程。下面是这段代码的输出片段。

```
1  producer-0: put:1
2  producer-0: put:2
3  producer-0: put:3
4  producer-0: wait
5  producer-1: wait
6  Java Book
7  consumer-0: left:2
8  Java Book
9  consumer-0: left:1
10 Java Book
11 consumer-0: left:0
12 consumer-0: wait
13 consumer-1: wait
14 producer-0: put:1
```

由于仓库的容量是 3，因此，从第 1 ~ 4 行的输出可以看到，生产者线程在生产完 3 个商品后，会通过调用 Store 类中 product 方法里的 notFull.await 方法进入阻塞状态。

完成生产后，会调用 product 方法中的 notEmpty.signalAll 方法，唤醒处在阻塞状态的消费者线程，从第 6 ~ 14 行的输出来看，当消费者线程消费完 3 个商品后，一方面会通过 consume 方法中的 notEmpty.await 方法进入阻塞状态，另一方面会通过 notFull.signalAll 方法唤醒生产者线程。

综上所述，使用 Condition 的要点如下。

（1）需要由 Lock 对象生成，如可以通过类似 notFull=lock.newCondition 的代码生成一个 Condition 类型的对象。

（2）通过 Condition，可以把不同的线程加入不同的阻塞队列。例如，在上文中是用 notEmpty 和 notFull 这两个 Condition 类型的对象把生产者和消费者线程放入不同的阻塞队列，而且能在合适的条件下，通过这两个 Condition 类型的对象精准地唤醒生产者和消费者线程。

7.2.9 通过 Semaphore 管理多线程的竞争

我们来思考一个关于多线程并发的问题，在不少场景下，可能会有多个线程需要访问数量相对较少的资源，如运行着 100 个线程，它们需要连接到同一个数据库上，但任何时刻，这个数据库最多只能提供 10 个连接，那么要用什么方法才能调度这些线程能在较高效率的情况下最终都能得到连接?

这时可以用上文提到的Condition对象，如果某线程因连接数满了而暂时无法获取连接，那么可以把它放到某阻塞队列，一旦一个线程使用完数据库后，就能唤醒该阻塞队列里的等待线程，从而能让这 100 个线程能逐渐得到连接。

此外，还可以通过 Semaphore 类来实现，它是个计数信号量，通常用来限制可以访问特定资源线程的数量。这个类有以下的重要方法。

（1）构造函数，public Semaphore(int permits,boolean fair)，其中，通过 permits 参数，我们可以初始化可用的资源数目，而第二个参数 fair 是布尔类型，如果是 true，则可以保证在调度时能按 FIFO 的顺序（按先来先服务的排队顺序）授予许可。

（2）获得访问权的方法，public void acquire() throws InterruptedException。

（3）释放资源的方法，public void release()。

通过下面的 SemaphoreDemo.java，我们来看一下通过 Semaphore 对象管理并发资源的做法。

```
import java.util.concurrent.Semaphore;
class ConnectionProvide { // 在这个类里，提供连接对象
    public void provide()
    { // 省略提供连接对象的代码 }
}
// 申请连接对象的类
class HandleUserThread extends Thread {
    private Semaphore semaphore;
    private String threadName;
    private ConnectionProvide provider;
    public HandleUserThread(String threadName, Semaphore
semaphore, ConnectionProvide provider) {
        this.semaphore = semaphore;
        this.threadName = threadName;
```

```
14            this.provider = provider;
15        }
16        public void run() {
17            // 通过 availablePermits 得到剩余资源
18            if (semaphore.availablePermits() > 0) {
19                System.out.println(threadName + " start, apply
   the connection.");
20            } else {
21                System.out.println(threadName + " start, no available
   connection.");
22            }
23            // 通过 acquire 方法申请资源
24            try {
25                semaphore.acquire();
26                provider.provide();
27                Thread.sleep(1000);
28                System.out.println(threadName + " get connection.");
29                // 使用完数据库后释放该资源
30                semaphore.release();
31            } catch (InterruptedException e) {
32                e.printStackTrace();
33            }
34        }
35    }
```

第 7 行定义了一个用于申请连接对象的 HandleUserThread 类。在其中的 run 方法中，我们通过 acquire 方法来申请连接资源，如果目前尚有连接资源可以分配，这里就能得到。使用完资源后，通过第 30 行的 release 方法来释放资源。

```
36    public class SemaphoreDemo {
37        public static void main(String[] args) {
38            ConnectionProvide provider = new ConnectionProvide();
39            Semaphore semaphore = new Semaphore(2,true);
40            for(int i=0;i<5;i++){
41            new HandleUserThread(Integer.valueOf(i).toString(),
   semaphore,provider).start();
42            }
43        }
44
45    }
```

main 方法的第 39 行创建了一个 Semaphore 对象，其中指定了可用资源数是 2，而且通过第 2 个参数指定用“先来先服务”的方式来调度资源。

在第 40 行的 for 循环中启动了 5 个线程，就好比某银行只有两个窗口，但来了 5 个人。这段代码的输出结果如下。

```
1  0 start, apply the connection.
2  2 start, apply the connection.
3  4 start, no available connection.
4  1 start, no available connection.
5  3 start, no available connection.
6  0 get connection.
7  2 get connection.
8  4 get connection.
9  1 get connection.
10 3 get connection.
```

由于连接资源数只有两个，因此，从第 3 ~ 5 行的输出中可以看到，晚到的 3 个线程无法得到资源；从输出的结果也能看到，由于线程来时是按 0,2,4,1,3 的次序，因此也按这个次序得到服务。

当我们使用 Semaphore 调度资源时，不是把资源数目写到资源类中，而是通过 Semaphore 来指定服务数量。例如，当系统资源充足时，我们可以多分配资源，这样也不会压垮服务器；当系统资源紧张时，可以少分配资源，这样就能灵活地控制并发的线程数量。

7.2.10　多线程并发方面的面试题

（1）有 T1、T2、T3 3 个线程，如何保证 T2 在 T1 执行完成后再执行，T3 在 T2 执行完成后再执行?

（2）wait 和 sleep 方法有什么不同?

（3）用 Java 多线程的思路如何解决生产者和消费者问题?

（4）如何在多个线程中共享资源?

（5）notify 和 notifyAll 方法有什么区别和联系?

（6）synchronized 和 ReentrantLock 有什么不同？它们各自的适用场景是什么?

（7）synchronized 如果作用在一段代码上，那么是锁什么?

扫描右侧二维码能看到这部分面试题的答案，且在该页面

中会不断添加其他同类面试题。

7.3　对锁机制的进一步分析

在前面给出了通过 Lock 对象控制并发的做法，在多线程中，我们可以根据实际情况合理地选择锁的种类。

7.3.1　可重入锁

可重入锁，也称递归锁，它有以下两层含义。

（1）当一个线程在外层函数得到可重入锁后，能直接递归地调用该函数。

（2）同一线程在外层函数获得可重入锁后，内层函数可以直接获取该锁对应其他代码的控制权。

前面提到的 synchronized 和 ReentrantLock 都是可重入锁。

下面通过 ReEnterSyncDemo.java 代码来演示 synchronized 关键字的可重入性。

```
1  class SyncReEnter implements Runnable{
2     public synchronized void get(){
3       System.out.print(Thread.currentThread().getId() + "\t");
4        //在 get 方法中调用 set
5        set();
6      }
7      public synchronized void set()
8      {System.out.print(Thread.currentThread().getId()+"\t"); }
9      public void run() //run 方法中调用了 get 方法
10     { get();}
11 }
12 public class ReEnterSyncDemo {
13     public static void main(String[] args) {
14          SyncReEnter demo=new SyncReEnter();
15         new Thread(demo).start();
16         new Thread(demo).start();
17     }
18 }
```

在第 1 行中，syncReEnter 类通过实现 Runnable 的方式实现了多线程，在其中第 2 行和第 7 行所定义的 get 和 set 方法均带有 synchronized 关键字，第 9 行定义的 run 方法调用了 get 方法。main 函数的第 15 行和第 16 行启动了两次线程，这段代码的输出如下。

```
8	8	9	9
```

在第 15 行第一次启动线程时，run 方法会调用包含 synchronized 关键字的 get 方法，这时这个线程会得到 get 方法的锁。当执行到 get 方法中的 set 方法时，由于 set 方法也包含 synchronized 关键字，而且 set 是包含在 get 方法中的，因此，这里无须再次申请 set 的锁就能继续执行。所以，通过输出大家能看到 get 和 set 的打印语句是连续输出的。同样，第 16 行第二次启动线程的输出也是如此。

下面通过 ReEnterLock.java 来演示一下 ReentrantLock 的可重入性。

```
1  import java.util.concurrent.locks.ReentrantLock;
2  class LockReEnter implements Runnable {
3      ReentrantLock lock = new ReentrantLock();
4      public void get() {
5        lock.lock();
6        System.out.print(Thread.currentThread().getId()+"\t");
7        // 在 get 方法里调用 set
8        set();
9        lock.unlock();
10    }
11    public void set() {
12     lock.lock();
13     System.out.print(Thread.currentThread().getId() + "\t");
14     lock.unlock();
15    }
16    public void run()
17    { get(); }
18 }
19 public class ReEnterLock {
20     public static void main(String[] args) {
21         LockReEnter demo = new LockReEnter();
22         new Thread(demo).start();
23         new Thread(demo).start();
24     }
25 }
```

在第 2 行创建的 LockReEnter 类包含了 get 和 set 方法，并在 get 方法中调用了 set 方法。只不过在 get 和 set 方法中不是用 synchronized，而是用第 3 行定义的 ReentrantLock 类的 Lock 对象来管理多线程的并发，在第 16 行的 run 方法中，同样调用了 get 方法。

在 main 函数里，同样在第 22 行和第 23 行中启动了两次线程，这段代码的运行结果如下。

```
8    8    9    9
```

当在第 22 行中第一次启动 LockReEnter 类的线程后，在调用 get 方法时，能得到第 5 行的锁对象，get 方法会调用 set 方法，虽然 set 方法中的第 12 行会再次申请锁，但由于 LockReEnter 线程在 get 方法中已经得到了锁，而且在 set 方法中也能得到锁，因此，第一次运行时，get 和 set 方法会一起执行。同样，在第 23 行第二次启动线程时，也会同时打印 get 和 set 方法中的输出。

在项目的一些场景中，一个线程有可能需要多次进入被锁关联的方法。例如，某数据库操作的线程需要多次调用被锁管理的“获取数据库连接”的方法，这时如果使用可重入锁就能避免出现死锁的问题。相反，如果我们不使用可重入锁，那么在第二次调用“获取数据库连接”方法时，就有可能被锁住，从而导致死锁问题。

7.3.2　公平锁和非公平锁

在创建 Semaphore 对象时，我们可以通过第二个参数来指定该 Semaphore 对象是否以公平锁的方式调度资源。

公平锁会维护一个等待队列，多个在阻塞状态等待的线程会被插入这个等待队列，在调度时，是按它们所发请求的时间顺序获取锁。而对于非公平锁，当一个线程请求非公平锁时，如果此时该锁变成可用状态，那么这个线程会跳过等待队列中所有的等待线程而获得锁。

我们在创建可重入锁时，也可以通过调用带布尔类型参数的构造函数来指定该锁是否是公平锁：ReentrantLock(boolean fair)。

在项目中，如果请求锁的平均时间间隔较长，建议使用公平锁，反之建议使用非公平锁。

例如，有一个服务窗口，如果采用非公平锁的方式，当窗口空闲时，不是让下一个号来，而是只要来人就服务，这样能缩短窗口的空闲等待时间，从而提升单位时间内的服务数量（也就是吞吐量）。相反，如果这是个比较冷门的服务窗口，在很长时间内来请求服务的频次并不高，如一小时才来一个人，那么就可以选用公平锁了。

也就是说，如果要缩短用户的平均等待时间，就可以选用公平锁，这样能避免“早到的请求晚处理”的情况出现。

7.3.3　读写锁

前面通过 synchronized 和 ReentrantLock 来管理临界资源时，只要是一个线程得到锁，其他线程不能操作这个临界资源，可以将这种锁称为“互斥锁”。

与这种管理方式相比，ReentrantReadWriteLock 对象会使用两把锁来管理临界资源，一个是“读锁”，另一个是“写锁”。

如果一个线程获得了某资源上的“读锁”，那么其他对该资源执行“读操作”的线程可以继续获得该锁。也就是说，“读操作”可以并发执行，但执行“写操作”的线程会被阻塞。如果一个线程获得了某资源的“写锁“，那么其他任何企图获得该资源“读锁“和“写锁”的线程都将被阻塞。

与互斥锁相比，读写锁在保证并发时数据准确性的同时，允许多个线程同时“读”某资源，从而提升效率。通过下面的 ReadWriteLockDemo.java，我们来观察一下通过读写锁管理读写并发线程的方式。

```
import java.util.concurrent.locks.Lock;
import java.util.concurrent.locks.ReentrantReadWriteLock;
class ReadWriteTool {
    private ReentrantReadWriteLock lock = new
ReentrantReadWriteLock();
    private Lock readLock = lock.readLock();
    private Lock writeLock = lock.writeLock();
    private int num = 0;
    public void read() {// 读的方法
        int cnt = 0;
        while (cnt++ < 3) {
            try {
                readLock.lock();
    System.out.println(Thread.currentThread().getId()
                        + " start to read");
                Thread.sleep(1000);
    System.out.println(Thread.currentThread().getId() + "
reading,"  + num);
            } catch (Exception e)
            { e.printStackTrace();}
            finally { readLock.unlock();    }
        }
    }
    public void write() {// 写的方法
        int cnt = 0;
        while (cnt++ < 3) {
            try {
                writeLock.lock();
```

```
26            System.out.println(Thread.currentThread().getId()
27                            + " start to write");
28                    Thread.sleep(1000);
29                    num = (int) (Math.random() * 10);
30                System.out.println(Thread.currentThread().getId()
   + " write," + num);
31                } catch (Exception e)
32                { e.printStackTrace();}
33                finally { writeLock.unlock();}
34            }
35        }
36    }
```

在第 3 行定义的 ReadWriteTool 类中，我们在第 4 行创建了一个读写锁，并在第 5 行和第 6 行通过这个读写锁的 readLock 和 writeLock 方法，分别创建了读锁和写锁。

在第 8 行的 read 方法中，首先通过第 12 行的代码加“读锁”，然后在第 15 行进行读操作。在第 21 行的 write 方法中，首先通过第 25 行的代码加“写锁”，然后在第 30 行进行写操作。

```
37  class ReadThread extends Thread {
38      private ReadWriteTool readTool;
39      public ReadThread(ReadWriteTool readTool)
40      { this.readTool = readTool;     }
41      public void run()
42      { readTool.read();}
43  }
44  class WriteThread extends Thread {
45      private ReadWriteTool writeTool;
46      public WriteThread(ReadWriteTool writeTool)
47      { this.writeTool = writeTool; }
48      public void run()
49      { writeTool.write();      }
50  }
```

第 37 行和第 44 行分别定义了读和写这两个线程，在 ReadThread 线程的 run 方法中，我们调用了 ReadWriteTool 类中的 read 方法，而在 WriteThread 线程的 run 方法中，则调用了 write 方法。

```
51  public class ReadWriteLockDemo {
52      public static void main(String[] args) {
```

```
53          ReadWriteTool tool = new ReadWriteTool();
54          for (int i = 0; i < 3; i++) {
55              new ReadThread(tool).start();
56              new WriteThread(tool).start();
57          }
58      }
59  }
```

main 函数的第 53 行创建了一个 ReadWriteTool 类型的 tool 对象，在第 55 行和第 56 行初始化读写线程时，我们传入了该 tool 对象。也就是说，通过第 54 行 for 循环创建并启动的多个读写线程是通过同一个读写锁来控制读写并发操作的。

出于多线程并发调度的原因，我们每次运行都可能得到不同的结果，但从这些不同的结果中，都能明显地看出读写锁协调管理读写线程的方式，下面来看一下部分输出结果。

```
 1  8 start to read
 2  10 start to read
 3  12 start to read
 4  8 reading,0
 5  10 reading,0
 6  12 reading,0
 7  9 start to write
 8  9 write,2
 9  11 start to write
10  11 write,6
```

这里我们是通过 ReadWriteTool 类中的读写锁管理其中的 num 值的，从第 1 ~ 6 行的输出中可以看到，虽然 8 号线程已经得到读锁开始读 num 资源，但 10 号和 12 号读线程依然可以得到读锁，从而能并发地读取 num 资源。在读操作期间不允许有写操作线程进入，也就是说，当 num 资源上有读锁期间时，其他线程是无法得到该资源上的“写锁”的。

从第 7 ~ 10 行的输出中可以看到，当 9 号线程得到 num 资源上的“写锁”时，其他线程是无法得到该资源上的“读锁”和“写锁”的，而 11 号线程一定要在 9 号线程释放了“写锁”后，才能得到 num 资源的“写锁”。

如果在项目中对某些资源（如文件）有读写操作，这时大家不妨可以使用读写锁，如果读操作的数量要远超过写操作的数量，就可以用读写锁来使读操作并发执行，从而提升其性能。

7.4 从内存结构观察线程并发

如果多个线程并发地操作某个临界资源，可能会导致该临界资源的运行结果和预期的不一致，这一点在前面已经看到了。

本节将从线程的内存管理角度，向大家讲述“并发执行不一致”的原因，并由此展开，让大家直观地理解“线程内存管理”部分的高级知识点。

7.4.1 直观地了解线程安全与不安全

前面讲集合时提到了一些集合是线程不安全的（如 ArrayList 和 LinkedList 都是线程不安全的），详细地讲，如果在多个线程中并发地操作某个线程不安全的集合对象，那么可能会出现结果错误的问题。

下面通过 ThreadSafeDemo.java 案例来比较线程安全和不安全集合在多线程环境中的表现。

```
// 省略必要的 import 方法
public class ThreadSafeDemo {
    public static int addByThreads(final List list,
            String type){
        // 创建一个线程组
        ThreadGroup group = new ThreadGroup(type);
         // 通过内部类的方法来创建多线程
        Runnable listAddTool = new Runnable() {
            public void run() {// 在其中定义线程的主体代码
                try { Thread.sleep(10);}
                catch (InterruptedException e)
                { e.printStackTrace(); }
                list.add("0");  // 在集合里添加元素
                try { Thread.sleep(10);
                } catch (InterruptedException e)
                 { e.printStackTrace();   }
            }
        };
         // 启动 10000 个线程，同时向集合里添加元素
        for (int i = 0; i < 10000; i++) {
            new Thread(group, listAddTool).start();
        }
        //  多个线程组之间 sleep10 毫秒，以免相互干扰
```

```
24          while (group.activeCount() > 0) {
25              try {  Thread.sleep(10); }
26              catch (InterruptedException e)
27              { e.printStackTrace(); }
28          }
29          return list.size(); // 返回插入后的集合长度
30      }
```

在第 3 行的 addByThreads 方法中，我们将创建 10 000 个线程，在其中分别向一个 list 里添加一个元素，并在第 29 行返回添加 10 000 个元素后集合的长度。

具体而言，在第 6 行创建一个线程组，第 8 行通过创建一个 Runnable 类的对象来创建线程，第 9 ~ 17 行定义了该 Runnable 线程类的主体逻辑，其中的第 13 行通过 add 方法向 list 中添加一个元素，在 add 方法前，为了给其他线程创造并发抢占的条件，会在第 10 行 sleep 10 毫秒。

随后，在第 20 行的 for 循环中，在同一个线程组 group 里创建并启动了 10 000 个线程，这 10 000 个线程分别通过第 8 行定义的 listAddTool 对象向 list 中添加一个元素。

```
31      public static void main(String[] args) {
32          //ArrayList 是线程不安全的
33          List unsafeList = new ArrayList();
34          List safeList = Collections.synchronizedList(new
    ArrayList());// 包装成线程安全的
35          // 运行 3 次
36          for (int i = 0; i < 3; i++) {
37            unsafeList.clear();
38            safeList.clear();
39            int unsafeSize = addByThreads(unsafeList, "unsafe");
40            int safeSize = addByThreads(safeList, "safe");
41            System.out.println("unsafe/safe: "+unsafeSize+"/" + safeSize);
42            }
43      }
44  }
```

在 main 函数的第 36 ~ 42 行中，我们通过 for 循环调用了 3 次 addByThread 方法。其中，在第 39 行的调用中，我们传入的参数是第 33 行定义的 ArrayList 类型的对象，它是线程不安全的；在第 40 行中，传入的参数是定义在第 34 行的 safeList，由于它被 Collections.synchronizedList 方法包装了一下，所以它是线程安全的。

通过第 41 行的打印语句，可以输出 3 次比较后的结果。

```
unsafe/safe: 9995/10000
unsafe/safe: 9994/10000
unsafe/safe: 9997/10000
```

大家在各自的机器上运行时，每次运行的结果可能不同，但如果用 10 000 个线程并发地向线程不安全的 ArrayList 类型的 unsafeList 里添加元素时，最终添加后的 unsafeList 长度未必是 10 000，这是由于多线程间出现了并发抢占的现象。

但如果我们是向线程安全的集合中添加 10 000 个元素，每次添加后，safeList 的长度总是 10 000，也就是说，并没有出现多线程抢占的现象。

7.4.2　从线程内存结构中了解并发结果不一致的原因

多线程并发操作同一资源时，可能会出现最终结果和预期不同的情况，刚才也已经通过线程安全和不安全相关的案例，直观地看到了这一情况，这里我们将通过线程的内存结构来详细分析造成“最终结果不一致”的原因。

如果某个线程要操作 data 变量，该线程会先把 data 变量装载到线程内部的内存中做一个副本，之后线程就不再和主内存中的 data 变量有任何关系，而是会操作副本变量的值。操作完成后，再把这个副本回写到主内存（也就是堆内存）中，这个过程如图 7.2 所示。

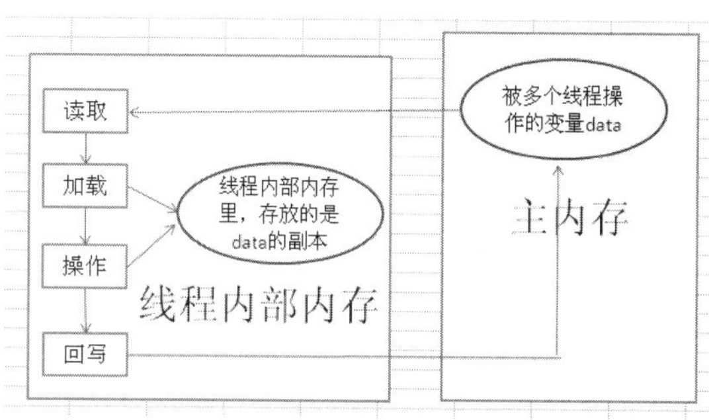

图 7.2　线程操作某变量

假设 data 的初始值是 0，有 100 个线程并发地对它进行加 1 操作，预期的运行结果是 100。但在实际操作过程中，假设 A 线程和 B 线程并发地 data，其中 A 读到的值是 0，B 读到的是 1。当 B 在它的线程内部内存中完成加 1 操作（data 变成 2）后，会把 data 回写到主内存中，这时主内存中的 data 也是 2。

但之后，A 线程也完成了加 1 操作（此时 A 内部线程中的 data 副本是 1），在回写过程中，会把主内存中的 data 变量从 2 设置成 1，这样就导致数据不一致的问题出现了。

但如果我们通过锁（或 Condition 或 Semaphore）来管理 data 变量，就可以保证在同一个时间段中只有一个线程能操作该变量，也就能避免数据不一致的问题出现。

7.4.3 volatile 不能解决数据不一致的问题

前面提到，线程会把变量在本地（线程内部内存）做一个副本，而在执行代码中（定义在 run 方法的代码）是对副本进行操作，最后再把该变量回写到主内存中。

如果某个变量之前加了 volatile，线程在每次使用该变量时，都会从主内存中读取该变量最新的值，而且某线程一旦修改了该变量，这个修改会立即回写到主内存中。

既然在操作前会从主内存中读取变量最新的值，而且每次修改后都会立即回写到主内存中，这样是否能解决多线程中数据不一致的问题呢？通过下面的 VolilateDemo.java 代码，我们来看一下这个问题的答案。

```
1  public class VolilateDemo extends Thread {
2      //启动 1000 个线程，对这个被 volatile 修饰的变量进行加 1 操作
3      public static volatile int cnt = 0;
4      public static void add() {
5          // 延迟 1 毫秒，增加多线程并发抢占的概率
6          try { Thread.sleep(1);}
7          catch (InterruptedException e) { }
8          cnt++;// 加操作
9      }
10     public static void main(String[] args) {
11         // 同时启动 1000 个线程，进行加操作
12         for (int i = 0; i < 1000; i++) {
13             new Thread(new Runnable() {
14                 public void run()
15                 {VolilateDemo.add(); }
16             }).start();
17         }
18         System.out.println("Result is " + VolilateDemo.cnt);
19     }
20 }
```

在 main 函数的第 12 行中，我们通过 for 循环启动 1000 个线程。第 13 ~ 16 行，通过 Runnable 类定义了线程的动作，每个线程启动后，会调用第 15 行的 add 方法对用 volatile 修饰的 cnt 变量进行加 1 操作。

多次运行的结果可能不一样，但在大多数情况下，最终 cnt 的值会小于 1000。也就是说，用 volatile 修饰的变量不能保证数据的一致性，即 volatile 不能当锁来用，因为它不能保证主内存的变量在同一时间段中只被一个线程操作。

那么 volatile 有什么用呢？被 volatile 修饰的变量每次在使用时，不是从各线程的内部

内存中获取，而是从主内存中获取。这样就能避免“创建副本”到“把副本回写到主内存中”等的操作，从而提升效率。

值得注意的是，如果我们在多线程环境下，针对某个变量有读和写的操作，那么别把它修饰成 volatile，因为为了解决数据不一致的问题，我们会给该变量加锁，使该变量在一个时间段中只能有一个线程进行操作，这样就无法发挥 volatile 的优势了。

记住：如果某个变量在多线程环境下只有读或只有写的操作，建议把它设置成 volatile，这样能提升多线程并发时的效率。

7.4.4　通过 ThreadLocal 为每个线程定义本地变量

在项目中往往需要在线程内部定义一些只针对本线程有效的变量，如启动不同的线程去分析不同网页，当线程发现某网站无法连接后，会把它写入一个“待重试”的列表，过段时间需要再次重试。

在这种场景中，“待重试”的列表就属于只针对本线程有效的变量，我们可以用 ThreadLocal 来定义这类“线程私有”变量，通过 ThreadLocal 可以把某个对象的可见范围局限在一个线程的范围内。通过下面的 ThreadLocalDemo.java，我们来看一下 ThreadLocal 的用法。

```
1  class MyThreadLocal {
2      // 定义了一个 ThreadLocal 变量，用来保存当前线程私有数据
3      private ThreadLocal<Integer> localVal = new ThreadLocal<
   Integer>() {
4              // 设置初始化的值是 0
5              protected Integer initialValue() {
6                  return 0;
7              }};
8      public Integer add() {
9          // 将值加 1，并更新
10         localVal.set(localVal.get() + 1);
11         return localVal.get() + 1;
12     }
13 }
```

MyThreadLocal 类的第 3 行定义了一个 ThreadLocal 类的变量，通过泛型，我们指定了 localVal 属于 Integer 类型，通过第 5 行的方法，设置了 localVal 的初始值，在第 8 行提供了一个对 localVal 加 1 的方法。

```
14 class UserLocalvALThread extends Thread {
15     private MyThreadLocal localObj = new MyThreadLocal();
16     public UserLocalvALThread(MyThreadLocal localObj) {
17         this.localObj = localObj;
18     }
19     public void run() {
20         for (int i = 0; i < 3; i++) {
       System.out.println(Thread.currentThread().getName() +
   "\t" + localObj.add());
21         }
22     }
23 }
```

在第 14 行定义的线程类型的 UserLocalvALThread 类中，我们在其中的第 19 行定义了该线程的主体逻辑。

在 run 方法中，我们通过第 20 行的 for 循环调用了 3 次针对 ThreadLocal 类型 localObj 对象的加 1 操作。

```
24 public class ThreadLocalDemo {
25     public static void main(String[] args) {
26         MyThreadLocal threadLocal = new MyThreadLocal();
27         Thread t1 = new UserLocalvALThread(threadLocal);
28         Thread t2 = new UserLocalvALThread(threadLocal);
29         Thread t3 = new UserLocalvALThread(threadLocal);
30         t1.start();
31         t2.start();
32         t3.start();
33     }
34 }
```

在 main 函数的第 27 ~ 29 行创建了 3 个线程，并在第 30 ~ 32 行的代码中启动了这 3 个线程，这段代码的运行结果如下。

```
Thread-02
Thread-03
Thread-04
Thread-22
Thread-23
Thread-24
Thread-12
```

```
Thread-13
Thread-14
```

从以上结果可以看到，虽然在第 27 ~ 29 行创建 3 个线程时，传入的是同一个 threadLocal 对象，但由于在它内部的 localVal 变量是 ThreadLocal 类型的，因此，这个变量并不是三个线程共享的，而是每个线程独立地维护自己的 localVal 变量。

也就是说，localVal 并不存在于主内存中，而是存在于 3 个线程各自的内部内存中，具体表现为线程 0,1,2 的输出值均是“2,3,4”。

7.5 线程池

前面在讲 JDBC 时提到过连接池的概念，在连接池中维护着若干个连接，它们在用完后并不是释放，而是返回连接池，这样能避免因频繁创建和销毁连接对象而导致的性能问题的出现。

如果并发的线程数量很多，并且每个线程的执行时间都很短，那么这样频繁地创建和销毁线程就会大大降低系统的效率，这时我们同样可以通过线程池来起到提升性能的作用。

7.5.1 通过 ThreadPoolExecutor 实现线程池

通过下面的 SimpleThreadPoolDemo.java 来演示通过 ThreadPoolExecutor 类实现线程池的方法。

```
1  //省略必要的 import 方法
2  class MyThread extends Thread {
3      private String name;//线程名
4      public MyThread(String name)
5      { this.name = name; }
6      public void run() {
7          System.out.println("Thread: " + name + " start");
8          try { sleep(1000); }
9           catch (InterruptedException e)
10          { e.printStackTrace(); }
11         System.out.println("Thread " + name + " finish");
12     }
13 }
```

在 MyThread 线程类的 run 方法中，我们在第 7 行和第 11 行打印了两句话，在这两句

话输出之间，通过第 8 行的语句 sleep 了 1 秒。

```
14  public class SimpleThreadPoolDemo {
15      public static void main(String[] args) {
16       ThreadPoolExecutor executor = new ThreadPoolExecutor(2,4,
    200, TimeUnit.MILLISECONDS, new ArrayBlockingQueue<Runnable>(5));
17          for (int i = 0; i < 5; i++) {
18              MyThread myTask = new MyThread(Integer.valueOf(i).
    toString());
19              executor.execute(myTask);
20          }
21          executor.shutdown();
22      }
23  }
```

在 main 函数中，我们能看到通过线程池管理线程的一般步骤，首先，通过第 16 行的构造函数创建一个管理线程池的 ThreadPoolExecutor 类；其次，通过第 19 行的 execute 方法，把线程类放入线程池中执行；最后，第 21 行的代码关闭线程池。

下面详细分析 ThreadPoolExecutor 类构造函数各参数的含义，该类的构造函数原型如下。

```
  ThreadPoolExecutor(int corePoolSize, int maximumPoolSize, long
keepAliveTime,
      TimeUnit unit, BlockingQueue<Runnable> workQueue,
RejectedExecutionHandler handler)
```

第一个参数 corePoolSize 表示线程池中所保存的线程数，这里设置成两个。

第二个参数 maximumPoolSize 表示线程池允许创建的最大线程数。当后面参数 workQueue 是无界队列时（如用 LinkedBlockingQueue），该参数无效，这里我们指定的 workQueue 是有界的，所以该参数有效，值是 4。

第三个参数 keepAliveTime 表示当前线程池中线程数大于第一个参数所指定的线程数时，终止多余的空闲线程时间，这里设置的是 200。

第四个参数则表示 keepAliveTime 值的单位，这里是 MILLISECONDS（毫秒）。

这里通过第一个参数指定的线程数是 2，如果当前线程池中有 3 个线程，那么其中一个线程在空闲 200 毫秒后会自动释放。

第五个参数 workQueue 的含义是，如果当前线程池里的数目达到第一个参数 corePoolSize 所指定的值时，而且当前所有线程都处于活动状态，则把新到来的任务放到此队列中，这里用到的是 ArrayBlockingQueue，它是一个基于数组结构的有界队列，此队列按 FIFO 原则对任务进行排序。

此外，workQueue 还可以指定为 LinkedBlockingQueue，这是一个基于链表结构的无界队列，它按 FIFO 原则对任务进行排序，由于是无界的，根本不会满，因此采用此队列后线程池将忽略拒绝策略（也就是之后要讲到的 handler）参数，同时还将忽略最大线程数（maximumPoolSize）参数。

第六个参数 handler 用来指定拒绝策略，也就是说，当线程池与 workQueue 都满的情况下，对新来的任务采取的策略如下。

（1）AbortPolicy，它是默认值，表示拒绝任务，同时抛出 RejectedExecutionException 异常。

（2）CallerRunsPolicy，会自动重复调用，直到成功。

（3）DiscardOldestPolicy，不抛弃新来的任务，而是抛弃等待队列中等待最久的一个线程，然后把新到的任务加到队列中。

（4）DiscardPolicy，把新到的任务直接抛弃，同时不抛出异常。

上述代码的运行结果如下。

```
1  Thread: 1 start
2  Thread: 0 start
3  Thread 1 finish
4  Thread: 2 start
5  Thread 0 finish
6  Thread: 3 start
7  Thread 3 finish
8  Thread: 4 start
9  Thread 2 finish
10 Thread 4 finish
```

由于线程池的允许线程数是 2，所以从第 1 行和第 2 行的输出中能看到，有两个线程同时被启动。随后，线程池发现每当一个线程结束后，都会启动一个新的线程，直到全部线程运行结束。

从这个输出中，我们会看到一个比较迷惑的现象，虽然设置了线程池的最大允许数量是 4，但只看到两个线程在同时运行。如果大家对 corePoolSize、maximumPoolSize 和 workQueue 这三个参数有详细的了解，就能理解这个输出了。

（1）当线程池中线程数量小于 corePoolSize 时，将为新到来的线程创建一个新的执行线程。

（2）当线程池达到 corePoolSize 时，新到的线程将被放入 workQueue 中。也就是说，第 3 ~ 5 个线程到来后，并没有启动新线程任务，而是被放到了 workQueue 中。

（3）当 workQueue 已满，而且 maximumPoolSize>corePoolSize 时，会为新到线程创建新的执行线程。由于在本案例中，workQueue 没有满，因此不会再启动第 3 个线程。

（4）当线程总数超过 maximumPoolSize 时，将根据 RejectedExecutionHandler 指定的策略处理新到的线程。

（5）当线程池中的线程数量超过 corePoolSize，而且空闲时间等于 keepAliveTime 时，会关闭空闲的线程。

7.5.2 通过 Callable 让线程返回结果

在前面讲述了创建线程的两种方式：一种是继承 Thread，另一种是实现 Runnable 接口。这两种方式都有一个缺陷：在执行完后无法获取执行结果，如果需要获取执行结果，就必须通过共享变量等方式来达到效果，这样用起来很麻烦。

Java 1.5 及之后的版本提供了 Callable 和 Future，通过它们，我们能在线程运行完毕后得到运行结果。通过下面的 CallableDemo.java，大家来看一下线程运行结束后返回结果的做法。

```
1   // 省略必要的 import 方法
2   // 在 Task 里定义 1 ～ 10 的累加动作
3   class Task implements Callable<Integer>{
4       public Integer call() throws Exception {
5           System.out.println("in task");
6           Thread.sleep(2000);
7           int sum = 0;
8           for(int i=0;i<11;i++)
9           { sum += i;}
10          return sum;
11      }
12  }
```

第 3 行定义的 Task 类是实现 Callable 接口的，从泛型上来看，这里我们可以返回 Integer 类型的结果。第 4 行的 call 方法定义了 Task 的主体逻辑，是执行 1 ~ 10 的累加动作。第 10 行通过 return 语句返回了累加的结果。

值得注意的是，通过 call 方法返回的数据类型需要和第 3 行中 Callable 指定的泛型类型一致。

```
13 public class CallableDemo {
14     public static void main(String[] args) {
15         //这里是用 ExecuteService 来管理线程池
16         ExecutorService executor = Executors.
newCachedThreadPool();
17         Task task = new Task();
18         //通过 Future 得到返回值
19         Future<Integer> result = executor.submit(task);
20         executor.shutdown();
21         try { Thread.sleep(1000);}
22         catch (InterruptedException e1)
23         {  e1.printStackTrace();  }
24         try
25         { System.out.println("result is:"+result.get()); }
26         catch (InterruptedException e)
27         { e.printStackTrace(); }
28         catch (ExecutionException e)
29         { e.printStackTrace(); }
30     }
31 }
32
```

在 main 方法的第 16 行中，我们创建了 ExecutorService 类型的 Executor 对象，并用它来管理线程池。第 17 行创建了一个 Task 对象，并在第 19 行中，通过 executor.submit 的方法，把这个 task 放到线程池并执行，这里我们使用 Future<Integer> 类型的 Result 对象来接收返回值。

第 25 行通过 result.get 方法得到了 task 任务的返回结果（是 55），通过上述 Callable 和 Future 结合的方式，我们可以让线程在执行后返回结果。

7.5.3　通过 ExecutorService 创建 4 种类型的线程池

前面在讲述线程返回结果的 CallableDemo.java 代码中，通过 ExecutorService 类型的 executor 对象创建了一个 newCachedThreadPool 类型的线程池。

此外，通过该类型的对象，还能创建其他 3 种线程池，下面归纳一下通过 ExecutorService 类对象能创建的 4 种线程池的特性和用法，如表 7.3 所示。

表 7.3　通过 ExecutorService 创建的 4 种线程池的归纳表

线程池种类	该种线程池的特性	示例代码
newCachedThreadPool	创建可缓存线程池，如线程池长度超过处理需要，可灵活回收空闲线程。若无可回收线程，则新建线程	ExecutorService cachedThreadPool =Executors.newCachedThreadPool(); 详细用法请参见 CallableDemo.java
newFixedThreadPool	创建定长线程池，可控制线程最大并发数，超出最大并发数的线程会在队列中等待	ExecutorService fixedThreadPool = Executors.newFixedThreadPool(3); 其中，3 是最大并发数，它的用法和 newCachedThreadPool 类似
newScheduledThreadPool	创建定长线程池，支持定时及周期性任务执行	ScheduledExecutorService scheduledThreadPool = Executors. newScheduledThreadPool(5); scheduledThreadPool. scheduleAtFixedRate(new Runnable() { public void run() { 主体代码 }, 1,3,TimeUnit.SECONDS); 上述代码表示延迟 1 秒后，每间隔 3 秒执行一次
newSingleThreadExecutor	创建单线程线程池，它只会用唯一的工作线程来执行任务，这种做法并不常见	ExecutorService singleThreadExecutor = Executors.newSingleThreadExecutor(); 它的用法和 newCachedThreadPool 类似

7.6　多线程综合面试点归纳

在面试时，多线程方面属于 Java Core 的必考点，当面试官提到时，大家可以从以下 3 个方面说出自己掌握的多线程知识点。

7.6.1　说出多线程的基本概念和常规用法

（1）线程和进程有什么区别?

大家可以说它们的概念，通过对比来说它们的区别，可以着重说明两方面的区别，第一，在编程时，我们会偏重“多线程”，第二，线程可以“共享”内存，所以在处理多线程并发时，尤其要确保“临界资源”的准确性。

（2）线程有哪些状态？或者简述线程的生命周期。

我们在 7.1.2 小节中详细讲述了线程的生命周期，大家在回答时，可以说能导致线程状态切换的方法，如通过 wait 方法能让线程进入阻塞状态。

（3）你在项目里有没有用到多线程？说明用多线程实现了哪些业务。

如果你用过，那么可以结合实际的需求说明。不过目前 Java 主要用在 Web 开发方面，所以，如果候选人说在项目里没用过，一般也说得过去。

（4）简述你是怎么创建多线程的。

大家可以从以下 4 个方面回答。

（1）可以通过 extends Thread 或 implements Runnable 两种方式，而且在 run 方法中定义线程的主体代码，通过 start 方法来启动线程。这是最基本的创建方式，大家可以说得更深入一些。

（2）由于 Java 中一个类不能同时继承两个类，因此，一般是通过 implements Runnable 的方式来创建多线程，这样能让线程类再继承另一个类。

（3）还能通过 implements Callable 的方式来实现，这样，线程在执行结束后，就可以返回结果了，同时大家可以说明如何通过 Future 来接收线程的返回值。

（4）还可以详细说明通过线程池的方式，如 ThreadPoolExecutor 构造函数各参数的含义，通过 ExecutorService 可以创建哪 4 种线程池。

后面 3 个是比较深的知识点，如果大家能详细说明，就能进一步展示自己的能力。

7.6.2　说出多线程并发的知识点

通过前面的问题解答，我们可以确认候选人是否了解多线程，虽然通过回答这个层次的问题，大家已经能部分地展示自己的能力，但面试官将通过第二方面的问题来进一步确认候选人是否掌握多线程并发方面的技能。

（1）wait 和 sleep 有什么区别？

① sleep 方法是属于 Thread 类的，而 wait 方法是属于 Object 类的。

② sleep 是让当前运行的线程睡眠（或阻塞）一段时间，之后线程能自动恢复运行；wait 则是让线程进入阻塞状态，之后该线程无法自动恢复运行，要其他线程通过 notify 方法唤醒它之后才能继续运行。

③ 执行 sleep 时，线程不会释放锁，而 wait 会释放锁。

（2）Synchronized 有什么作用？

Synchronized 可以作用在方法和代码块上，在 7.2.2 小节和 7.2.3 小节，详细讲述了它的作用。大家也可以同时举例说明，Synchronized 无法解决业务层面上的并发问题，关于这方面的知识点大家可以参考 7.2.6 小节。

回答这个问题时，大家可以自然而然地说出“锁”部分的知识点，这样你就有机会展示“锁”部分的能力了。

（3）说一下你对锁部分的了解。

① 如果大家没有机会提到 Synchronized 的局限性（无法解决业务层面并发的问题），这里可以顺便说明下。

② 可以说明锁的用法，如可以创建 ReentrantLock 类的可重入锁，而且可以通过其中的 lock 和 unlock 方法进行加锁和解锁的操作。

③ 在本节中提到了可重入锁、公平锁和读写锁，大家可以说明这些知识点，如可重入锁的含义、公平锁的含义，以及在创建 ReentrantLock 和 Semaphore 时如何通过参数指定它是否是公平锁，也可以说明在读写锁中加读锁和写锁的条件，由此介绍通过读写锁提升线程吞吐量的做法。

在协调多个线程处理临界资源时，可以使用锁，但这不是唯一的解决方法，在本小节中还提到了用 Condition 和 Semaphore 管理多线程竞争的方法。一般在面试比较资深的高级程序员（工作经验在 5 年以上）时会问，在面试初级程序员或刚入门的高级程序员时未必会问，但大家既然掌握了这部分的知识点，就可以找个机会说出来。

例如，大家在回答多线程并发时，可以说除了锁之外，还用到了 Condition 和 Semaphore。

首先，说明这两个类的基本用法，如可以通过 ReentrantLock 来创建 Condition，通过 Condition 的 await 和 signal 来实现类似加锁和解锁的功能，可以通过 Semaphore 的 acquire 和 release 方法来申请和释放资源。

另外，说明用 Condition 和 Semaphore 的特点（在哪些场景下用它们比较合适）。例如，通过 Condition 类的相关方法，可以在不同的线程中创建多个阻塞队列，而 Semaphore 可以用在多个线程竞争少量资源的场合中。

7.6.3 从线程内存角度分析并发情况

对初级程序员而言，能很好地回答出上述第 2 个确认点中的相关问题就可以了，不过大家可以通过说出线程的内存结构，进一步展示自己对线程部分知识点的了解。

这部分的知识点未必有明确的问题，面试官一般不会直接问“ThreadLocal 有什么作用”，但大家应当找合适的机会展示自己还知道以下知识点。

1. 线程内存的结构

在面试时，大家总有机会提到在多线程并发时，临界资源可能会出现数据不一致的问题。这时，大家可以阐述线程的内存结构（必要时可以画出来），随后可以说线程会将主内存的变量在自己的内存内部做一个副本，在对副本完成操作后再回写到主内存中，这样就有可能导致临界资源的数据不一致。

2．volatile 关键字

大家可以阐述 volatile 关键字的作用（不是给对象加锁，而是保证线程中读写到的数据都是最新的），然后一定得说出它的使用场景（不能只知道概念，还要知道怎么用），如果某个变量在多线程环境下只有读或只有写的操作，建议把它设置成 volatile，这样能提升多线程并发时的效率。

3．ThreadLocal

面试官可能问：如果我们想定义线程内部的变量，这些变量只对本线程有效，对其他线程无效，该怎么办？这时大家就可以说用 ThreadLocal。

4．线程安全和不安全的集合

这时，大家可以说出以下 3 个方面的知识点。

（1）哪些集合是线程安全的，哪些是不安全的？（如 ArrayList 是线程不安全的）同时说明，如果多个线程同时往线程不安全的对象中写数据，可能出现数据不一致的问题。

（2）如果项目运行在单线程环境，那么使用线程不安全的集合即可，因为和线程安全的集合相比，它的性能要好些。

（3）可以通过类似 Collections.synchronizedList(new ArrayList()) 的方法，把线程不安全的对象包装成线程安全的。

第 8 章

让设计模式真正帮到你

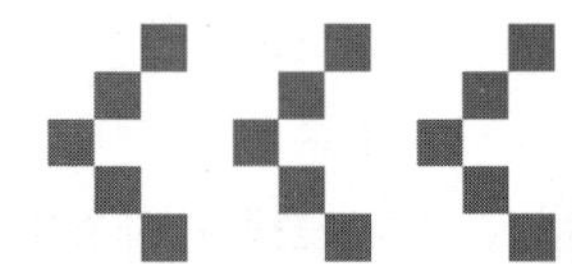

我们在开发项目时会遇到大量的问题，令人无所适从，但如果抽象地看待这些问题，就可以把这些“数量无限”的问题归纳为“有限”的类型，如能归纳为“如何创建一个单例对象”或“如何通过代理访问其他资源”等类型。

针对这些“类型有限”的问题，四位“大牛”（GoF）提出了 23 种设计模式（Design pattern）。在每种模式里，不仅给出了这种模式的适用场景，而且还提出了该种类型问题的解决方案，这也是设计模式能被广为流传的原因。

在大多数的项目中，合理地应用这 23 种模式能解决绝大多数的问题（不能说能解决所有问题）。遇到它们不能解决的问题时，我们还可以灵活使用设计模式背后所包含的设计原则（如单一职责原则或里氏替换原则等）来分析和解决问题。

8.1　初识设计模式

老板不会因为程序员精通 23 种设计模式而多加工资，客户也不会因为在项目中多加了设计模式而多给钱，那么设计模式的价值体现在哪里?

通过使用设计模式，我们可以节省解决问题的时间（每种设计模式都给出了适用场景和解决方法），而且，通过应用设计模式及它们背后包含的思想可以优化系统结构，这样我们就可以用比较小的代价来添加新的需求或者修改现有功能。

设计模式能节省人力和时间上的成本，这才是价值所在。所以在本节中，不仅讲理论，还会讲如何应用，以及如何在面试中展示自己这方面的能力。

8.1.1　设计模式的分类

总体来说，设计模式可以分为创建型、结构型和行为型三大类。

创建型模式包括工厂模式、抽象工厂模式、单例模式、建造者模式和原型模式 5 种，在遇到“创建对象”的需求时，我们可以根据场景合理地选用这类设计模式。

结构型模式包括适配器模式、装饰器模式、代理模式、外观模式、桥接模式、组合模式和享元模式。

在构建项目中模块之间的关系时，我们可以根据实际需求选用一种或多种结构型模式，从而提升代码的可读性和可维护性。在维护项目时，通过评估项目可能发生的添加和修改功能的需求，从而应用结构型模式或这些模式背后所包含的思想来合理地重构项目代码。

行为型模式有 11 种，分别是策略模式、模板方法模式、观察者模式、迭代器模式、责任链模式、命令模式、备忘录模式、状态模式、访问者模式、中介者模式和解释器模式。当模块（或类）之间有交互需求时，我们可以选用其中的一种或多种解决方案。

8.1.2　面试时的常见问题（学习设计模式的侧重点）

在面试中，面试官一般会由浅到深地问以下 3 个问题（其实这也是绝大多数面试官会提的问题）。

（1）在理论层面，你知道哪些设计模式? 请通过图或代码，或者其他任何能说清楚的方式叙述一下你最熟悉的设计模式。

（2）在应用方面，你在项目中用过哪些设计模式? 请具体结合项目的需求来说明。

（3）你叙述的这个应用场景和你选用的设计模式看上去不匹配，那么为什么还要用这种模式? 或者说，即使不用设计模式，也能实现这个需求点，那么用到这种模式会给你们带来哪些实际的好处? 或者说，你这里确实可以用到这种模式，但设计模式本身也是需要代价的，如增加接口和父类从而增加代码的复杂度。那么在项目中，你从设计模式中得到的好处是不是足以弥补这种代价？（也就是是否非用不可。）

从回答情况来看，不少工作经验在 3 年以下的候选人往往在理论方面能说得很有条理，但也就仅此而已。很多应聘高级开发的候选人无法很好地展示通过设计模式优化项目结构的技能。也就是说，大家应当围绕第二个问题来学习各种模式。

8.2 从单例模式入手来了解创建型设计模式

在实际项目中，单例、工厂（包括一般工厂和抽象工厂）和建造者这些模式出现的次数较多，也是候选人经常用来举例说明的设计模式。

8.2.1 单例模式的实现代码和应用场景

在创建对象时，通过单例模式可以保证只有一个实例存在。如果项目中多个运行实例都从同一个配置文件中读取发送邮件的列表，那么我们就可以用单例模式来创建这个读配置文件的类。

我们先来看一下单线程情况下单例模式的写法。

```
1 public class MailListReader {
2     private static MailListReader reader = null;
3     private MailListReader(){}// 构造函数私有
4     // 向外部开放一个公有的静态函数来提供对象
5     public static MailListReader getInstance() {
6         if(reader == null)
7            reader = new MailListReader();
8         return reader;
9     }
10    // 提供邮件列表的方法
11     List<String> provideList()
12     { 省略提供邮件列表的代码 }
13 }
```

在上述的代码中，我们可以看到实现单例模式的两大要素。首先，第 3 行提供的构造函数是私有的，外部代码就无法通过调用构造函数来创建 MailListReader 对象；其次，会通过诸如第 5 行的代码向外界提供 read 实例，而且在这个方法中，只有当 Read 对象为 null 时，才创建并返回该对象。

如果程序是运行在单线程环境下，那么上述实现方式能满足单例的需求，但在多线程的情况下，出现多个线程同时调用 getInstance 方法时，就无法保证单例了。

确实，我们可以通过加 Synchronized 来保证多线程场景中只有一个 MailListReader 对象被创建，代码改写如下。

```
1  public class MailListReader {
2      private static MailListReader reader = null;
3      private MailListReader(){}// 构造函数私有
4       public static MailListReader getInstance() {
5          Synchronized(MailListReader.class){
6              if(reader == null)
7                 reader = new MailListReader();
8          }
9          return reader;
10     }
11     // 省略提供邮件列表的方法
12 }
```

在以上代码中，我们把第 7 行 new 的动作包含在第 5 行的 Synchronized 代码块中，new 代码在同一个时间段中只能被一个线程调用，当多个线程同时到来时会出现排队的情况，这样效率会有些低下。所以，我们还可以通过以下的“双重检查”方式来兼顾线程安全和性能。

```
1  public class MailListReader {
2      private static MailListReader reader = null;
3      private MailListReader(){}// 构造函数私有
4       public static MailListReader getInstance() {
5          if(singleton == null){
6             synchronized (Singleton.class){
7               if(singleton == null){
8                    singleton = new Singleton();
9                }
10              }
11          }
12          return reader;
13     }
14     // 省略提供邮件列表的方法
15 }
```

上面代码在 getInstance 方法中的第 5 行和第 7 行通过两个 if 来检查，这就是“双重检查”，在加锁前我们做了一个是否为空的判断。通过这个判断能看到是否有其他线程得到 reader 对象，这样可以避免第 6 行锁对象的操作，从而能避免多线程排队的情况。

大家完全可以通过在项目中的实际案例，用单例模式来说明自己对设计模式的理解，而且可以由浅到深地一直讲到“双重检查”方式，这样面试官就能知道，你不仅知道这种模式最基本的写法，还掌握如何在多线程中应用的高级技能。更为重要的是，大家能通过实际案例，向面试官说明你不仅知道理论，而且会应用。

8.2.2 通过工厂模式屏蔽创建细节

工厂模式（Factory Method）是用来向使用者屏蔽创建对象的细节。之前在讲 SAX 解析 XML 文件时已经用过工厂模式。当时我们是通过以下代码用 SAXParserFacotry 工厂对象来创建用于解析的 parse 对象的。

```
SAXParserFactory factory = SAXParserFactory.newInstance();
SAXParser parser = factory.newSAXParser();
```

作为使用者，我们只要能得到 parser 对象进行后续的解析动作，至于 parser 对象是如何创建的，我们不需要，也不应该管。如果不用工厂模式，就要亲自关注如何创建 parser 对象，如要考虑创建时传入的参数，以及是否改用“池”的方式来创建对象，以提升效率。

这样亲力亲为的后果是，会让使用和创建 parser 对象的代码耦合度很高，这样一旦创建 parser 的方法发生改变，如日后需要传入不同的参数，那么使用 parser 的代码也需要对应修改。

大家不要以为增加修改量关系不大，如果在某个模块中修改了代码，哪怕这个修改点很小，也得经过完整的测试才能把这段代码放入生产环境中，这是需要工作量的。如果把“使用”和“创建”对象放在一个模块中，那么“使用”部分的代码也得测试（虽然没改），但现在通过工厂模式分离了两者，那么只需要测试“创建”模块，就可以减少工作量了。

下面我们先来看工厂模式的实现代码，如我们要编写（创建）Java 和数据库方面的两本书，先在第 1 行构建一个 Book 的基类，在第 4 和第 7 行创建两个子类，而且可以把一些通用性的方法（如“查资料”）放入 Book 类中。

```
1 class Book {
2     public book(){   }
3 }
4 public class JavaBook extends Book {
5    public JavaBook(){System.out.println("Write Java Book");}
6 }
```

```
7  public class DBBook extends Book{
8     public DBBook(){System.out.println("Write DB Book"); }
9  }
10 interface BookFactory { Book createBook(); }
11 public class JavaFactory implements BookFactory{
12       public JavaBook createBook(){
13         // 省略其他编写 Java 书的代码
14         return new JavaBook();
15     }
16 }
17 public class DBFactory implements BookFactory{
18     public DBBook createBook() {
19         // 省略其他编写数据库书的代码
20         return new DBBook();
21     }
22 }
```

随后我们通过如第 10 行的接口来定义创建动作。根据需求，可以在第 11 和 17 行实现这个接口，在其中分别实现“编写 Java 书”和“编写数据库书”的代码。

```
1  BookFactory javaFactory = new JavaFactory ();
2  JavaBook javaBook = javaFactory.createBook();
3  BookFactory dbFactory = new DBFactory ();
4  DBBook dbBook = dbFactory.createBook();
```

上述代码提供了“创建”的方法，下面我们给出“调用”的代码。从第 2 和第 4 行的代码中可以看到，外部对象可以通过两种不同的 createBook 方法分别得到 Java 和数据库书。

8.2.3　工厂模式违背了开闭原则

在上述案例中，如果遇到新需求，需要再创建 C 语言的书，首先可以在 Book 父类下创建一个 CBook 子类，然后可以在 BookFactory 接口下再创建一个新的工厂，代码如下。

```
public class CBook extends Book { // 构建一个新的类
   public CBook(){System.out.println("Write C Book");}
}
public class CFactory implements BookFactory{
    public CBook createBook() {
        // 省略其他写 C 语言书的代码
        return new CBook();
```

```
        }
}
```

对于这个修改需求，我们并没有修改原有的创建 Java 和数据库书籍相关的代码，而是通过添加新的模块来实现，这种做法很好地符合了“开闭原则”。

开闭原则（Open Closed Principle，OCP）与设计模式无关，它是一种设计架构的原则，其核心思想是，系统（或模块或方法）应当对扩展开放，对修改关闭。例如，对于上述案例，遇到扩展时并没有修改现有代码，从而可以避免测试不相干的模块。

下面以工厂模式为例，来看一下没采用开闭原则的后果。如果还是要创建 Java 和数据库方面的书，那就在一个方法中根据参数的不同来返回不同的类型。

```
1  public class BookFactory {
2      public Book create(String type) {
3          switch (type) {
4              case "Java": return new JavaBook();
5              case "DB":return new DBBook();
6              // 如果要扩展，只能加在这里
7              case "C":return new CBook();
8              default: return null;
9          }
10     }
11 }
```

如果要加新类型的书，只能是新加一个 case，一旦有修改，就要改动第 2 行的 create 方法，这样一来，create 方法（乃至 BookFactory 类）对修改就不会关闭了。如果大家对此不理解，可以回顾工厂模式的案例，当遇到这个需求时，我们是通过添加 CFactory 类来实现的，原来的 BookFactory 和 DBFactory 并没有改动（它们对修改关闭了）。

对比一下两者的区别，由于工厂模式没遵循开闭原则，因此，一旦添加 C 语言的书籍，就影响到其他不相干的 Java 和 DB 书籍了（这两部分的 case 代码也得随之测试），这也是简单工厂模式适用场景比较少的原因。

8.2.4 抽象工厂和工厂模式的区别

抽象工厂是对工厂模式的扩展，比如我们在写 Java 和数据库方面的书籍时，需要添加录制讲解视频的方法。也就是说，在 Java 书和数据库书这两个产品中，不仅要包含文稿，还要包含视频。

具体到生产 Java 书和数据库书的这两个工厂中，我们要生产多类产品，不仅要包括文

稿，还要包括代码，此时就可以使用抽象工厂模式，其示例代码如下。

```
1 class Video {                                    // 视频的基类
2     public Video(){   }
3 }
4 public class JavaVideo extends Video { 省略定义动作  }
5 public class DBBook extends Video { 省略定义动作 }
```

在第 1 行中，我们创建了视频的基类；在第 4 行和第 5 行中，创建了针对 Java 和数据库书视频的两个类。

```
6  abstract class CreateBook{                      // 抽象工厂
7      public abstract Book createBook();          // 编写文稿
8      public abstract Book createVideo();         // 录制视频
9  }
10 // 具体创建 Java 书的工厂
11 class CreateJavaBook extends CreateBook{
12     public JavaBook createBook() { 省略编写文稿的具体动作 }
13     public JavaVideo createVideo() { 省略录制视频的具体动作 }
14 }
15 // 具体创建数据库书的工厂
16 class CreateDBBook extends CreateBook{
17     public DBBook createBook() { 省略编写文稿的具体动作 }
18     public DBVideo createVideo() { 省略录制视频的具体动作 }
19 }
```

第 6 行定义了一个抽象工厂，在其中定义了创建视频和书籍的两种方法，第 11 行和第 16 行通过继承这个抽象工厂，实现了生产两个具体 Java 和数据库书籍的工厂。

与工厂模式相比，抽象工厂模式的顶层类一般是抽象类（也就是抽象工厂模式名称的来源），但与工厂模式相比，没有优劣之分，只看哪种模式更能适应需求。例如，如果要在同一类产品（如书）中生产多个子产品（如文稿和视频），那么就可以使用抽象工厂模式；而如果需要生产的产品中只有主部件（如文稿），而不需要附属产品（如视频），那么就可以用工厂模式。

8.2.5　分析建造者模式和工厂模式的区别

建造者模式和工厂模式都关注“创建对象”，在面试时，一般会问到它们的区别。通过工厂模式，一般都是创建一个（或一类）产品，而不关心产品的组成部分；而建造者模式也是用来创建一个产品，但它不仅创建产品，更专注这个产品的组件和组成过程。

通过下面的代码，我们来看一下建造者模式的用法，然后对比建造者模式和工厂模式的区别。

```
// 定义一个待生产的产品，如带视频讲解的书
public class BookwithVideo {
    // 其中包括了稿件和视频两个组件
    Book PaperBook;
    Video Video;
}
// 定义一个抽象的建造者
public abstract class Builder {
    public abstract Book createPaperBook();      // 编写稿件
    public abstract Video createVideo();         // 录制视频
}
// 定义一个具体的建造者，用来创建 Java 书
public class JavaBookProduct extends Builder {
    private BookwithVideo bookWithVideo = new BookwithVideo();
    // 通过这个方法返回组装后的书（稿件加视频）
    public BookWithVideo getBook(){return bookWithVideo;}
    // 编写稿件
    public void setPaperBook() {
        // 创造 Java 文稿，并赋予 javaBook 对象
        bookWithVideo.book = javaBook;
    }
    // 录制视频
    public void setVideo() {
        // 录制 Java 书的视频，并赋予 javaVideo 对象
        bookWithVideo.video = javaVideo;
    }
}
// 定义一个具体的数据库书的建造者
public class DBBookProduct extends Builder {
    private BookwithVideo bookWithVideo = new BookwithVideo();
    // 通过这个方法返回组装后的书（稿件加视频）
    public BookWithVideo getBook(){return bookWithVideo;}
    // 纸质书
    public void setPaperBook() {
        // 写数据库书的文稿，并赋予 dbBook 对象
        bookWithVideo.book = dbBook;
    }
```

```
38        //录制视频
39        public void setVideo() {
40             //录制数据库书的视频，并赋予 dbVideo 对象
41             bookWithVideo.video = dbVideo;
42        }
43  }
```

第 8 行定义了一个抽象的创造者类 Builder，第 13 行和第 29 行通过继承 Builder 这个创造者类创建了两个实体创造者，分别用来创造 Java 书和数据库书。

在每一个创造者中，都通过 setPaperBook 方法创造文稿，通过 setVideo 方法创建视频，并把创建好的文稿和视频分别赋予 bookWithVideo 对象中的两个文稿和视频组件。

看到这里，似乎和工厂模式差不多，但是由于建造者模式偏重于组件的创建过程，所以会通过以下的总控类来组装对象；而工厂模式偏重于“创建产品”的这个结果，并不关注产品中组装各组件的过程，所以一般不会有总控类。

```
44  //总控类
45  public class Director {
46      void productBook(Builder builder){
47           builder.setPaperBook();
48           builder.setVideo();
49      }
50  }
```

总控类里的第 46 行定义了用来创建书的 productBook 方法，注意这个方法是抽象的 builder 类。通过下面的代码，可以看到如何通过上述定义的总控类和建造者类来动态地创建不同种类的对象。

```
1  Director director = new Director();
2  Builder javaBookBuild = new JavaBookProduct();
3  Builder dbBookBuilder = new DBBookProduct();
4  director.productBook(javaBookBuild);
5  director.productBook(dbBookBuilder);
```

第 1 行定义了一个总控类，第 2 行和第 3 行定义了具体的创建 Java 和数据库书籍的建造者对象，在第 4 行和第 5 行中，分别传入了 javaBookBuilder 和 dbBookBuilder 这两个建造者对象，这样在总控类的 productBook 方法中，会根据传入参数类型的不同，分别建造 Java 书和数据库书。

我们经常通过建造者模式来创建项目中的业务对象，所以候选人在他们的项目里一般

都会用到这种模式，在面试中也经常听到候选人用这种模式来举例，这里介绍几种比较好的回答。

（1）候选人用电商平台的订单来举例，首先创建一个订单的基类，其中包括商品列表、总价钱、总积分和发货地址 4 个组件。

（2）通过继承这个订单基类，创建了两类订单，分别是“一般用户的订单”和“VIP 客户的订单”，它们的算总价和算总积分的业务逻辑是不同的。

（3）定义了一个抽象的建造者对象，在其中定义了“统计商品”和“算总价”等的方法。

（4）通过继承抽象的建造者，定义了两个具体的建造者，分别用来建造“一般订单”和“VIP 订单”，在每个具体的建造者对象中，创建商品列表、总价钱、总积分和发货地址，并把它们组装成一个订单。

（5）也是关键点，需要创建一个总控类（这是建造者模式的核心，也是和工厂模式的区别点），在其中提供一个 productOrder(Builder builder) 方法，它的参数是抽象的建造者。

至此构造了建造者模式的全部代码，在需要创建订单时，则可以通过 productOrder (VIP 订单的建造者对象）的调用方式，通过传入的具体的建造者对象（不是抽象的建造者对象）来完成建造。

上述的叙述仅供大家参考。其实，根据实际的项目需求叙述建造者模式并不困难。一般来说，很多面试官都会问，建造者模式和工厂模式有什么区别。这在前面已经讲解了，大家可以通过项目需求详细说明。

8.3 了解结构型的设计模式

在之前讲到的代理模式中，我们能看到服务调用者是通过代理类（而不是本类）来访问服务提供者，从中能看到结构型模式的一般特点。

结构型模式通过继承等手段改善了类之间的依赖关系（如代理模式中的调用关系），由此来降低系统模块之间的耦合度，从而提升代码的可维护性。

知道所有的设计模式不如精确掌握（能在面试中结合项目案例说明）几类常见的模式，所以这里根据在项目中的出现频率选择性讲解装饰器和适配器模式。

8.3.1 简单的装饰器模式

如果产品中的组件相对固定，而且生产组装各组件的次序也不会经常发生变化，那么我们可以选用之前提到的建造者模式来优化代码的结构。

例如，在某理财项目中，有基金理财、股票理财和信托理财 3 套方案，在客户经理向客户推荐的“理财套装”中会组合选用上述一种或多种理财方案。

也就是说，这个“理财套装”中的组件不是固定的，可以自由搭配。如可以推出一种“稳健型”的理财产品，其中包括“信托”和“基金”；也可以推出“风险型”的，其中包括“股票”；还可以推出“混合型”的，其中包含“股票”和“信托”。这时就无法选用建造者模式了，而是要选用装饰器模式。其实，我们已经分别叙述了建造者模式和装饰器模式的适用场景，在下面的案例中将通过装饰者模式来创建各种理财方案。

```
1  public abstract class FinancialProduct{
2      String type = "base";
3      public String getType(){  return description; }
4      List productList ;// 存放理财产品的列表
5  }
6  public class StableProduct extends financialProduct {
7      public StableProduct() { type = "Stable"; }
8  }
9  public class PositiveProduct extends financialProduct {
10     public PositiveProduct() { type = "Positive"; }
11 }
12 public class FixedProduct extends financialProduct {
13     public FixedProduct() { type = "Fixed"; }
14 }
```

第 1 行创建了一个抽象类 FinancialProduct，并在第 6 行、第 9 行和第 12 行，分别通过继承这个抽象类创建了稳健型、风险型和混合型 3 种产品。

```
15 public abstract class FinancialDecorator extends
16         FinancialProduct {
17     public abstract String getType();
18 }
19 public class Stock extends FinancialDecorator {        // 股票
20     private FinancialProduct product;
21     public Stock (FinancialDecorator product){
22         this.product = product;
23     }
24     public String getType() {
25         return this. product.getType() + "including Stock";
26     }
```

```
27     public void addStock {
28        // 在 FinancialProduct 的 productList 里加入股票作为理财产品
29     }
30  }
```

在第 15 行中，我们通过继承 FinancialProduct 类定义了 FinancialDecorator 装饰类，并在第 19 行通过继承 FinancialDecorator 创建了 Stock 股票类。

在 Stock 类中，我们通过 addStock 方法向父类（也就是 FinancialProduct 类）的 productList 中添加“股票”作为理财产品。

```
31  public class Fund extends FinancialDecorator {        // 基金
32     private FinancialProduct product;
33     public Fund(FinancialDecorator product){
34        this.product = product;
35     }
36     public String getType() {
37       return this. product.getType() + "including Fund";
38     }
39     public void addFund {
40       // 在 FinancialProduct 的 productList 中加入基金作为理财产品
41     }
42  }
43  public class BankTrust extends FinancialDecorator {   // 信托
44     private FinancialProduct product;
45     public BankTrust(FinancialDecorator product){
46        this.product = product;
47     }
48     public String getType() {
49       return this. product.getType() + "including Fund";
50     }
51     public void addBankTrust {
52       // 在 FinancialProduct 的 productList 中加入信托作为理财产品
53     }
54  }
```

同样，在第 31 行和第 43 行中，通过继承 FinancialDecorator 类创建了“基金”和“信托”两个类，并且分别在这两个类中，向父类（同样是 FinancialProduct 类）的 productList 对象中添加“基金”和“信托”作为理财产品。

我们可以通过以下的代码来创建“混合型”的理财方案，其中，在第 1 行中创建了混合型的理财产品类，在第 2 行和第 3 行创建 Stock 和 BankTrust 对象时，把“股票”和“信托”两种理财产品放入 fixProduct 类的 productList 中。

```
1  FinancialProduct fixProduct = new FinancialProduct();
2  Stock stock = new Stock(fixProduct);
3  BankTrust bankTrust =  new BankTrust(fixProduct);
```

同样，我们可以以此创建稳健型和风险型理财产品，就不再额外给出代码了。

在面试过程中，经常听到候选人用这种模式来举例。例如，某候选人做的是保险业务，他会动态地把财产险、人寿险和车险中的一种或多种组合打包，形成各种保险套装。

由于装饰者模式经常用来动态地把不固定数量的零件组合成业务整体，因此，用这种模式的场景一定不会少。大家也可以根据自己的实际项目情况针对这种模式进行合理说明，以便在面试中能很好地叙述对这种模式的理解和使用经验。

8.3.2　通过适配器模式协调不同类之间的调用关系

设计模式的思想来自日常生活，我们先来看一个适配器模式在日常生活中的使用场景。美国产的电器是在 110V 的电压环境中工作，而从中国插座中得到的电压是 220V。也就是说，美国电器的插头不能直接插入中国的插座中工作，中间要连接适配器。

适配器一端连接 220V 的插座，另一端连接 110V 的电器，它的作用是连接两类本不能连接在一起的物品，使它们协同工作。在设计模式中，适配器也起着类似的作用。

例如，在项目中有个空调接口，其中封装了“制冷”和“制热”的功能。在这个接口里，定义了 5 个关于制冷和 5 个关于制热的方法，示意代码如下。

```
interface AirCondition{
     void makeCool();              // 制冷方法
     void keepCool();              // 在制冷状态中保存当前温度
     省略其他 3 个制冷的方法
     void makeHeat();              // 制热方法
     void keepHeat();              // 在制热状态中保存当前温度
     省略其他 3 个制热的方法
}
```

在实际应用中，有制冷（CoolAirCondition）和制热（HeatAirCondition）两类空调，这样一来，它们都应当实现（implements）这个 AirCondition 接口。例如，在制冷空调类中，我们一定会通过重写 makeCool 和 keepCool 等 5 个与制冷相关的方法来提供“制冷空调”的功能。虽然这个类不会提供制热相关的功能，但为了实现接口，我们不得不重写这 5 个与制热相关的方法，否则会报语法错误，示例代码如下。

```
class CoolAirCondition implements AirCondition{
    void makeCool() { 其中包含了制冷的功能 }
    void keepCool() { 其中包含了在制冷模式中保持温度的做法 }
        同样需要重写另外 3 个制冷的方法
        void makeHeat(){ }     // 虽然用不到，但得写个空方法
        void keepHeat(){}      // 同样得写个空方法
        针对另外 3 个关于制热的方法，同样得定义个空方法
}
```

同样的问题也会出现在制热空调类中。也就是说，虽然我们用不到接口中的一些方法，但在实现类中，不得不把接口中的方法重写一遍（虽然会出现很多空方法）。这样的代码比较难看，也比较难维护。例如，在 AirCondition 类中再添加一个制热的方法，那么制冷空调（CoolAirCondition）类中也不得不再添加一个空方法来避免语法错误。

我们可以通过适配器模式来解决这类问题，如可以定义一个 EmptyAirCondtion 类，用它来实现（implements）AirCondition 接口。在这个 EmptyAirCondtion 类中，所有的方法都是空方法，代码如下。

```
class EmptyAirCondition implements AirCondition{
    void makeCool() { }        // 方法体为空
    void keepCool() { }        // 方法体也为空
    实现 AirCondition 接口中剩下的 8 个方法，方法体也都为空
}
```

综上所述，如果我们要实现制冷空调的功能，可以通过继承（Extends）EmptyAirCondition 类的方式（而不是通过实现 AirCondition 接口的方式）来实现，示例代码如下。

```
class CoolAirCondition extends EmptyAirCondition {
    void makeCool() { 其中包含了制冷的功能 }
    void keepCool() { 其中包含了在制冷模式中保持温度的做法 }
    同样需要重写另外 3 个制冷的方法
    但不必重写关于制热的 5 个方法
}
```

这样我们可以避免在 CoolAirCondition 类中看到 5 个不相干的与制热相关的方法。同样，如果要实现制热空调的功能，也可以通过继承 EmptyAirCondition 类的方法来实现。如果接口 AirCondition 发生改变，如新增一个方法，那么只需要更改 EmptyAirCondition 类，

具体的业务实现类（制冷和制热空调类）无须变动。

8.4　了解行为型的设计模式

行为型模式主要定义类或对象之间的交互方式和职责分配方式。通过行为型模式提供的思路，我们可以合理地定义类或对象之间的调用关系，从而提升系统的可维护性。

在现有的很多项目场景中，我们在使用迭代器时会感受到其中包含的迭代模式，在使用 Spring 拦截器时会感受到其中包含的职责链模式。此外，我们还经常通过观察者和命令模式来改善类之间的调用关系。

8.4.1　通过迭代器了解迭代模式

当我们遍历集合对象时，一般会用到迭代器对象。例如，可以通过以下的代码来访问一个 ArrayList 类型的对象。

```
1  List<String> arrayList = new ArrayList();
2  省略向 arrayList 中插元素的语句
3  // 通过 iter 迭代器对象遍历 arrayList
4  Iterator iter = arrayList.iterator();
5  while(iter.hasNext()){
6      String str = (String) iter.next();
7      System.out.println(str);
8  }
```

从这个例子中我们能看到迭代器模式的使用场合。如果我们想顺序地访问（或称遍历）一个对象中的所有元素，又不想暴露该对象的内部细节，那么可以使用迭代器模式。也就是说，通过迭代器模式，我们可以不顾被访问对象的内部实现细节，对于不同类型的待访问对象，可以用“相同”的代码来访问同一类相似的对象。

例如，上述代码第 1 行定义的是 LinkedList 类对象，那么可以用同样的第 4 行代码创建一个指向该 List 的迭代器，同样也能用相同的第 5 ~ 8 行的代码通过迭代器来访问 List 中的诸多对象。

通过迭代器模式，我们可以用相对固定的代码来顺序地遍历不同类型的对象，这是迭代器模式给我们带来的实惠。在面试时，大家可以更进一步，通过集合部分迭代器的底层实现代码来叙述这种模式，这样还能向面试官展示自己深入研究过集合部分的底层代码。

这里我们以 ArrayList 和 LinkedList 部分的迭代器底层代码为例，大家可以从“底层代码”和“屏蔽待访问集合底层细节”这两个层面，表述自己对迭代器模式的理解。

在代码层面，大家可以从 Iterator 接口和 ArrayList 及 LinkedList 中的实现类之间的关系讲出迭代器的“物质基础”。

（1）在 JDK 集合框架部分，有一个 Iterator 接口，其中主要包含以下两个常见方法。

① boolean hasNext()，如果被迭代的集合中元素还没有被遍历完，则返回 true，否则返回 false。

② Object next()，返回集合中下一个待访问的元素。

其实，Itcrator 接口中还包含用于删除迭代器返回的最后一个元素的 remove 方法，但这不常用，所以不用过多关心。

（2）在 ArrayList 中，存在一个内部类 Itr，该类实现了 Iterator 接口。在 Itr 中，实现了 Iterator 接口中的所有方法，包括常见的 hasNext 和 next 两个方法。注意，这里为了演示方便，去掉了一些不相干的代码，只给出了关键部分的代码。

```
1  public class ArrayList<E>{
2        省略其他与 Iterator 不相干的代码
3        // 在 ArrayList 中的迭代器内部类
4        private class Itr implements Iterator<E> {
5             int cursor;                    // 表示下一个元素的索引位置
6             int lastRet = -1;              // 表示上一个元素的索引位置
7             public boolean hasNext() {     // 实现 hasNext 方法
8                  // 当 cursor 不等于 size 时，表示仍有可被索引的元素
9                  return cursor != size;
10            }
11            public E next(){               // 实现 next 方法
12                int i = cursor;            // 得到下一个索引位置
13                if (i >= size)             // 如果超过长度，则抛出异常
14                   throw new NoSuchElementException();
15                // 得到该 ArrayList 的所有元素
16                Object[] elementData = ArrayList.this.elementData;
17                if (i >= elementData.length)
18                   throw new ConcurrentModificationException();
19                cursor = i + 1;
20                // 返回下一个索引位置的元素
21                return (E) elementData[lastRet = i];
22        }
```

从第 4 行中，我们能看到 Itr 类实现了 Iterator 接口。在第 7 行实现的 hasNext 方法中，

是通过 cursor 和表示 ArrayList 长度的 size 相比较，由此判断是否存在下一个可遍历的元素。

在第 11 行中，实现了用户返回下一个元素的 next 方法，其中返回的类型是 E，这是和 ArrayList<E> 中的泛型类型相对应的。这里的 hasNext 和 next 方法都是基于 ArrayList 的内部细节来实现的。

```
23      public Iterator<E> iterator() {
24          return new Itr();
25      }
26  }
```

在 ArrayList 的内部，还提供了如第 23 行所示的 iterator 方法用来返回 ArrayList 内部的 Itr 内省的对象。

（3）在 LinkedList 中，通过 implements Iterator<E> 的方式，重写了 Iterator 接口中的 hasNext 和 next 方法。同样，这里的 hasNext 和 next 方法是基于 LinkedList 的业务细节实现的。

在描述完底层代码后，接下来大家可以从“屏蔽待访问集合底层细节”方面说出迭代器模式的优势。例如，当我们用迭代器遍历 ArrayList 时，一般格式如下。

```
1  Iterator iter = arrayList.iterator();
2  while(iter.hasNext()){
3      String str = (String) iter.next();
4  }
```

第 1 行得到的是 ArrayList 类中实现 Iterator 接口的 Itr 对象，调用 iter.hasNext 和 iter.next 方法时，也是调用基于 ArrayList 中对应的同名方法实现的。

当我们用迭代器遍历 LinkedList 时，一般格式如下。

```
1  Iterator iter = linkedList.iterator();
2  while(iter.hasNext()){
3      String str = (String) iter.next();
4  }
```

第 1 行得到的是 LinkedList 类中实现 Iterator 的相关对象，虽然第 2 ~ 4 行的代码和遍历 ArrayList 的一致，但这里的 hasNext 和 next 方法其实是基于 LinkedList 实现的。

当我们调用 Iterator iter = arrayList.iterator(); 时，则可以得到前文所说的 Itr 对象实例。

随后可以通过以下的 iter.hasNext 和 iter.next 方法，依次遍历 iter 所指向的 arrayList 对象。

```
while(iter.hasNext()){
    String str = (String) iter.next();
    System.out.println(str);
}
```

综上所述，在集合中，由于 ArrayList 和 LinkedList（当然还有其他类型的 List）分别实现（implements）了 Iterator 接口，并根据各自 List 的特性，重写了 hasNext 和 next 等方法。因此，针对不同类型的 List，我们可以通过这两个相同的方法来遍历。

迭代器模式不仅适用于集合这个场景，这里可以再扩展一下，在使用迭代器模式的其他场合中，一定也存在类似 Iterator 的接口。而不同种类的待访问对象也一定会根据自己的具体细节，实现该接口中类似 hasNext 和 next 的方法，这也是我们可以用迭代器模式“统一”访问不同种类对象的原因。

8.4.2 常见但大多数情况不用自己实现的责任链模式

在大多数基于 Spring MVC 架构的项目中会用到拦截器，其中就包含责任链（也称职责链）模式的思想。

具体来讲，在一个项目中，我们可以定义不同的拦截器。例如，第一个拦截器可以用来过滤记录在黑名单中的 IP 地址，第二个拦截器可以用来过滤不当参数。在这种情况下，我们可以定义多个拦截器，并把它们串起来，让每个拦截器只实现特定的功能，如图 8.1 所示。

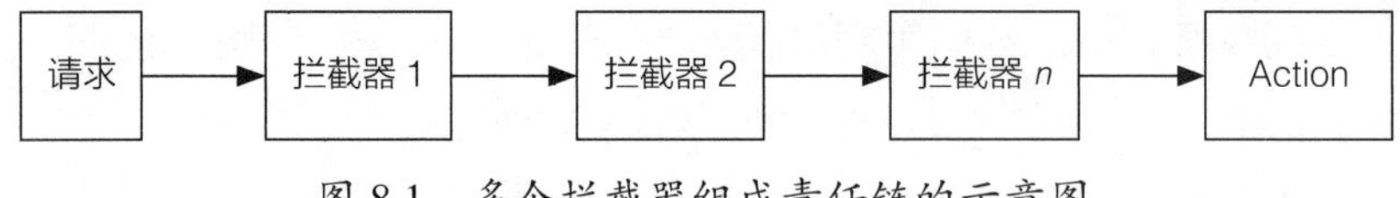

图 8.1　多个拦截器组成责任链的示意图

在这个链条中，如果某请求已经被拦截器 1 处理，那么该请求会被停止传递。否则，拦截器 1 会把这个请求传递给后续拦截器，以此类推。

从上述拦截器链中，我们能归纳出责任链模式的一般特性。

（1）在这种模式中，很多功能模块被连起来形成一条链。

（2）待处理的请求在这条链上被传递，如果某个模块能处理该请求则处理，否则会把该请求发送下一个模块处理。如果链上的所有功能模块都无法处理该请求，系统应当抛出异常，或者做出其他合适的动作。

（3）发出请求的客户端不知道链上的哪个功能模块处理这个请求，用专业的话来讲，发送请求的模块和处理请求的模块之间的耦合度很低，这时系统可以在不影响客户端的情况下动态地调整各功能模块的职责和在链上的位置。

在项目中需要责任链模式的大多数场景，Spring 拦截器等组件已经能很好地满足项目的需求，所以在大多数情况下，我们仅仅是通过 Spring 拦截器（或其他组件）“使用”责任链模式，而不会用代码开发出一套基于责任链模式的模块。对于工作经验在 3 年及以下的程序员而言，更不可能实现这套模式。

在面试时得到的反馈也能验证上述说法。在问及“是否了解责任链模式”时，绝大多数工作经验在 3 年左右的候选人的答案都是“用过”，但没“实现过”。所以这里给大家的建议是，如果你确实在项目里“实现过”这种模式，那么可以结合项目的需求，详细地通过代码来说明；如果没实现过，大家可以通过 Spring 拦截器等组件，说出责任链的工作方式和适用场景。

8.4.3　适用于联动场景的观察者模式

通过观察者模式，我们可以定义多个对象间的（一对多或一对一）依赖关系。这样一来，当一个对象的状态发生改变时，所有依赖于它的对象都会得到通知并会自动触发相应的动作。

例如，有个资讯类网站，其中有不少“大牛”都会发表文章，每个“大牛”都有一大批粉丝。这里的需求是，当一位“大牛”发表文章后，需要向他的粉丝发通知邮件。

在这个需求中，如果一个对象的状态发生改变（“大牛”发表文章了），那么所有依赖的对象（他的粉丝）都会得到邮件通知，这时我们就可以用到观察者模式。

又如，在一个股票交易系统的挂盘撮合成交模块中也会用到观察者模式，这里我们来详细说明一下。假设某股票当前价格是 10 元，某客户下了一个挂单请求：“当股票价格达到 10.1 元时卖出 1000 股该股票”，那么当股票价格达到 10.1 元时，撮合成交模块就会处理这个挂单。事实上，在交易时间段内，挂单数量是非常多的，当股票价格发生变动时，撮合成交模块都会根据当前的实际价位处理不同的挂单。

在这种场景中，如果股票价格发生改变，那么相关联的挂盘都需要被处理，这里我们也需要用到观察者模式。

以刚才的“‘牛人’发文章通知粉丝”需求为例，我们来讲述一下观察者模式的实现细节。

这里除了有“大牛”（被观察者）和粉丝（观察者）两个角色外，还有一个隐藏的“文章管理者”角色。一旦“大牛”发表文章，管理者会收到通知并发邮件给粉丝。

首先看粉丝（观察者）部分的关键代码。

```
public interface ObserverImpl { //这是个接口
```

```
2        //参数表示已发表（待通知）文章的编号和大牛的编号
3        public void sendMail(int docID,int PersonID);
4   }
5   public class Observer implements ObserverImpl{//实现类
6       String email;//该粉丝的邮件地址
7       public void sendMail(int docID,int personID){
8           向该粉丝的 Email 地址发邮件，邮件内容是，编号是 personID 的大牛发表了 编号是 docID 的文章
9       }
10      省略针对 Email 的 get 和 set 方法
11  }
```

在第 1 行定义的接口中，我们定义了一个 sendmail 方法，在第 5 行的实现类中，我们为每个观察者都添加了 email 属性，以此来区分不同的观察者（也就是粉丝）。

```
12  public interface DocManagerImpl {//文章管理模块的接口
13      //为 PersonID 的大牛添加粉丝
14      public void addObserver(int personID,ObserverImpl observer);
15      //删除粉丝
16      public void removeObserver(int personID,ObserverImpl observer);
17      //一旦大牛发表文章后，会调用这个方法通知粉丝
18      public void notifyObserver(int docID,int personID);
19  }
```

在第 12 行中，我们定义了文章管理模块的接口，在其中不仅有添加和删除“粉丝”的动作，而且在第 18 行还定义了“通知”方法。

```
20  //文章管理者的实现类
21  public class DocManager implements DocManagerImpl{
22      //这里的键表示大牛的 id，值表示该大牛的粉丝列表
23      //在实际的项目中，我们应当把大牛和粉丝的这种一对多关系放到数据表中
24      //但这里为了方便演示，就只用 HashMap 来存储这种对应关系
25      private Map<int,List<ObserverImpl>> hm = new HashMap<int,ArrayList<ObserverImpl>>();
26      public void addObserver(int personID,ObserverImpl observer){
27          1 根据 personID，从 hm 中找到他对应的粉丝列表
28          2 把参数 observer 指定的粉丝加入步骤 1 的粉丝列表里
29          3 把 hm 里 personID 所对应的值设置成步骤 2 添加后的粉丝列表
30      }
31      public void removeObserver(int personID,ObserverImpl observer) {
```

```
32             1 根据 personID，从 hm 里找到他对应的粉丝列表
33             2 把参数 observer 指定的粉丝从步骤 1 的粉丝列表中删除
34             3 把 hm 中 personID 所对应的值设置成步骤 2 删除后的粉丝列表
35         }
36         public void notifyObserver(int docID,int personID) {
37             //1 根据 personID，从 hm 中找到他的粉丝列表
38             ArrayList<ObserverImpl> list = hm.get(personID);
39             //2 通过 for 循环，依次遍历步骤 1 得到的粉丝列表
40             Iterator it = list.iterator();
41             while(it.hasNext()){
42                 ObserverImpl oneFans = it.next();
43                 //3 在遍历中，向每位粉丝发通知邮件
44                 oneFans.sendMail(docID,personID)
45             }
46         }
47     }
```

在第 21 行的网站文章管理模块实现类代码的第 25 行中，我们通过了一个 HashMap 类型的对象来管理“大牛”和粉丝的一对多关系。在第 26 行和第 31 行定义的添加和删除粉丝的方法中，用文字的形式描述了具体的动作。

关键是第 36 行的通知方法，这个方法会在“‘大牛’发表文章”的方法中被调用，在其中通过第 41 行的 while 循环，实现了向指定“大牛”的每位粉丝发通知邮件的方法。

最后我们来看如何使用上述定义的方法，当某个用户单击“订阅”某“大牛”的按钮时，会调用以下的代码，在第 4 行中，完成了用户和“大牛”的绑定关系，此后该用户就成了这位“大牛”的粉丝。

```
1  DocManager manager = new DocManagerImpl();
2  Oberrver observer = new ObserverImpl();
3  给该 observer 对象设置 email 等信息
4  manager.addObserver(personID, observer);
```

当用户“取消订阅”时，会调用以下的代码，并在第 4 行取消绑定关系。

```
1  DocManager manager = new DocManagerImpl();
2  Oberrver observer = new ObserverImpl();
3  给该 observer 对象设置 email 等信息
4  manager.removeObserver(personID, observer);
```

当某“大牛”发表文章时，会调用文章管理系统中的 publishDoc 方法，在其中实现邮

件通知粉丝的业务，示例代码如下。

```
1  void publishDoc(int personID,int docID,String docContent){
2       发表文章的业务代码
3       //这里是通知代码
4       DocManager manager = new DocManagerImpl();
5       manager.notifyObserver(docID, personID);
6  }
```

在完成正常发表文章的动作后，会在第 5 行调用 notifyObserver 方法，向这位“大牛”的所有粉丝发通知邮件。

8.5 设计模式背后包含的原则

在 23 种设计模式的指导下，我们可以解决项目中（尤其是架构层面）的绝大多数问题，但大家不应该止步于此。一方面，谁也不能说这 23 种模式能解决所有问题；另一方面，我们还可以进一步借鉴设计模式中包含的一些原则，以便更好地解决（如开发或重构）实际问题。

这些原则或许对工作经验满 5 年的资深高级程序员或更高级的架构师帮助更大，但高级程序员或架构师也是从初级程序员升级而来的，况且本节内容通俗易懂，所以哪怕是初级程序员，也多少能从中得到些启示。

8.5.1 应用依赖倒转原则能减少修改所影响的范围

依赖倒转原则（Dependence Inversion Principle，DIP）在 Java 中（特别是 Spring 框架中）有个更恰当的名称，面向接口编程，从 Java 语言的角度，这个原则可以细化成以下两方面。

（1）模块间（说得更具体些就是类之间）的依赖（如相互引用或调用）是通过抽象发生的，实现类之间不发生（或尽量少发生）依赖关系，它们的依赖关系是通过接口或抽象类产生的。

（2）接口或抽象类不依赖于实现类，相反实现类应依赖接口或抽象类（这也是依赖倒转原则名称的由来）。

例如，在项目中定义了 JDBCDBConnection 类，并在其中放了一些针对数据库的操作，而在订单管理模块中，我们会用这个类来操作数据库，示例代码如下。

```
class JDBCDBConnection{
```

```
    public getConnection(){ 省略获得连接对象的方法 }
    public executeSQL(String sql){ 执行 SQL 语句 }
    省略其他方法
}
class OrderManager{              // 订单管理类
     JDBCDBConnection conn;    // 引用了 JDBCDBConnection
     void addOrder(){
       调用 JDBCDBConnection 对象的 executeSQL 方法向数据库中插入订单
     }
}
```

这里 OrderManager 类引用了 JDBCDBConnection 类，订单管理类依赖于数据库管理类，注意这里依赖的不是接口或抽象类。

根据 DIP 原则，我们可以把上述代码重构成如下的形式。

（1）定义一个 Connection 接口，让 JDBCDBConnection 实现这个接口。

（2）让订单管理类依赖于接口。

```
interface Connetion {              // 数据库接口
    其中包含 getConnection 和 executeSQL 等方法
}
class JDBCDBConnection implements Connection{ // 实现类
    实现接口中的方法
}
class OrderManager{               // 订单管理类
     Connection conn;           // 引用的是接口
     void addOrder(){
         调用 Connection 接口的相关方法向数据库中插入订单
     }
}
```

这样做有什么好处？我们知道，造房子之前要打地基，地基上的房子对地基有依赖关系，地基必须稳定。因为如果地基发生变动，那么和它有依赖关系的房子也将随之变化。

在接口中的方法没有方法体，因为简单，不会经常变动，所以稳定。相反，JDBCDBConnection 类属于业务实现类，它是经常变动的，一旦让 OrderManager 类依赖于它，就相当于房子造在会经常变动的地基上。

相反，如果采用重构后的符合 DIP 原则的代码，那么一旦有变更，如随着项目的进行，我们需要用 Hadoop（而不是 JDBC 数据库）来管理订单，由于调用和实现之间分离了，我们就可以把修改范围限定在与数据库相关的模块，订单类中的代码修改可以忽略不计。

这个原则在设计模式中得到了普遍的应用，如在讲观察者模式时，是让文章管理模块依赖于 ObserverImpl 接口，而不是具体的实现类 Observer，示例代码如下。

```
public interface DocManagerImpl {// 文章管理模块的接口
    // 参数类型是 ObserverImpl 接口，而不是实现类
    public void addObserver(int personID,ObserverImpl observer);
```

这也是观察者模式（乃至其他应用到 DIP 原则的模式）具有很好扩展性的原因。在面试时，大家在讲述设计模式时也可以顺带加上一句，如在叙述观察者模式时可以同时说，由于管理模块是和观察者接口关联（依赖的是接口而不是实现类），这很好地符合了依赖倒转原则，一旦观察者内部发生变动，这个变动就不会影响到其他（如管理或被观察者）模块。

8.5.2 能尽量让类稳定的单一职责原则

通过刚才讲述的依赖倒转原则，我们知道应该让模块尽可能地依赖于（简单所以稳固不变）接口或抽象类，这样做的原因是尽可能缩小修改范围。

通过应用单一职责原则（Single responsibility principle，SRP），我们同样可以“让类稳定”，从而减少需求变更所引起的修改范围。

单一职责原则的核心思想是，每个类（或模块）应该只具有单一的职责，否则就可以拆分类或模块。

例如，JSP 语法虽然允许我们在其中嵌入 Java 代码，但在实际项目尽量在 JSP 代码中只放与展示页面相关的代码。又如，在常见的 MVC 架构体系（包括 Struts MVC 或 Spring MVC，甚至基于 JSP+Servlet+JavaBean 的 MVC）中，我们会尽可能少地在 JSP 页面中放入如连数据库等与显示不相干的代码。

这种做法符合单一职责原则，事实上，在 MVC 模式被广泛应用前，普遍的做法是，在一个项目中大多数都是 JSP 文件，即在 JSP 中写入所有（包括显示、连接数据和业务相关的）代码。这种做法的后果是如果客户提出更改需求，哪怕是少量的，它所耗费的人力甚至可能比开发时还多。

下面再来看一个没有遵循单一职责原则的例子，在以下的添加订单的方法中混杂了多种类型的代码，也就是说，这个方法中的职责不是单一的。

```
void addOrder(Order order) { // 参数是待添加的订单对象
    1 连接 Oracle 数据库
    2 往 Oracle 数据库的订单表中添加订单记录
```

```
        3 关闭数据库连接
        4 写日志
}
```

可以看到，在其中包含了操作数据库的代码、添加订单的代码和写日志的代码，而且假设第 1 ~ 4 的每个步骤中都包含了两个 if 语句。

目前我们用的是 Oracle，如果哪天需要切换到 MySQL，那么就需要再次完整地测试这个方法，具体需要测试 8 个 if 流程。不仅如此，一旦任何一个步骤发生更改，我们都需要完整地测试这个方法里的所有步骤，也就是说，如果不遵循单一职责原则，就会增加类的不稳定因素。

这时我们就需要拆分业务，具体做法如下。

（1）在 service 层定义添加订单逻辑代码，在这个方法中调用 DAO 层的方法完成把订单插入数据库的动作。

```
class OrderService {
    void addOrder(Order order) { //参数是待添加的订单对象
       //（1） 调用 DAO 层的添加订单的方法
       orderDao.addOrder(order);
      //（2） 写日志
}
```

（2）在 DAO 层，封装和数据库相关的代码，这样就能分离业务动作和操作数据库的动作。

```
class OrderDAO {
    void addOrder(Order order) { //参数是待添加的订单对象
       连接 Oracle 数据库，插入订单
}
```

但在步骤（1）Service 层的 addOrder 方法中，还存在添加订单和记日志两种职责，这时我们可以通过 Spring 中的面向切面编程来进一步拆分，这部分内容不属于 Java Core，大家可以自行查阅相关资料。

大家可以对比重构前后的代码结构（也称代码架构），重构之后，就可以最大限度地限定因需求变动而造成修改的范围。

8.5.3　继承时需要遵循的里氏替换原则

里氏替换原则（Liskov Substitution Principle，LSP）最早是在 1988 年由麻省理工学

院一位姓里的女士（Liskov）提出来的，这项原则是用来规范项目架构中继承的做法。

这项原则有个比较通俗的叙述：子类可以扩展父类的功能，但不能改变父类原有的功能。具体包括如下 4 个含义。

（1）子类可以实现父类的抽象方法，但不能覆盖父类的非抽象方法。

（2）如果子类要扩展功能，可以增加自己特有的方法。

（3）当子类实现父类的方法时，方法的形参范围要比父类的更宽广，如父类中有 int f(HashMap hm) 方法，子类实现时，可以是 int f(Map map)，这里 Map 的范围要比 HashMap 宽广。

（4）子类的方法实现父类的抽象方法时，方法的返回值要比父类更严格，如父类有方法 Map f()，那么子类实现时，可以是 HashMap f()，这里 HashMap 要比 Map 严格。

其中在项目中需要注意的是前两个含义，一般不怎么会用到后两个含义。下面来看具体的例子，在某个人事管理系统中，我们定义了一个基类 BasePerson，在其中添加了一个每日签到的方法，代码如下。

```
class BasePerson{
    void login() { //每日签到的方法
        刷卡时调用，向数据库中插一条该员工的签到记录
    }
}
```

由于我们一般在父类中定义子类所通用的方法，因此，它的子类（如高层领导 SuperManager 类）和它的孙子类（SuperManager 类的子类 Boss 老板类）都可以调用 BasePerson 的 login 方法来实现签到动作。

随着项目的进行，我们需要做如下的修改，高层领导在签到时，还应该向全员发通知邮件，这样员工就可以来汇报工作了，对此我们先来看一种不好（没遵循里氏替换原则）的做法。

```
class SuperManager extends BasePerson{    //继承父类
    void login() {      //重写了每日签到的方法
        刷卡时调用，向数据库里插一条该员工的签到记录
        同时发通知邮件
    }
}
```

根据面向对象思想，我们一般在父类中只定义（能适用于所有子孙类的）通用方法，如果在 SuperManager 中更改了父类的动作，那么子类（如 Boss 类）的 login 方法将不会

跟随顶层基类 BasePerson。也就是说，BasePerson 中的 login 方法不通用了，这就违背了面向对象思想。

这种“违背”会给我们带来实际的困惑，如果以后大老板提出，他签到后，不用再发通知邮件了（因为他不想让所有人都知道他来公司了，以便能微服私访），由于我们已经在 SuperManager 类的 login 方法中加了发邮件动作，这时就不得不在 Boss 类的 login 方法中去掉邮件通知的动作，代码如下。

```
class Boss extends SuperManager {
    void login() {       // 重写了每日签到的方法
        向数据库里插一条该员工的签到记录，不再留发邮件的代码
    }
}
```

这样一来，同一个 login 方法在祖父、父和子类三层有不同的表现形式，一是增加了代码的维护难度，二是在多态调用时也增加了出错的风险，从中大家能看到违背里氏替换原则的风险。

对此，我们可以按照第二个含义“如果子类要扩展功能，可以增加自己特有的方法”来改进。具体的做法是，在 SuperManager 中，不覆盖 login 方法，同时添加一个发邮件的方法，而且可以通过 Spring 的面向切面编程的思路，把 login 和 sendMail 方法关联到一起，代码如下。

```
class SuperManager extends BasePerson{    // 继承父类
    // 不重写 login 方法，也就是说完全继承父类的方法
    void sendMail(){   // 发邮件通知的方法
        实现发邮件的功能
    }
}
同时在 Spring AOP 里绑定 login 和 sendMail 两个方法
```

在面试工作经验在 3 年以内的程序员时，经常听到候选人展示自己知道之前提到的“依赖倒转原则”和“单一职责原则”，但很少听到关于“里氏替换原则“的叙述，原因是这个程度的程序员可能会使用面向对象中的封装继承多态等特性，但未必能用面向对象思想构建高质量（具体来说是能以较小代价来完成需求变更）的系统架构。

也就是说，如果大家能找机会通过“里氏替换原则”向面试官展示自己的设计思路，而且能通过具体的项目例子向面试官证明自己能设计出可维护性较高的系统架构，那么面试官就可能给出“掌握设计系统架构的能力”“熟悉面向对象思想”或“能在项目中合理

地使用面向对象思想和设计模式”之类比较高的评价。

这里给出一些比较好的叙述方式供大家参考，大家也可以举一反三地在面试前做足功课，这样一有机会就可以展示自己的能力。

（1）当被问道，你是否了解面向对象思想（或设计模式）时，你可以在叙述面向对象思想和设计模式后，“看似轻松”地说，“在我做的模块里，如果出现继承，那么我会尽量遵循里氏替换原则，根据这个原则，我只在父类的方法中添加最通用的动作，而尽量不让子类覆盖父类中的非抽象方法”。接下来再说应用这个原则能带来的实际好处。例如，大家可以根据给出的案例，结合大家的项目实际准备些需求变更的例子，然后说“正是因为我们没有在子类中覆盖父类的非抽象方法，当我们被要求添加了新模块，我们也能轻易地实现。即使客户反复变更某需求，但由于我们始终在父类中定义最通用的方法，因此能很轻易地通过开闭原则来实现这些变更”。

（2）一般面试时，面试官都会让候选人叙述最近的（或做得最好的）项目，这时大家可以在叙述完基本的功能点之后，直接说到自己做的模块，然后可以像方式（1）那样引出该说的内容。

（3）有时候面试官会让候选人叙述自己在项目中的职责，那么大家可以说完编码测试等基本职责后，同时说出，“在这个项目中，我和项目经理（或架构师）一起完善系统的架构，从而提升系统的可维护性”，随后可以引出你想说的话。

总之，根据面试实践，合格的初级程序员和刚完成升级的高级程序员在编码和数据库等方面的能力其实是差不多的，但如果大家找机会展示自己在架构设计方面的能力，那么会对大家有很大的帮助。

8.5.4 接口隔离原则和最少知道原则

接口隔离原则和最少知道原则都比较简单，而且在实际中一般都会得到很好的遵循。

接口隔离原则（Interface Segregation Principle）是指在接口中不应该放子类用不到的方法，如果出现这种情况，就要拆分接口，这也是定义接口的基本要求。

最少知道原则也称迪米特法则（Demeter Principle），根据这个原则，就是说一个对象（或模块）应当对其他对象有尽可能少的了解。

这项原则的核心思想是降低模块之间的耦合度，减少类之间的依赖关系，这样我们能把修改一个类所带来的连锁修改降到最低。

例如，在一个类中，我们只把提供给外界服务的方法定义为 public，而尽量避免外部类调用本类的私有（private）方法。

又如，在用 Java 语言开发访问数据库的方法时，只是和 JDBC“打交道”，而不是和具体的数据库“打交道”。由于 JDBC 类只开放“最低限度所必需的”方法和接口，因此访问数据库的模块是通过 JDBC 类“知道只该知道的”，而不能（也不必）知道定义在数据库中的其他方法和接口。

8.5.5　通过合成复用原则优化继承的使用场景

从实践角度来看，面向对象思想中的“继承”特性往往会被用在错误的场景。例如，有个数据库管理类 DBManager，其中封装了连接数据库和操作数据库的方法，代码如下。

```
class DBManager{
    Connection getConnection(){
      得到并返回数据库连接对象
    }
    ResultSet executeSelect(){
        执行 Select 语句，并返回 ResultSet 对象
    }
    int executeUpdate(){
        执行 insert/delete/update 语句
    }
}
```

如果我们要开发一个订单管理模块，在其中需要用到连接数据库的方法，这时一些人可能为了省事，让订单管理模块继承（extends）数据库管理类 DBManager。这样一来，就能在订单管理模块中“光明正大”地使用操作数据库的一些方法了。但这是一种不好的做法，具体来说，这样做违背了合成复用原则。

合成复用原则的核心思想是，优先使用组合和聚合，只有当父子类之间存在逻辑上的从属关系时，才考虑使用继承。

这里先来解释一下组合和聚合的区别，聚合表示整体和部分的弱关系，如计算机和鼠标，如果计算机坏了，鼠标没坏，那么鼠标可以继续使用。组合则表示强关联关系，部分不能脱离整体而存在，如人的四肢和身体是组合关系。

比如在刚才的例子中，如果订单管理类要用到数据库管理类的方法，由于它们不存在逻辑上的从属关系，因此不能用继承，而应该用“聚合”，示例代码如下。

```
class OrderManager{
    DBManager manager;// 引入数据库管理类，这里是聚合
    void addOrder(Order order){
        在其中可以使用 manager 对象的方法把订单插入数据库中
```

```
    }
}
```

从实践角度来分析，这个原则是用来限制“继承”的使用场景，确保“继承”不被滥用在非从属类之间。一旦出现滥用情况，将会出现什么问题呢？假设刚才我们让订单类继承数据库管理类，那么订单类就能看到数据库管理类中的一些实现细节，这种情况在真正的逻辑父子类（如动物类和人类）之间问题不大。

但在这里，订单类和数据库管理类之间存在从属关系，这样就会增加两者之间的耦合关系（父类会把 protected 方法暴露给了类）。一方面，会增加订单类误用数据库管理类中不相干方法的风险；另一方面，如果我们修改数据库管理类中的代码，就不得不考虑订单管理类中的兼容因素，这样就会扩大修改范围，从而提升项目的维护难度。

8.6 设计模式方面学习面试经验总结

根据我们的培训和面试经验，学习设计模式并不容易，因为在学习过程中会陷入不少误区，而要在面试中很好地展示自己这方面的能力更不容易，因为如果想要和别人分享，必须要在这方面积累足够的经验和知识点。

这里我们先给出面试官衡量程序员设计模式能力的标准，以便大家能明确学习目标。同时，还将归纳一些常见的学习误区，从而帮助大家节省学习的精力和时间。最后准备非常“俗气”地讲述在面试时能证明自己能力的说辞，从而让大家避免“会做不会说”的尴尬。

8.6.1 设计模式方面对于不同程序员的面试标准

对于刚毕业的大学生或工作经验在一年以内的初级程序员而言，至少得了解设计模式，熟悉各种理论，最好能结合项目讲清楚一些常用的模式。

对于工作经验在 1 ~ 3 年的初级程序员或刚完成升级的高级程序员而言，需要他们能用设计模式来解决实际的问题。例如，能根据某需求的特性，合理地在项目中引入一种或多种模式，或者能重构一些可读性和可维护性不高的代码。

再往上就是架构师（一般要有 5 年以上的工作经验）的标准了，他们看到的已经不是设计模式了，而是设计模式背后所包含的思想原则。并且这些原则已经深入他们的脑海，以至于他们往往会“无意中”根据一些原则来改善项目的结构，如能通过改变关键类的继承关系来改善类的调用关系。

在他们写的代码中，往往无法严格划分设计模式，如不存在某段只包含代理模式的代码，因为他们会在某个模块（或架构）中通过设计模式背后的原则（如 SRP 或 DIP）

来优化代码，以至于他们的代码给我们的感觉是，虽然看不到具体的模式，但他们的代码恰恰能很好地“拥抱”各种需求变更。

8.6.2　设计模式方面学习和面试的误区

在培训过程中，我们遇到了很多非常上进的程序员（不上进也不会主动去学习设计模式），不过在他们的学习过程中多少会存在一些问题。在面试过程中，也会经常听到一些不是最好的叙述。这里我们将归纳一些有通用性的问题，一方面，能让大家提升学习效率；另一方面，还能让大家在面试时避免一些容易犯的错误，从而让大家能在面试时更好地展示自己。具体有以下几个误区。

（1）理论和实际脱节。

这个误区的一般表现是，这些同学在学习中更专注于理论，如着重关注各种模式的架构和实现代码，或者背下单例模式的各种实现方式。在面试时，他们通过抽象的例子（而不是从项目中提炼出的例子）来说明具体的模式。前面我们反复说，设计模式能帮我们优化系统结构，从而减少因需求变更而带来的修改工作量，这才是价值所在。

这里给大家的建议是，在学习时可以多想想，在你接触的商业项目中，哪些场合已经用到设计模式，这样用有什么好处？或者你也可以反过来思考，在某个代码结构混乱的场合，你该如何合理地引入设计模式来优化这部分结构。同时，在面试中一定要结合案例说明。

（2）想要一下子精通所有的设计模式。

这里告诉大家一个现象，与初级程序员相比，资深程序员也就是能掌握本节提到的一些常用的模式，他们的优势不是精通更多，而是能更恰当地应用它们。而更高级的架构师也不是精通所有，他们也是“能更好地应用”。

但往往有不少同学反复地阅读和学习所有设计模式，想精通所有模式。在面试时，我们经常看到一些候选人企图证明自己精通所有模式，但他们往往对于大多数模式都停留在理论层面，无法很好地证明“自己在项目中用过的设计模式”。

对此，我们的建议是，你可以用很短的时间（如一周）了解概念，并通读性地了解所有模式。然后可以“以应用为目的”，深入了解一些常见的模式在项目中的用法。在面试时，哪怕你能结合项目实际说清楚一种模式，也比“会说所有模式但无法结合项目说”好得多。而且，哪怕是初级程序员，只要做了准备，往往也能很好地结合项目实际讲清楚一些常用的（如本节提到的）模式。

（3）停留在设计模式层面，不进一步学习背后所包含的原则。

前面已经说过，设计模式的种类有限，但问题的种类是无限的。这里给大家说明一下，可以结合本节所提到的原则来了解模式，如果大家能在面试时做到这一点，一定会事半功倍。

8.6.3 面试时如何展示设计模式的能力

在 8.5.3 节讲述里氏替换原则时，已经给出了“在面试中不露痕迹引出设计模式话题”的一些方法，这里我们将给出展示自己设计模式能力的方法，大家一定要在面试前，根据这里给出的 4 个关键说明点做好充分的准备，临时准备是达不到好的效果的。

（1）通过案例场景引出准备说的模式。

这里可以从你最近做的一个项目中提炼一个例子，如以观察者模式中的“牛人发文章邮件通知粉丝”为例，大家可以先描述一下项目的场景（也就是要解决的实际问题）。

（2）引出待使用的设计模式。

这里需要说出你引用的场景和设计模式的切合点，如这里需求的关键点在于“状态改变后需通知依赖对象”，这与观察者模式的适用场景一致。

（3）结合项目实际，通过代码等方式说明设计模式。

这里可以通过项目中的相关类，以及类之间的继承和调用关系来说明你是如何实现观察者模式的，如通知类、文章管理类和调用类分别是如何实现的，同时说明它们之间的调用关系。

（4）结合设计原则，说出自己对设计模式的理解。

最好再说一下自己对设计模式的理解，否则给面试官的印象可能只是“会用设计模式解决实际问题”（当然这已经不错了），而不是“具有一定的架构设计和优化能力”（这是更好的评价）。

这里给出一些“出彩”的语句供大家参考。

（1）其实我们使用设计模式的根本目的是提升项目的可维护性（大家都知道，但你得说）。

（2）我们在解决这个（你举的例子）问题时，除了对设计模式的理解之外，还要尽量注意设计模式背后蕴含的思想，比如在设计观察者类时，我们不在其中放其他种类的业务代码，这符合单一职责模式，而且我们定义类之间的关系时，会遵循“合成复用原则”，只在具有从属关系的类之间才使用继承，否则会使用聚合或组合（最好再通过实例说明，如果可以，再结合项目实例引入其他的原则）。

（3）在项目中，我们经常收到需求变更，当我们引入设计模式（或原则）后，发现能让项目“拥抱”修改。

然后举个例子说明，比如之前的代码没有很好地遵循单一职责模式，在一些重要方法中放了多种逻辑，在几次修改后，我们痛定思痛决定重构代码，重构后的方法中只包含一类逻辑，之后再修改时，就能大幅度降低我们的测试工作量。

（4）我现在的感觉是，设计模式不仅能给出具体的解决方案，还能提供优化系统架构的思路，所以在项目中，我们一般不是只用其中的某个，而是根据一些原则来优化代码。

例如，在定义模块和方法时，根据单一职责原则，我们尽量只在其中引入一类逻辑，在定义子类方法时，根据里氏替换原则，如果子类要扩展功能，我们会在其中添加新的方法，而不是覆盖父类的非抽象方法。又如，根据合成复用原则，我们只把具有逻辑从属关系的类定义成父子类，否则用组合或聚合来定义类之间的耦合关系。

总之，大家如果能在面试中按上述 4 个“说明点”层层递进地展示自己在设计模式方面的能力，就一定能得到“精通设计模式”乃至“有一定的系统架构设计和优化经验”之类的评价，这类评语在同等条件下能帮助大家在竞争者中脱颖而出，从而得到心仪的岗位。

8.6.4　设计模式方面的面试题

（1）请实现一个线程安全的单例模式。

（2）工厂模式有哪几类？使用工厂模式最主要的好处是什么？你在项目中是如何使用工厂模式的？

（3）你在平时的开发过程中用过哪些设计模式？

扫描右侧的二维码能看到这部分面试题的答案，且在该页面中会不断添加同类其他面试题。

第 9 章

虚拟机内存优化技巧

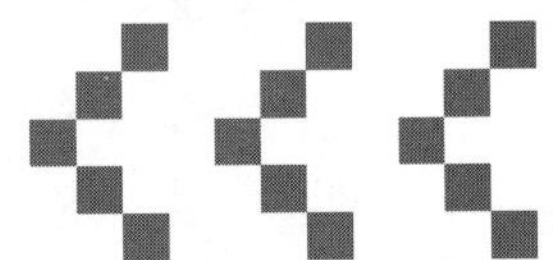

虚拟机是 Java 程序的运行平台，通过了解虚拟机的体系结构，可以了解 Java 的执行流程。了解不是目的，目的是让大家掌握一些对平时开发有直接帮助的“优化”方面的技能。

但现实情况很不乐观。根据目前的培训和面试经验，工作经验在 3 年之内的程序员基本上都不具备“优化”的技能（有些人甚至都不知道有这样的技能）。这就导致他们写的代码往往会消耗更多的内存，甚至会出现因“内存溢出”而导致系统崩溃的严重问题。

根据这样的情况，本章会更多地讲实战经验，这样大家不仅能了解虚拟机和内存管理的基本知识，还能知道如何分析和定位内存性能问题，并能在此基础上掌握优化内存性能的方法。对大家最有帮助的是，本章还将告诉大家在面试中展示内存优化技巧的方法。

由于大多数初级程序员对这部分知识掌握得不好，因此一旦你能很好地掌握这些非常重要的（因为关系到运行性能，所以非常重要）优化技能，那么你应聘的成功率就能大大提升。

9.1　虚拟机体系结构和 Java 跨平台特性

Java 程序是运行在虚拟机（JVM）上的，而不是直接运行在操作系统上的，所以 Java 语言具有编译一次到处运行的“跨平台特性”。具体来讲，大家在 Windows 平台中编译好的字节码（.class）文件能直接在 Linux 系统中运行，这给我们带来了很大的便利。

培训过程中，我们一般只要求初学者知道“因为运行在虚拟机上，所以具备跨平台特性”这层因果关系，但对于具有一年左右（及以上）的初级程序员而言，我们的要求还包括“了解虚拟机的体系结构”，这是掌握“调优”技能的基本保障。

9.1.1　字节码、虚拟机、JRE 和跨平台特性

我们在讲解反射部分的知识点时，讲过扩展名是 .java 文件要被编译成 .class 文件后才能运行。这里，.class 文件其实是字节码，它是运行在虚拟机上的。

目前有不少资料都提到了字节码的结构，但这块知识点对实际开发的帮助并不大，建议大家了解一下即可。从图 9.1 中，我们能看到 java 代码、字节码、虚拟机和操作系统之间的关系。

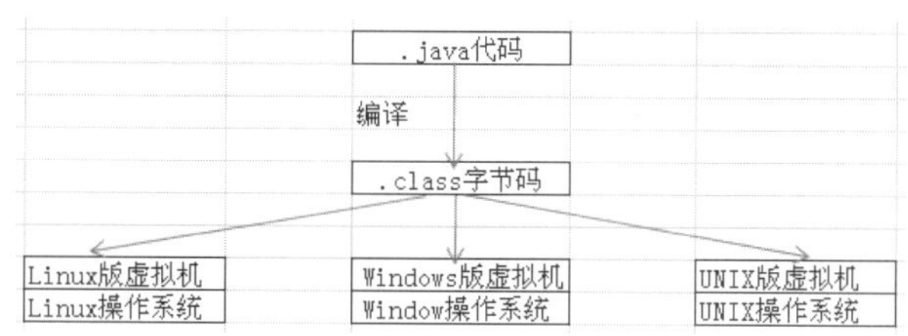

图 9.1　字节码、虚拟机和操作系统的结构

从图 9.1 中我们能抽象地看到，针对不同操作系统的虚拟机起到了“屏蔽操作系统差异”的作用，这也是同一个字节码文件能运行在不同操作系统上的原因。

在操作层面上，大家一定有体会，如果我们要在某台机器上运行 Java 代码（应该是运行 .class 字节码），那么需要先在这台机器上安装 Java 运行环境（Java Runtime Enviroment，JRE）。例如，要在某台 Linux 上安装（32 位或 64 位）JRE，而且 JRE 需要和开发 Java 所用的 JDK 版本兼容，如用 JDK1.7 开发出来的 Java 代码未必能运行在 JRE1.6 的环境中。

事实上，JRE 中包括 Java 虚拟机和 Java 程序运行时所需的核心类库。在不同的操作系统上，我们需要安装不同版本的 JRE，它们所包含的核心类库是不相同的，如 Linux 中的 JRE 包含的是针对 Linux 的类库，Windows 中包含的是针对 Windows 的类库。而这些类库是 Java 虚拟机屏蔽操作系统差异的重要保障，也是 Java 跨平台特性的重要基石。

9.1.2 虚拟机体系结构

虚拟机的主要任务是装载字节码（class 文件）并执行，图 9.2 给出了虚拟机的体系结构。

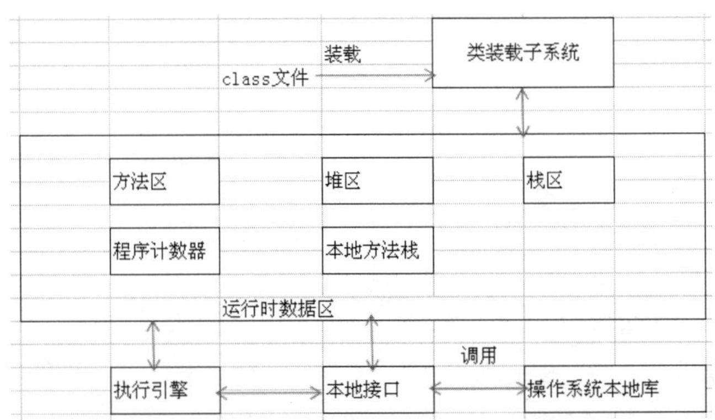

图 9.2 Java 虚拟机的体系结构

从图 9.2 中可以看到，Java 虚拟机体系结构包括能装载字节码的类装载子系统、运行时数据区、执行引擎和本地（方法）接口。其中，运行时数据区还包括方法区、堆区、栈区、程序计数器和本地方法栈模块。

从功能上来讲，字节码会被类装载子系统装载到虚拟机中，并由执行引擎来执行。执行时会用到运行时数据区中的数据，如果有必要，会通过本地（方法接口）调用基于操作系统的类库。下面来具体分析一下其中的一些重要部件。

1. 方法区

当虚拟机装载某个类时，会读入该类所对应的字节码文件到虚拟机中，随后虚拟机会读取这个类的相关类型信息，并把它们存储到方法区。方法区中会存放以下重要信息（仅列出重要部分）。

（1）这个类的全限定名（如全限定名 java.lang.Object）。

（2）这个类型的访问修饰符。

（3）字段信息（字段名、类型、修饰符）和方法信息（方法名、返回类型、参数数量和类型、修饰符）。

（4）除了常量以外的所有类的静态变量。

2. 堆区

Java 程序在运行时所创建（new）的所有对象实例都放在同一个堆中，所有线程都将共享这个堆。

在 C++ 中，程序员能通过 delete 或 free 方法，显式地回收分配出去的内存，但在 Java 中，程序员无法通过类似的代码回收堆空间中被 new 出来的内存，这些已分配的内存是通过垃圾收集器（GC）来进行回收的。

尽管如此，程序员还是可以通过一些技巧，让编写出来的代码能高效地使用内存（通过代码技巧能保证 new 出来的内存及时地被回收）。此外，程序员还可以通过设置一些虚拟机的配置参数来提升堆区内存的使用效率。

可以这样说，优化虚拟机性能的主要工作是优化堆区内存的使用效率，所以在后续部分，我们将详细讲述堆内存分配和回收的具体步骤，并在此基础上讲述优化堆区内存性能的具体技巧。

3. 栈区

（1）栈区中存放着每个线程的数据。

当我们启动一个线程时，Java 虚拟机会为它分配一个 Java 栈，需要说明的是，这里的线程不仅仅是指通过多线程中 Thread、Runnable 或线程池启动的线程，假设我们通过 HelloWorld.java 中的 main 函数执行某功能（输出一段话），那么这个启动的 HelloWorld.java 程序也是一个线程。

Java 栈区中存储了线程中方法调用的状态，包括局部变量、参数、返回值等，我们在之前在讲多线程时，提到每个线程都有自己的私有内存（这也是多线程并发时会造成数据不一致的原因），这个私有内存其实是存在于 Java 栈区的。

（2）栈中保存着每个方法的调用状态。

栈由许多栈帧组成，一个栈帧包含一个 Java 方法调用的状态。当线程调用一个方法时，虚拟机压入（push）一个新的栈帧到该线程的 Java 栈中，当该方法返回时，这个栈帧就从 Java 栈中弹出（pop）。

这里大家先记住一个重要的概念，如果线程请求的栈帧深度大于所允许的深度，那么虚拟机会抛出 StackOverflowError（栈溢出异常）。

4. 程序计数器

这块对程序员是透明的，而且对优化帮助不大，所以这里只给出基本的概念：当 Java 程序在运行时，程序计数器总是指向下一条被执行指令的地址。

5. 本地（方法）接口和本地方法栈

本地方法接口也称本地接口（Java Native Interface，JNI）。Java 线程可以调用本地方法，如我们可以在 Java 线程中通过本地方法接口调用本地用 C++ 定义好的方法。这里大家可以不用了解具体的调用方法（因为不怎么用到），但要知道通过 JNI 可以在 Java 中调用其他（比如 C++）语言定义的方法。

当我们通过 JNI 调用本地方法（大多数情况下是非 Java 语言的方法）时，就会用到本地方法栈，这个栈其实与之前讲的栈结构和用途是一致的，只是一个针对虚拟机内部的 Java 方法，而另一个针对本地方法。

6．执行引擎

执行引擎也称字节码执行引擎，用来执行字节码。执行引擎非常重要，也是虚拟机的核心，但对平时开发和调优的帮助不大，所以大家可以自行了解，这里不展开讲。

7．类加载子系统

在虚拟机中，类加载子系统（也称类加载器）主要分为启动类加载器（Bootstrap-ClassLoader）、扩展类加载器（Extension ClassLoader）、应用程序类加载器（Application ClassLoader）和用户自定义的类加载器（User Defined ClassLoader）。

在一些特殊场合中，程序员会重写用户自定义的类加载器来加载一些类或重新定义加载次序，但这种场合非常少。

和类加载器相关的有两个异常，如果加载时找不到类文件，会报 ClassNotFoundException 异常；如果加载到的类中引用到的其他类不存在，则会报 NoClassDefFoundError 异常。

9.1.3 归纳静态数据、基本数据类型和引用等数据的存储位置

在面试时，面试官经常会问 Java 中的各种数据在虚拟机的存储位置，以此来考察候选人对虚拟机的掌握程度。在上文中已经给出了静态（static）变量等的存储位置，在表 9.1 中，我们总结了这类知识点。

表 9.1　各种类型数据在虚拟机里的存储位置

类型	示例	存储位置
静态变量	static int val = 1;	方法区
new 出来的对象	String a = new String("123");	new 出来的对象是放在堆区，而指向这块堆内存的引用 a 是放在栈区的
基本数据类型	int iVal = 100;	100 放在栈区，而引用 iVal 这个引用则在栈区
常量类数据	String a= "abc";	常量池是在方法区中的

根据表 9.1 做进一步的归纳，在面试时大家可以通过以下的“警句”来展示自己的能力。

（1）new 出来的对象存在于堆区，而这些 new 出来对象的引用则存在于栈区。

（2）类似于 String a = "abc"; 之类的常量存在于常量池中，之前我们专门提到这部分的知识点，而常量池则存在于方法区中。

需要说明的是，知道这些存储位置的知识点可以展示自己确实了解虚拟机，但证明力度不够，面试时大家可以通过之前提到的“常量池内存共享”和后文将要提到的“虚拟机内存优化”的实战型知识点来“展示”自己的能力。

9.2　Java 的垃圾收集机制

上文中已经提过，通过 new 我们能在堆区中给指定对象分配内存空间，但 Java 中没有像 C++ 那样提供类似于 delete 或 free 的释放内存空间的方法，虚拟机会在特定的时间点启动垃圾回收机制（GC 机制）来回收已经不被使用的堆内存。

这就会给一些程序员（尤其是工作年限在 3 年以内的初级程序员）造成一种误解，他们往往会认为，既然虚拟机的垃圾回收机制能自动回收，那么他们不需要（也没必要）做什么事。

恰恰相反，我们得深入了解堆的结构和垃圾回收流程，并在此基础上提升代码的内存使用效率，否则，代码运行速度慢还是小事，因内存用尽而导致程序崩溃也不是没有可能的。

9.2.1　分代管理与垃圾回收流程

我们可以通过深入了解虚拟机中堆内存的结构，从而更清晰地了解垃圾回收的流程。虚拟机的堆内存其实可以再划分为“年轻代”“年老代”和“持久代“3 个区域，如图 9.3 所示。

Eden	Survivor	Survivor	Tenured	permanent
Young Generation（年轻代）			年老代	持久代

图 9.3　堆内存中分代管理

其中，持久代（也称持久区）中主要存放的是 Java 类信息，或者在代码中通过 import 引入的类信息，这块空间中的内存对象在代码运行时一般会持久存在（也是被称为持久代的原因），所以我们平时讨论的垃圾回收流程一般不会涉及这块空间。

在年轻代中，一般会划分为伊甸区和两个 Survivor 区（本书翻译成缓冲区，或许在其他资料上有其他的译法），而这里我们把 Tenured 翻译成年老代。

接下来看一下垃圾回收的一般流程。

（1）我们 new 出来的对象一般是先到伊甸区（Eden）中申请空间，如果伊甸区满了

（当前从伊甸区中无法申请到空间），那么会把伊甸区中还存活的对象复制到其中的一个 Survivor 区中。这里其实已经有一个隐含的回收流程，当我们把伊甸区存活的对象复制到 Survivor 区时，就已经把其中无用的对象回收了。

（2）当伊甸区和其中的一个 Survivor 区都满了时，会把伊甸区和其中一个 Survivor 区的存活对象再复制到另外一个 Survivor 区中，这里同样隐含着一次回收流程。

（3）如果年轻代的空间都满了（无法从伊甸区和两个 Survivor 区中申请到对象），那么虚拟机会把年轻代中还存活的对象复制到年老代中。

（4）当年老代再满时（不会再复制到持久代了），会启动 Full GC，对年轻代、年老代和持久代进行全面回收，这就需要耗费较长的时间了。

在上述的回收流程中，其实包含以下两类回收机制。

（1）轻量级回收（Minor GC）。在年轻代中的回收流程都是属于这种，如我们 new 出来的一个对象在 Eden 区申请空间失败，就会触发这类 GC。

在这类回收流程中，一般会用到一种效率相对较高的标记复制算法（Mark Copy），这种算法不涉及对无用对象的删除，只是把标记存活的对象从一个内存区复制到另一个内存区。

（2）重量级的 Full GC 流程，以下的 4 种情况会触发这种 GC。

① 年老代（Tenured）被写满。

② 持久代被写满。

③ 程序员显式地调用了 System.gc() 方法。

④ 我们可以通过 java 命令分配堆空间的运行策略，如可以设置年轻代和年老代的比例，如果虚拟机监控到上次 GC 后，这种运行策略发生的变化，也会触发 Full GC。

这里讲一个可能会导致误解的知识点，程序员还是可以通过 System.gc() 来提醒虚拟机启动垃圾回收，但调用这个方法后，虚拟机一般并不会直接启动，而是会找个合适的时间点。这与“程序员无法通过代码回收内存”的说辞并不矛盾。

9.2.2 不重视内存性能可能会导致的后果

一般来讲，轻量级回收的代价大家可以忽略不计，但一定要重视 Full GC，下面举个例子来说明这类 GC 对系统的影响，大家可以从中看到不重视内存性能可能会导致的后果。

在某项目中有一个批处理程序，每天下午 2:00 运行，要做的业务是从每天都会更新的 XML 文件中读取数据，并将它们插入数据库。常规情况下是下午 2:30 结束，但某天，它在下午 5 点时还在运行，从日志上看是卡住了，没有继续运行，而且也没报异常（这是最令人担忧的，因为无法获知异常的原因）。

结果从内存监控上一看，这个程序申请了 1GB 内存，但由于代码没写好，那天正好引发一段平时运行不到的流程，从而导致内存使用量持续上升，最后停留在 1GB 的水平。

由于年轻代和年老代都满了，因此触发了 Full GC，在执行 Full GC 时，会导致“Stop the World”情况发生，也就是说虚拟机终止了所有 Java 程序，专门执行 Full GC，这就是卡住的原因。

这个例子倒不是让大家尽量避免 Full GC，因为如果代码没写好或内存分配策略不对，Full GC 导致的 Stop The World 现象迟早会发生。举这个例子的作用是让大家一定要重视后续讲述的内存性能优化内容，否则有很大概率发生类似的“卡住”的问题。或者即使不“卡”，也会报出 OOM 内存溢出异常，这同样会导致“程序运行终止”这样的严重问题。

9.2.3　判断对象可回收的依据

不论是轻量级回收还是 Full GC，都无法回避这个问题：Java 虚拟机如何判断一个对象可以被回收?

标准非常简单，当某个对象上没有强引用时，该对象就可以被回收。不过，在绝大多数的场景中，当某对象上的最后一个强引用被撤去后，该对象不会被立即回收，而是会在下次启动垃圾回收机制时被回收。

在 JDK 的早期版本中，是用“引用计数法”来判断对象上是否有强引用，具体来讲，当一个对象上有一个强引用时，把该对象的引用计数值加 1，反之则减 1。

```
1  String a = new String("123"); // 包含 123 内容的对象上的引用数加 1
2  a = null;                     // 引用数减 1
```

这里大家要区分“引用”和“值”。例如，通过上述代码的第 1 行，我们会在堆空间中分配一块空间，假设内存首地址是 1000，在其中存放了 123 这个内容，而且通过一个引用 a 指向这块空间，这时 1000 号内存的引用数是 1。

在第 2 行中，我们并不是把 1000 号内存中的值设置成 null（初学者往往会有这样错误的理解），而是把 a 这个引用指向 null。这时，虽然 1000 号内存的值没有变化，但如果没有引用指向它，它的引用计数值就会变为 0。在这种情况下，下次垃圾回收机制启动时，1000 号内存就会被回收。

引用计数法的优点是简单，缺点是无法回收循环引用的对象，如 a 引用指向 b，b 指向 c，c 再指向 a，在这种情况下，哪怕它们游离于主程序之外（程序不再用到它们），a、b、c 3 个引用的计数值都是 1，这样它们就始终无法被回收。

正是因为这样，在后续的 JDK 版本中，引入了“根搜索算法”（Tracing Collector）。

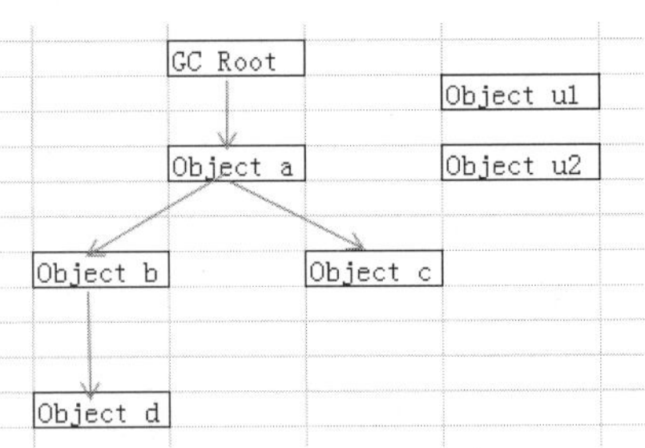

图 9.4　根搜索算法效果

这个算法的示意图如图 9.4 所示。

在这个算法中，将从一个根节点（GC ROOT）开始，寻找它所对应的引用节点，找到这个节点后，继续寻找该节点的引用节点，以此类推。这样当所有的引用节点都搜索完毕后，剩下的就是没有被引用的节点，也就是可以回收的节点。例如，在图 9.4 中，从根节点中能找到 a、b、c 和 d 4 个节点，而 u1 和 u2 两个节点属于不可达，也就是可以被回收。

具体来讲，可作为 GC Root 的对象有以下 4 个。

（1）虚拟机栈中引用的对象。

（2）方法区中静态属性引用的对象。

（3）方法区中常量引用的对象。

（4）本地方法栈中引用的对象。

9.2.4　深入了解 finalize 方法

finalize() 是 Object 类中的 protected 类型的方法，子类（所有类都是 Object 的子类）可以通过覆盖这个方法来实现回收前的资源清理工作，与这个方法相关的流程如下。

（1）Java 虚拟机一旦通过刚才提到的“根搜索算法”判断出某对象处于可回收状态时，会判断该对象是否重写了 Object 类的 finalize 方法，如果没有，则直接回收。

（2）如重写过 finalize 方法，而且未执行过该方法，则把该对象放入 F-Queue 队列，另一个线程会定时遍历 F-Queue 队列，并执行该队列中各对象的 finalize 方法。

（3）finalize 方法执行完毕后，GC 会再次判断该对象是否可被回收，如果可以，则进行回收；如果此时该对象上有强引用，则该对象“复活”，即处于“不可回收状态”。

通过下面的 FinalizeDemo.java，我们来演示一下通过 finalize 方法复活对象的做法。

```
public class FinalizeDemo {
    static FinalizeDemo obj = null;
    // 重写 Object 里的 finalize 方法
    protected void finalize() throws Throwable {
        System.out.println("In finalize()");
        obj = this; // 给 obj 加个强引用
    }
    public static void main(String[] args) throws 
InterruptedException {
```

```
9           obj = new FinalizeDemo();
10          obj = null; // 去掉强引用
11          System.gc(); // 垃圾回收
12          //sleep 1 秒，以便垃圾回收线程清理 obj 对象
13          Thread.sleep(1000);
14          if (null != obj) { // 在 finalize 方法复活
15              System.out.println("Still alive.");
16          } else {
17              System.out.println("Not alive.");
18          }
19      }
20  }
```

在 main 函数中的第 9 行，我们给第 2 行定义的 obj 对象分配了一块内存空间，并在第 10 行去掉 obj 所指空间的强引用，在第 11 行通过 System.gc 方法启动了垃圾回收机制。

这时，由于 obj 所指向的对象上没有强引用，因此，这块对象可以被回收，在回收前，会执行其中的 finalize 方法。

在第 4 行重写的 finalize 方法中，我们给 obj 对象加了一个强引用，这样在 finalize 方法被执行后，obj 对象就不符合被回收的条件了，所以在第 14 行的 if...else 判断中，走第 15 行的流程输出“still alive.”。

不过，由于垃圾回收和遍历 F-Queue 队列不是同一个线程，因此，一旦重写了这个方法，就有可能导致对象被延迟回收。如果这个方法再被放入错误的代码，就极有可能导致该对象无法被回收。

所以在实际的项目中，一般不会重写 finalize 方法。其实我们已经在第 2 章讲过这个结论。在这里通过了解 F-Queue 队列及垃圾回收的具体流程，大家可以更清晰地理解这个结论。

9.2.5　Java 垃圾回收机制方面的初级面试题

（1）简述 Java 虚拟机的内存结构。

（2）简述 Java 垃圾回收的大致流程。

（3）finalize 方法有什么作用？你有没有重写过？

（4）你知道 JVM 在垃圾回收时，会涉及哪些算法？

9.3　通过强、弱、软、虚 4 种引用进一步了解垃圾回收机制

在 Java 对象中，有强、弱、软、虚 4 种引用，它们都和垃圾回收流程密切相关，在

项目中，我们可以通过合理地使用不同类型的引用来优化代码的内存使用性能。

指向通过 new 得到的内存空间的引用称为强引用，如有 String a = new String(“123”);，其中的 a 就是一个强引用，它指向了一块内容是 123 的堆空间。

平时我们用得最多的引用就是强引用，以至于很多人还不知道其他类型引用的存在，下面讲解一下弱、软、虚这 3 种平时不常见（但在关键时刻不可替代）的用途。

9.3.1 软引用和弱引用的用法

软引用（SoftReference）的含义是如果一个对象只具有软引用，而当前虚拟机堆内存空间足够，那么垃圾回收器就不会回收它，反之就会回收这些软引用指向的对象。

弱引用（WeakReference）与软引用的区别在于，垃圾回收器一旦发现某块内存上只有弱引用（一定注意只有弱引用，没有强引用）时，不管当前内存空间是否足够，都会回收这块内存。

通过下面的 ReferenceDemo.java，我们来看一下软引用和弱引用的用法，并对比一下它们的区别。

```
1  import java.lang.ref.SoftReference;
2  import java.lang.ref.WeakReference;
3  public class ReferenceDemo {
4      public static void main(String[] args) {
5          // 强引用
6          String str=new String("abc");
7          SoftReference<String> softRef=new SoftReference
   <String>(str);          // 软引用
8          str = null;     // 去掉强引用
9          System.gc();    // 垃圾回收器进行回收
10         System.out.println(softRef.get());
11         // 强引用
12         String abc = new String("123");
13         WeakReference<String> weakRef=new WeakReference
   <String>(abc);          // 弱引用
14         abc = null;     // 去掉强引用
15         System.gc();    // 垃圾回收器进行回收
16         System.out.println(weakRef.get());
17     }
18 }
```

在第 7 行中，我们定义了 SoftReference<String> 类型的软引用 softRef，用来指向第

6 行通过 new 创建的空间，在第 13 行通过弱引用 weakRef 指向第 12 行创建的空间。

接下来我们通过表 9.2 来观察具体针对内存空间的操作。

表 9.2　ReferenceDemo 里针对内存空间的操作归纳表

行号	针对内存的操作及输出结果
6	在堆空间里分配一块空间（假设首地址是 1000 号），在其中写入 String 类型的 abc，并用 str 这个强引用指向这块空间
7	用 softRef 这个软引用指向 1000 号内存，这时 1000 号内存上有一个强引用 str，一个软引用 softRef
8	把 1000 号内存上的强引用 str 撤去，此时该块内容上就只有一个软引用 softRef
9	通过 System.gc()，启动垃圾回收动作
10	通过 softRef.get() 输出软引用所指向的值，此时 1000 号内存上没有强引用，只有一个软引用。但由于此时内存空间足够，因此 1000 号内存上虽然只有一个软引用，但第 9 行的垃圾回收代码不会回收 1000 号的内存，因此这里输出结果是 123
12	在堆空间里分配一块空间（假设首地址是 2000 号），在其中写入 String 类型的 123，并用 abc 这个强引用指向这块空间
13	用 weakRef 这个弱引用指向 2000 号内存，这时 2000 号内存上有一个强引用 abc，一个软引用 weakRef
14	把 2000 号内存上的强引用 abc 撤去，此时该块内容上就只有一个弱引用 weakRef
15	通过 System.gc()，启动垃圾回收动作
16	通过 weakRef.get() 输出软引用所指向的值，此时 2000 号内存上没有强引用，只有一个弱引用，第 15 行的垃圾回收代码会回收 2000 号的内存，所以这里输出结果是 null

9.3.2　软引用的使用场景

例如，在一个博客管理系统中，为了提升访问性能，用户在点击博文时，如果这篇博文没有缓存到内存中，则需要做缓存动作，这样其他用户在点击这篇文章时，就能直接从内存里装载，而不用从数据库中打开，这样能缩短响应时间。

我们可以通过数据库级别的缓存做到这点，也可以通过软引用来实现，具体的实现步骤如下。

（1）可以通过定义 Content 类来封装博文的内容，其中可以包括文章 ID、文章内容、作者、发表时间和引用图片等相关信息。

（2）可以定义一个类型为 HashMap<String, SoftReference<Content>> 的对象类保存缓存内容，其中键是 String 类型，表示文章 ID，值是指向 Content 的软引用。

（3）当用户点击某个 ID 的文章时，根据 ID 到步骤（2）定义的 HashMap 中去找，如果能找到，而且所对应的 SoftReference<Content> 值内容不是 null，则直接从这里拿数据并做展示动作，这样不用走数据库，可以提升性能。

（4）如果用户点击的某篇文章的 ID 在 HashMap 中找不到，或者虽然能找到，但对应的值内容是空的，那么就从数据库去找，找到后显示这篇文章，同时再把它插入 HashMap 中。这里要注意的是，显示后需要撤销 Content 类型对象上的强引用，保证它上面只有一个软引用。

下面来分析用软引用的好处。假设我们用 1GB 的空间缓存了 10 000 篇文章，这 10 000 篇文章所占的内存空间上只有软引用。如果内存空间足够，就可以通过缓存来提升性能；如果内存空间不够，我们可以依次释放这 10 000 篇文章所占的 1GB 内存，释放后不会影响业务流程，最多就是降低一些性能。

对比一下，如果这里不用软应用，而是用强引用来缓存，由于不知道文章何时将被点击，我们还无法得知什么时候可以撤销这些文章对象上的强引用，或者即使引入了一套缓存淘汰流程，但这是额外的工作，没有刚才使用“软引用”那样方便。

9.3.3 通过 WeakHashMap 来了解弱引用的使用场景

WeakHashMap 和 HashMap 很相似，可以存储键值对类型的对象，但从它的名称上可以看出，其中的引用是弱引用。通过下面的 WeakHashMapDemo.java，我们来看一下它的用法。

```
import java.util.HashMap;
import java.util.Iterator;
import java.util.Map;
import java.util.WeakHashMap;
public class WeakHashMapDemo {
    public static void main(String[] args) throws Exception
{
        String a = new String("a");
        String b = new String("b");
        Map weakmap = new WeakHashMap();
        Map map = new HashMap();
        map.put(a, "aaa");
        map.put(b, "bbb");
        weakmap.put(a, "aaa");
        weakmap.put(b, "bbb");
        map.remove(a);
        a=null;
```

```
17            b=null;
18            System.gc();
19            Iterator i = map.entrySet().iterator();
20            while (i.hasNext()) {
21                Map.Entry en = (Map.Entry)i.next();
   System.out.println("map:"+en.getKey()+":"+en.getValue());
22            }
23            Iterator j = weakmap.entrySet().iterator();
24            while (j.hasNext()) {
25                Map.Entry en = (Map.Entry)j.next();System.out.
   println("weakmap:"+en.getKey()+":"+en.getValue());
26            }
27        }
28    }
```

表 9.3 详细说明了关键代码的含义。

表 9.3　WeakHashMapDemo 中针对关键代码的说明

行号	针对内存的操作及输出结果
7	在堆空间中分配一块空间（假设首地址是 1000 号），在其中写入 String 类型的 a，并用 a 这个强引用指向这块空间
8	在堆空间中分配一块空间（假设首地址是 2000 号），在其中写入 String 类型的 b，并用 b 这个强引用指向这块空间
11、12	在 HashMap 中插入两个键值对，其中键分别是 a 和 b 引用，这样 1000 号和 2000 号内存上就分别多加了一个强引用（有两个强引用）
13、14	在 WeakHashMap 中插入两个键值对，其中键分别是 a 和 b 引用，这样 1000 号和 2000 号内存上就分别多加了一个弱引用（有两个强引用和一个弱引用）
15	从 HashMap 里移出键是 a 引用的键值对，这时 1000 号内存上有一个 String 类型的强引用和一个弱引用
16	撤销 1000 号内存上的 a 这个强引用，此时 1000 号内存上只有一个弱引用
17	撤销 2000 号内存上的 b 这个强引用，此时 2000 号内存上有一个 HashMap 指向的强引用和一个 WeakHashMap 指向的弱引用
18	通过 System.gc() 回收内存
19~22	遍历并打印 HashMap 中的对象，这里争议不大，在第 11 行和第 12 行放入 a 和 b 这两个强引用的键，在第 15 行移出 a，所以会打印 map:b:bbb。
23~25	遍历并打印 WeakHashMap 中的对象，这里的输出是 weakmap:b:bbb。虽然没有从 WeakHashMap 中移除 a 这个引用，但之前 a 所对应的 1000 号内存上的强引用全都已经被移除，只有一个弱引用，在第 18 行中，1000 号内存里的内存已经被回收，所以 WeakHashMap 中也看不到 a，只能看到 b

根据上文和这里的描述，我们知道当一个对象上只有弱引用时，这个对象会在下次垃圾回收时被回收，下面我们给出一个弱引用的使用场景。

例如，在某个电商网站项目中，我们会用 Coupan 类来保存优惠券信息，其中可以定义优惠券的打折力度、有效日期和所作用的商品范围等信息。当我们从数据库中得到所有的优惠券信息后，会用一个 List<Coupan> 类型的 coupanList 对象来存储所有优惠券。

如果想要用一种数据结构来保存一个优惠券对象及它所关联的所有用户，我们可以用 WeakHashMap<Coupan, <List<WeakReference <User>>> 类型的 weakCoupanHM 对象。其中它的键是 Coupan 类型，值是指向 List<User> 用户列表的弱引用。

大家可以想象下，如果有 100 个优惠券，那么它们会存储于 List<Coupan> 类型的 coupanList，同时，WeakHashMap<Coupan, <List<WeakReference <User>>> 类型的 weakCoupanHM 对象会以键的形式存储这 100 个优惠券。而且，如果有 1 万个用户，那么我们可以用 List<User> 类型的 userList 对象来保存它们，假设 coupan1 这张优惠券对应 100 个用户，那么我们一定会通过如下的代码存入这种键值对关系：weakCoupanHM.put(coupan1,weakUserList);，其中 weakUserList 中以弱引用的方式保存 coupan1 所对应的 100 个用户。

这样一来，一旦优惠券或用户发生变更，它们的对应关系就能自动更新，具体表现如下。

（1）当某个优惠券（假设对应于 coupan2 对象）失效时，我们可以从 coupanList 中去除该对象，coupan2 上就没有强引用了，只有 weakCoupanHM 对该对象还有一个弱引用，这样 coupan2 对象就能在下次垃圾回收时被回收，从而在 weakCoupanHM 中就看不到了。

（2）假设某个优惠券 coupan3 用弱引用的方式指向 100 个用户，当某个用户（假设 user1）注销账号后，它会被从 List<User> 类型的 userList 对象中移除。这时该对象上只有 weakCoupanHM 中的值（也就是 <List<WeakReference <User>>）这个弱引用，该对象同样能在下次垃圾回收时被回收，这样 coupan3 的关联用户就会自动更新为 99 个。

如果不用弱引用，而是用常规的 HashMap<Coupan,List<User>> 来保存对应关系，一旦出现优惠券或用户变更，就不得不手动更新这个表示对应关系的 HashMap 对象了。这样，代码就会变得复杂，而且我们很有可能因疏忽而忘记在某个位置添加更新代码。相比之下，弱引用带来的“自动更新”就有很大的便利。

9.3.4 虚引用及其使用场景

关于虚引用（PhantomReference），大家要记住以下两个特点。

（1）虚引用必须和引用队列（ReferenceQueue）一起使用。

（2）始终无法通过虚引用得到它所指向的值。

通过下面的 PhantomReferenceDemo.java，我们来体会上述两个特点。

```
1  import java.lang.ref.PhantomReference;
2  import java.lang.ref.ReferenceQueue;
3  public class PhantomReferenceDemo {
4      public static void main(String[] args) {
5          String obj = new String("123");   // 强引用
6          ReferenceQueue<String> refQueue = new
   ReferenceQueue<String>();                       // 引用队列
7          PhantomReference<String> phantom = new PhantomRefer
   ence<String>(obj,refQueue);                     // 定义虚引用
8          // 不管在什么情况下，虚引用始终返回 null
9          System.out.println(phantom.get());
10     }
11 }
```

在第 5 行中开辟了一块内存空间，假设首地址是 1000，在其中存放了 123，并用 obj 这个强引用指向它。在第 6 行定义了一个引用队列，在第 7 行定义了一个虚引用，并让它指向 obj 这个强引用所指向的 1000 号内存。这里要注意，定义虚引用时，必须要和 refQueue 引用队列一起使用。

在第 9 行通过虚引用来访问 1000 号内存，这里的结果很奇特，虽然 1000 号内存上还有一个强引用 obj，这块内存一定不会被垃圾回收器回收，但这里拿到的是 null 值，从这里可以看到，通过虚引用拿到的始终是 null 值。

既然无法通过虚引用有效地得到它所对应的内存空间的值，那么它有什么作用呢？从上述第 7 行的代码中可以看到，在定义虚引用时，我们会将它放入一个引用队列 refQueue。当我们用好虚引用所对应的对象后，在垃圾回收器回收这个对象前我们需要做些事情（相当于执行析构函数），从 refQueue 队列中取出这个虚引用，并执行它的析构动作。

这种场景不多见，我们通过下面的 PhantomReferenceCleaner.java 来观察一下这种用法。

```
// 省略必要的 import 语句
public class PhantomReferenceCleaner {
    public static void main(String[] args) {
        String abc = new String("123");   // 强引用
        ReferenceQueue<String> referenceQueue = new
```

```
    ReferenceQueue<String>();                    // 定义引用队列
 6          // 定义一个虚引用，并放入引用队列
 7          PhantomReference<String> ref = new PhantomReference
    <String>(abc,referenceQueue);
 8          abc = null;                              // 清空强引用
 9          System.gc();                             // 启动垃圾回收
10          // 从引用队列中获取待回收的对象
11          Object obj = referenceQueue.poll();
12          if (obj != null) {
13              Field rereferentVal = null;
14              try {
15                  // 通过反射，得到待回收对象中的值
16                  rereferentVal = Reference.class
17                          .getDeclaredField("referent");
18                  rereferentVal.setAccessible(true);
19                  System.out.println("Before GC Clear: " +
    rereferentVal.get(obj).toString());
20                  // 可以在这里执行其他回收前的动作
21              } catch (Exception  e) {
22                  e.printStackTrace();
23              }
24          }
25      }
26  }
```

在第 4 行中，我们在内存里创建了一块空间，假设地址是 1000，在其中存放了内容 123，并用 abc 这个强引用指向它。在第 5 行定义了一个引用队列，在第 7 行定义了一个虚引用 ref，并用它同样指向 1000 号内存块。

在第 8 行中，我们清空 1000 号内存上的强引用，这时由于 1000 号内存上没有了强引用，因此在第 9 行中启动垃圾回收时，这块内存会被回收。

我们在第 7 行创建虚引用的同时，把虚引用所指向的 String 对象放入引用队列 referenceQueue，在第 11 行，从引用队列中拿到之前放入的对象 obj。从第 16 ~ 19 行中，我们通过反射机制，拿到了 obj 对象的值，从输出上来看，obj 中包含之前 1000 号内存的值，也就是 123。

也就是说，大家可以用虚引用指向某个强引用指向的对象，这里给的案例中，我们是用虚引用指向 String 类型的对象，在其他场合，也可以指向表示员工信息的 Employee 类型的对象 emp。

由于在定义虚引用时，我们一定会把这个虚引用放入引用队列，因此，当这个强引用（假设这里指向 emp 对象）所指向的对象被回收后，通过虚引用，我们依旧可以从引用队列中得到这个 emp 对象。

（重点来了）假设我们在销毁 emp 对象之前，需要销毁其中的敏感信息（如工资等），那么我们可以在 Employee 类中封装一个 clear 方法，在其中定义一些销毁动作。这样可以在 emp 对象被销毁后，通过 poll 方法从引用队列中得到这个指向 emp 的虚引用，并通过类似 emp.clear() 的调用，完成 emp 对象中销毁的动作。

上述针对虚引用的描述有些复杂，这里来总结一下它的用法：通过虚引用，我们可以在对象被回收后从引用队列中得到它的引用，并能在合适的代码位置通过这个引用执行针对该对象的析构操作。

这其实和 finalize 方法很相似，但 finalize 是在对象被回收前执行，如果在其中写了错误的代码，就有可能导致对象无法正确地被回收。而通过虚引用，我们能在对象被回收的前提下执行析构操作，而且这个操作不会影响对象的回收。

由于虚引用的使用场合并不多，因此，能清晰地说出这块知识点的人并不多。如果大家能在面试中有条理地说出如下的要点，那么面试官会想，你连这种生僻（但有用）的知识点都知道，那么你一定“非常精通 Java Core 中的细节”。

（1）我们始终无法通过虚引用得到它所指向的值，因为通过虚引用，一般只能拿到 null 值。

（2）通过虚引用，我们可以在对象被回收后，通过引用队列调用该对象的析构方法。

（3）如果不做任何动作，在引用队列 referenceQueue 中存放的对象的内存是无法被回收的，所以在放入后，一定要通过 poll 方法把虚引用从引用队列中取出。

（4）也是最重要的，你可以说自己理解虚引用，但如果没有十足的把握，不能说在项目中用过。因为一方面项目中很少有机会用到，另一方面即使用到了，这个复杂程度也不是工作年限在3年之内的程序员能说清楚的。所以在面试时，面试官不要求大家对此有实践经验，但如果大家在理论方面说得很好，而把实际案例说砸了，这样反而会弄巧成拙。

9.4　更高效地使用内存

虽然垃圾回收机制能自动回收内存，但我们也应尽量提早无用内存块的回收时间。例如，某程序运行 10 个小时，在初始化时将会申请一块 1GB 的内存，但在第 2 个小时就用好了，我们就应当在这个时间点上立即回收这块内存，而不应等到程序结束后让垃圾回收机制自动回收。

而且，我们可以通过调整虚拟机堆空间的组成结构来提升内存使用率，如通过监控发现在运行某项目时，经常出现年轻代空间不够，但年老代空间有余的现象，这时就可以通过调整两者的比例来减少轻量级垃圾回收的次数。

总之，本部分将讲一些能帮助大家的高效使用内存的技巧，这不仅能帮助大家轻松应对面试，而且还能立竿见影地帮助大家降低出现内存溢出等问题的风险。

9.4.1 StoptheWorld、栈溢出错误和内存溢出错误

StoptheWorld、栈溢出错误和内存溢出错误这三种情况都和虚拟机内存相关。由于它们都有可能会导致程序终止运行，因此，我们不仅要在开发中让对象尽早地被回收，而且在运行时应当时刻监控，一旦出现这些问题就应及时干预，如通过修改代码或配置参数来改善内存使用。

虽然都是内存问题，但这3种情况的成因和解决方法都不同，下面我们来详细分析一下。

1. Stop the World

当虚拟机的垃圾回收线程通过根搜索算法在可回收的对象上打好标记后，会在不久之后完成回收工作。

但是，垃圾回收线程并不会阻塞当前线程，而是和当前程序并发执行，这就会导致一个问题，在“标记对象可回收”到“对象真正被回收”的这段时间内，如果主程序再给这个对象加上一个强引用，那么就会出现“回收不该回收对象”的问题。

虚拟机的解决方法是，在一些特定位置设置一些“安全点”，安全点可能是循环的末尾，也可能是抛出异常的位置。当虚拟机判断有必要进行垃圾回收，而且程序运行到这些“安全点”时，就会暂停所有运行的线程（Stop the World），只启动垃圾回收线程来进行回收工作。

具体而言，假设当前堆内存即将耗尽，虚拟机则会启动垃圾回收线程，这时，如果恰好运行到安全点位置，那么就会出现“Stop the World”情况。如果这次回收的内存不足以解决问题，那么就有可能再次启动垃圾回收，这样就又有可能出现“Stop the World”的情况，依此类推，当内存使用量靠近最大值时，就很有可能频繁地出现“Stop the World”情况。

来看个例子，假如我们给当前程序分配了1GB内存，这个程序一般运行1个小时，但由于垃圾没有及时回收，运行20分钟后，该程序的内存占用量一直处于990MB（这里纯粹用这个数字来举例，不是这个数字一定会触发垃圾回收），那么虚拟机就有可能不停地做“Stop the World”，导致该程序无法继续往后运行，甚至有可能在启动5个小时后依然卡着，看不到结束的希望。

2．栈溢出错误

我们知道，虚拟机中有栈区和本地方法栈，如果在代码中出现线程或方法的递归调用，就会导致栈中的帧数增多。如果栈中所有栈帧的大小均超过 Xss 参数设置的值，就会产生 StackOverflowError（栈溢出错误）。

这里给大家的建议是，在代码中应尽量避免递归，如果无法避免，也应尽量控制递归的深度。

3．内存溢出错误

内存溢出错误（OutOfMemoryError，OOM）是程序员最怕遇到的问题，因为这种错误的后果比较严重，而且无法重现，从而导致无法定位和修复。表 9.4 归纳了 OOM 错误出现的原因。

表 9.4　OOM 类型归纳表

报出的异常	原因	常规解决方法
java.lang.OutOfMemoryError: unable to create new native thread	当通过 new Thread 等方法无法创建线程时，则会抛出此错误。创建不了的原因通常是线程太多耗尽了内存	（1）可在代码中减少线程数。 （2）可通过 -Xss 调小线程所占用的栈大小，从而降低对内存的消耗
java.lang.OutOfMemoryError: Java heap space	这种是最常见的，当通过 new 创建对象时，如堆空间不足，触发轻量级 GC 和 Full GC 依然不够，则会抛出此错误	没有固定的解决方法，只能检查程序，看哪些对象没有被及时回收
java.lang.OutOfMemoryError: GC overhead limit execeeded	当通过 new 创建对象时，如堆空间不足，垃圾回收所使用的时间占了程序总时间的 98%，且堆剩余空间小于 2%，则会抛出此错误	可通过 UseGCOverheadLimit 来决定是否开启这种策略，如果出现这类问题，也应检查哪些对象可以被及时回收，从而提升内存使用性能
java.lang.OutOfMemoryError: PermGen space	当类加载器加载 class 时，如持久区空间不足，则会抛出此错误	可以通过 -XX:MaxPermSize 调高持久区的最大值

9.4.2　内存泄漏的示例

Java 语言中，内存泄漏（Memory Leak）是指程序中已被分配的堆内存由于某种原因导致无法释放，从而造成内存的浪费。

内存泄漏会导致程序运行速度减慢甚至系统崩溃等严重后果，虽然 Java 虚拟机能自动通过垃圾回收线程来回收内存对象，但我们依然要避免出现这种情况。具体来说，有以下

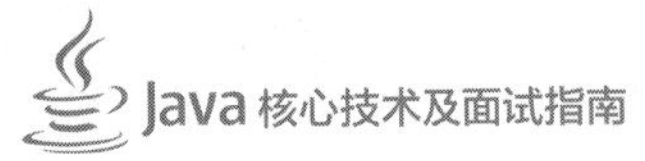

两种常见的情况会导致内存泄漏。

（1）某个程序运行时，一些物理对象（如数据库连接对象或 IO 对象）在使用后没有及时关闭，那么在该程序结束前，这个物理对象所占用的内存是无法被回收的。

（2）比如某个程序的运行时间是从 13:00 ~ 22:00，在 14:00 时 new 了一块大小为 500MB 的对象，但在下午 15:00 之后这个对象就用不到了。如果我们在 15:00 不做任何处理，那么它只能在 22:00 被回收，在 15:00 ~ 22:00，它无法被释放，这也算是一种内存泄漏。

在面试过程中，不少初级程序员（甚至有些高级程序员）对此有错误的认识，在他们眼里，虚拟机能自动回收内存，所以没必要考虑内存泄漏的问题，这也是内存性能优化技能不被普遍掌握的原因。这里我们将通过下面的 MemoryLeakDemo.java 案例，来观察内存泄漏的表现。

```
1  import java.util.ArrayList;
2  import java.util.List;
3  public class MemoryLeakDemo {
4      public static void main(String[] args) {
5          List<String> list = new ArrayList<String>();
6          // 往 list 添加元素
7          for (int i = 0; i < 5; i++) {
8              String obj = new String("abc");
9              list.add(obj);
10         }
11         // 使用 list 中的元素
12         for (int i = 0; i < 5; i++) {
13             String obj = list.get(i);
14             // 使用 obj
15             obj = null;
16         }
17     }
18       // 假设之后的程序还要运行 2 个小时
19 }
```

上述代码的第 5 行创建了一个 List<String> 类型的 list 对象，在第 7 行的 for 循环中，创建了 5 个 String 对象，并在第 9 行把它们放入 list 中。这时，就相当于在堆内存中开辟了 5 个空间，假设它们的首地址分别是 1000、1100、1200、1300 和 1400，其中的值都是 abc。在这些内存空间上有两个强引用，一个是 obj，另一个是 list 指向的。

在第 12 行的 for 循环中，我们从 list 中依次取元素，在使用好这 5 个 obj（内存地址分别是从 1000 ~ 1400）后，在第 15 行分别撤销了它们的强引用 obj。

在第 12 行的 for 循环中，我们已经用好了 5 个 obj 元素，但根据现有的代码，在第 17 行的位置，首地址分别是 1000、1100、1200、1300 和 1400 的这 5 个对象是无法被回收的，因为我们在第 15 行虽然撤销了其中的 obj 引用，但它们还被 list 引用着。

假设第 17 行之后的代码还要运行 2 个小时，那么在这 2 个小时内，这 5 块内存虽然没被使用，但却始终无法被回收，这就会造成内存泄漏。

这个案例中涉及的内存不大，但我们可以再扩展一下。假设有一个程序，每天下午 2:00 会定时执行，运行时我们给它分配 1GB 内存。其中大内存对象的分配和使用情况如表 9.5 所示。

表 9.5　某程序里大内存情况使用归纳表

时间点	大内存对象的情况描述	当前时间点内存使用情况
2:00pm	读一个 xml 文件，把其中的内容放入一个 HashMap 类型的对象 hm，该对象占用 500MB 内存	占用 500MB 内存
2:30pm	从另一个 xml 文件中读取用户信息，并放入名为 userList 的 ArrayList 中，该对象占 300MB 内存	此时内存用量达到 800MB，外加一些其他的对象，内存峰值可能达到 900MB
2:40pm	hm 对象使用完毕，清除其中各对象的强引用，并调用 System.gc() 方法，以便让垃圾回收线程回收这块对象	内存用量的峰值降低到 300 ~ 350MB
2:50pm	读某张数据表，并把其中的数据装载到 ArrayList 类型的 bookList 中，该对象占用 200MB 内存	内存用量的峰值为 500 ~ 550MB
3:00pm	整合 userList 和 bookList 中的数据，并把结果放入 HashMap 类型的 userBookRelationHM 中，该对象占用 300MB 内存 这时在用好 userList 和 bookList 后，应当清理掉其中的强引用，并调用 System.gc() 方法，以便让垃圾回收线程回收这两块对象	虽然多了一个占 300MB 内存的 userBook-RelationHM 对象，但由于释放了两个用好的对象，因此内存峰值还是维持在 300MB 这个水平
3:20pm	程序运行结束，释放所有内存	这个程序所占用的 1GB 内存完全得到释放

从表 9.5 中可以看到，如果在 2:40pm 用完 hm 对象时，没有立即清除其中的强引用并通过 System.gc() 方法回收这块对象，那么 hm 对象将在 3:20pm 左右才能被回收，在这之前，hm 对象所占的内存处于泄漏状态，因此我们无法再回收和使用这块内存了。

同样，在 3:00pm, 如果在用好 userList 和 bookList 后，也不立即撤销它们的强引用，并通过 System.gc() 方法回收，它们也将只能在程序运行结束后才能被回收，同样在程序运行结束前，它们也处于泄漏状态。

发生泄漏的后果是，在 2:50pm，内存的使用量会达到 900MB（没有释放 hm 对象），这时如果再申请 bookList 所占用的 200MB，就会出现内存溢出（OOM）错误。

从这个例子中可以深切体会到，如果某内存能早回收，就别延迟，否则会提升内存用量的峰值，从而增加发生 OOM 的风险。

9.4.3 在代码中优化内存性能的具体做法

在实际项目中，为了更高效地使用内存性能，我们应当注意以下 5 个要点。

（1）物理对象（如 Connection 或 IO 等对象）在用好后应当立即被释放。

一般我们会用 try...catch...finally 的样式来使用 Connection 或 IO 等对象，那么就可以在 finally 从句中关闭这些对象，示例代码如下。

```
try{ 使用 Connection 或 IO 等对象 }
catch(Exception){ 异常处理 }
finally{ 关闭对象 }
```

我们知道，不论发生什么异常，或者不论是否发生异常，finally 从句中的代码一定会被执行，这样能保证物理对象能及时正确地被关闭。

（2）当使用完某个对象时，应及时把它设置成 null，如 obj = null;，这样就能撤销该引用对象上的强引用，从而提升该对象的回收时间。

（3）不应当频繁地操作 String 对象。

我们在第 2 章提到过，String 属于不可变类，频繁地操作 String 会产生大量的内存碎片，从而加重内存的负担，尤其不建议在循环中操作 String 对象。对此我们给出了以下的案例。

```
String num = "1";
for(int i = 0;i<100;i++){
              num = num + "0";
          }
     }
}
```

在 for 循环中频繁地进行了字符串连接操作，所以会频繁地开辟新的内存空间存放新值，旧的空间随之会被废弃，这样会造成大量的内存损耗。

这里给出的是循环案例，在其他可能频繁操作 String 对象的场合中，也会导致大量产生内存碎片，遇到这种情况，我们可以用 StringBuilder 替代 String。

（4）集合对象在用好后，应当及时 clear。

具体来说，用好一个 ArrayList 类型的 list，应及时 clear，HashMap 或 Set 等类型的对象也应如此。

```
1 String num = new String("abc");
2 List<String> list = new ArrayList<String>();
3 list.add(num);
4 num=null;
5 list.clear();// 用完后需要及时 clear 掉
```

例如，在上述代码的第 1 行中，强引用 num 指向了存有 abc 内容的内存（假设内存地址是 1000），在第 3 行中，1000 号内存上又被添加了一个强引用 list，这样在第 4 行我们虽然撤销了其中的一个强引用 num，但 1000 号内存上依然有 list 这个强引用。

所以在用好 ArrayList、Set 或 HashMap 等集合类型的对象后，一定要 clear。否则集合对象还将占用一个强引用，导致用好的对象无法被回收。

（5）我们知道，合理地使用弱引用和软引用，能减少对象上的强引用个数，从而能让该对象被回收的时间提前。所以，可以在一切必要的场合尽可能多地使用弱引用和软引用（能用到虚引用的场合不多）。

9.4.4　调整运行参数，优化堆内存性能

例如，我们需要运行一个 Java 程序（假设名为 SyncupData.java），一般通过以下的命令：

```
java SyncupData
```

也可以通过命令行参数的形式，设置运行该程序时的堆内存的参数，示例代码如下。

```
java  -Xms 500m -Xmx 500m -Xss128k SyncupData
```

在讲解各常用参数的含义之前，大家要注意以下 3 点。

（1）一定要先做代码层面的调优，在穷尽各种代码层面调优方法后，再考虑运行参数层面的调优。

（2）修改某些参数后，可能会导致不可测的后果，所以在面试时，大家在介绍这个技能时应当提一句："因为有些参数的修改会引发虚拟机频繁地启动垃圾回收，例如，如果我们把持久区设置过大，就有可能压缩年轻代和年老代的空间，从而导致虚拟机会频繁回收内存，所以修改参数时我们会很慎重，事先要在测试环境上测试，而且还要得到项目经理的批准"。在开发中，也应当这样做。

（3）在设置参数时，可以留有余量，但别申请太多，以免影响其他线程。例如，在

某台 Linux 机器中，虚拟机内存是 10GB，但有可能同时运行 10 个程序，那么针对其中具体某个程序，如果通过事先的测试，内存峰值在 800MB 左右，那么我们可以为它申请 1GB，但别太多，如 1.5GB。因为申请过多，就有可能压缩其他线程的空间，从而导致产生 OOM 的问题。

表 9.6 归纳了常见的命令行参数的用法。

表 9.6　常见的命令行参数用法归纳表

参数	用法说明
-Xms	设置程序启动时的初始堆大小，如 -Xms 500MB
-Xmx	设置程序能获得的最大堆的大小，如 -Xmx 1GB 假设有如下的配置：java –Xms 500M –Xmx 1G SyncupData，则说明在该程序启动时，可以得到 500MB 内存，随着程序扩展，它最多可以得到 1GB 内存
-Xss	设置每个线程栈的大小，如 -Xss 128kb JDK5 以后，每个线程栈大小默认都是 1MB，在相同物理内存下，减小这个值能创建更多的线程。如果没有必要，不要轻易改动这个值
-Xmn	设置堆内存年轻代的大小为 2GB，如 -Xmn 2G。此值对系统性能影响较大，推荐配置为整个堆的 3/8。如果没必要，不要轻易改动
-XX:PermSize	设置堆内存持久代的初始值，如通过 -XX:PermSize=256M 把初始值设为 256MB。如果没特殊需求，一般无须改动
-XX:MaxPermSize	例如，通过 -XX:MaxPermSize=512M，可以设置最大值为 512MB，不要轻易改动
-XX:NewRatio	设置年轻代与年老代的比值，一般设置为 4，-XX:NewRatio=4

在大多数情况中，如果不修改 -Xms 或 -Xmx，它们的默认值是 256MB，这对大多数程序来说是不够的，所以我们一般只会修改这两个参数。大家可以根据实际情况把它们设置为 512MB 或 1GB 或更大（当然要根据实际情况设置，不要过大）。此外，如果在项目运行时经常看到栈溢出错误（StackOverflowErro），那么可以酌情修改 -Xss 参数。而基本上没机会修改其他参数，只有当我们通过日志等方式发现确实有必要修改时，才会非常慎重地修改。

9.5 定位和排查内存性能问题

在开发时，我们就应当在代码层面尽量把对象的回收时间提前，从而优化内存的使用性能，尽管如此，还是不能完全排除发生 OOM 等内存问题的可能性，因此，在项目上线前，一般会在测试环境通过压力测试等手段来检测和优化内存使用性能。

但这样做只能降低正式上线后出现内存问题的概率，在项目上线后，我们还是应当监控内存使用情况，一旦从各种途径（如日志或报警邮件）发现可能会出现内存问题，应当根据日志等信息定位到可能出现问题的代码点，进而定位和排查原因。

9.5.1　什么情况下该排查内存问题

当项目上线后，一旦出现以下情况，说明可能出现了内存方面的问题，那就需要通过日志等方式来排查了。

（1）从日志中经常看到 OOM 或 StackOverflowError 异常。

（2）程序的运行时间经常大大超过预期。

（3）从日志上看，程序会无故卡在某个地方，而且每次卡的位置都不同。

（4）程序运行时，内存使用量和 CPU 占用率居高不下，超过预期。

9.5.2　通过 JConsole 监控内存使用量

在 Windows 系统中，我们可以通过 JDK 自带的 JConsole 来观察内存使用量，它一般在 Java_Home\bin 路径下。启动待测试的 Java 程序后，可以从这个工具中监控到以下信息。

（1）从“概览”界面中，我们能看到“堆内存使用量”“线程”“类”和“CPU 占用率”等综合信息。

其中我们最为关心的是“堆内存使用量”，从图 9.5 给出的效果图上来看，堆空间使用量在上升到一定程度后会下降，这种情况可以接受，如果出现阶梯式上升进而逼近或超过最大内存使用量，我们就要从后面给出的界面中详细分析原因了。

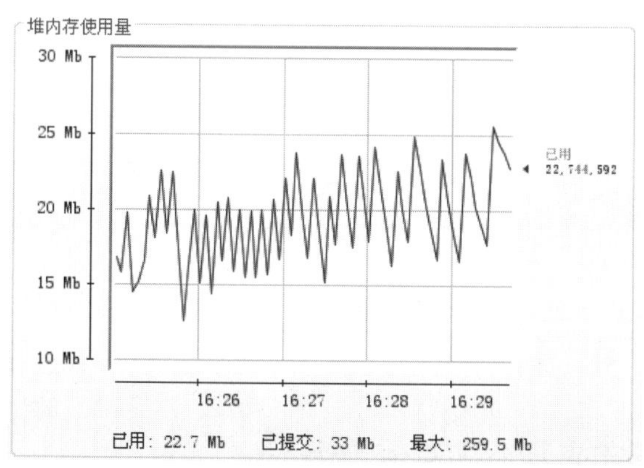

图 9.5　JConsole 里堆内存使用量效果图

（2）单击“内存”标签，可以看到“堆内存使用量”，具体而言，能看到“伊甸区”“年轻代里的缓冲区”“年老代”和“持久代”等区域的内存使用量，如图 9.6 所示。

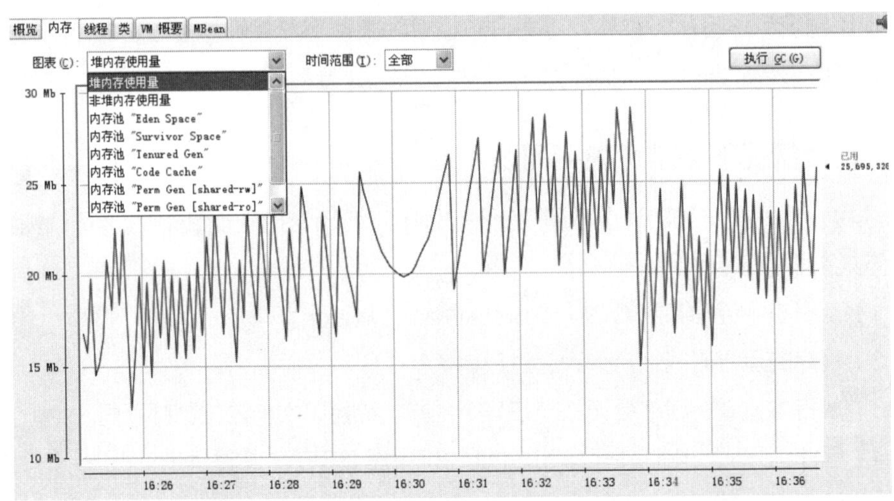

图 9.6　JConsole 里堆内各区域的使用量效果图

如果在这里发现某块区域的内存大小分配不合理，就能通过上文提到的命令行参数来重新分配。

（3）在“线程”标签中，我们能查看当前活动的线程数量和线程的峰值，如图 9.7 所示。其中，蓝线表示当前活动线程的数量，红线则表示线程过去达到过的峰值。

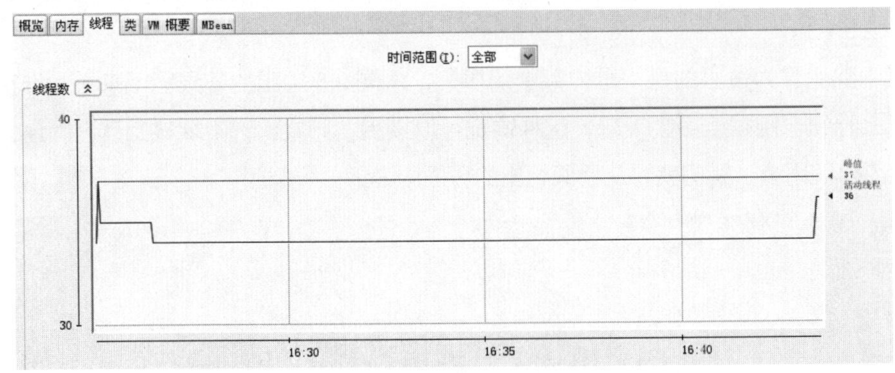

图 9.7　JConsole 中监控线程

（4）我们还能看到一定时间范围内加载类的数量，但这部分对排查问题的帮助不大，所以就不给出截图了。

9.5.3　通过 GC 日志来观察内存使用情况

我们可以在 Java 命令行中加入 -XX:+PrintGC、-XX:+PrintGCDetails、-XX:+ PrintGC-Timestamps 和 -XX:+PrintGCApplicationStopedTime 等参数，这样虚拟机就会输出垃圾回收（GC）的概要信息、详细信息、GC 时间信息和 GC 造成的应用暂停时间等信息。

此外，我们还可以通过 -Xloggc: 文件路径参数，把 GC 日志输出到指定的文件中。

下面详细介绍以上参数及 GC 日志的作用。

1. -XX:+PrintGC

通过添加 -XX:+PrintGC 参数，我们可以打印出每次 GC 的概要信息，如能看到以下信息。

```
1 [GC 346050K→342020K(405420K), 0.0800090 secs]
2 [Full GC 345100K→321900K(508760K), 1.5478250 secs]
```

其中第 1 行表示当次是轻量级（Minor）GC，在这次过程中，堆空间从 34 6050KB 减少到 34 2020KB，GC 发生时的堆容量是 40 5420KB，GC 持续的时间是 0.080 0090 秒。而第 2 行是 Full GC，各数据的含义与第 1 行一样。

2. -XX:+PrintGCDetails

通过 -XX:+PrintGC 输出的信息比较简单，通过这个参数我们能看到更为详细的信息。例如，下面能看到一次关于 Full GC 的信息。

```
1 [Full GC
2 [PSYoungGen: 9742K→7700K(123050K)]
3 [ParOldGen: 225478K→213355K(275718K)] 223236K→211854K(6378566K)
4 [PSPermGen: 3052K→3050K(22624K)],1.4147480 secs]
```

通过第 1 行可以知道这次是 Full GC，在第 2 行中能看到年轻代的堆空间从 9742KB 下降到 7700KB，括号里的 123050K 则表明 GC 发生时年轻代的堆容量。

在第 3 行和第 4 行中，我们分别能看到年老代和持久代的内存回收情况，各数据的含义与第 1 行相同，而且年老代的回收动作进行了两次。

3. -XX:+PrintGCTimestamps 和 -XX:+PrintGCApplicationStopedTime

通过这两个参数，我们能在日志中打印出各动作发生的相对时间点和绝对时间点。假设运行命令为：java -XX:+PrintGC -XX:+PrintGCTimestamps SyncupData.java，那么我们就能在打印日志前看到相对时间点。

```
10.258:[GC 346050K→342020K(405420K), 0.0800090 secs]
20.587: [Full GC 345100K→321900K(508760K), 1.5478250 secs]
```

这说明在代码运行后的 10.258 秒，进行了一次轻量级的 GC，在 20.587 秒后，进行了一次 Full GC。

如果命令是 java -XX:+PrintGC -XX:+ PrintGCApplicationStopedTime SyncupData.java，那么我们看到的就是绝对时间，示例如下。

```
2017-10-03T11:10:38.105-0200:[GC 346050K→342020K(405420K), 0.0800090 secs]
2017-10-03T11:20:54.205-0300: [Full GC 345100K→321900K(508760K), 1.5478250 secs]
```

4. -XX:+PrintGCApplicationStopedTime

通过 -XX:+PrintGCApplicationStopedTime 命令行参数，我们能输出因垃圾回收而导致的程序暂停时间，示例如下。

```
Application time: 0.5291524 seconds
```

一般来说，这个时间不宜过长，否则就有可能发生 Stop The World 的情况。

5. GC 日志的作用

根据上述命令行参数输出的 GC 日志是宏观层面上的，通过这些日志能观察出堆空间中年轻代、年老代和持久代的大小是否恰当，如果不恰当，通过这些日志我们也能作合理的修正。

但通过这些日志，我们无法从代码层面定位内存问题，如某个方法或模块因为代码没被写好从而导致内存问题，这种情况是无法通过 GC 日志来定位和排查的。

9.5.4 通过打印内存使用量定位问题点

如果出现内存问题，我们应当定位到具体的代码块，如在哪个模块哪个方法产生了大量内存对象，定位到具体的代码块后，我们才能有的放矢地修改。

通过下面的 3 个方法，我们能输出当前的内存空闲值、最大内存使用值和内存总量，单位都是兆（MB）。

```
System.out.println("内存空闲值："+runtime.freeMemory()/1024L/1024L + "M");
System.out.println("最大内存使用值："+runtime.maxMemory()/1024L/1024L + "M");
System.out.println("内存总量："+runtime.totalMemory()/ 1024L/1024L + "M");
```

一旦出现疑似的内存问题，我们可以在每个方法的最后打印出上述 3 个值，这样就能通过对比，定位到具体的方法。

9.5.5　出现 OOM 后如何获取和分析 Dump 文件

在 Java 命令行中，我们可以加上如下两个参数，这样一旦出现 OOM 异常，就会把当前（发生 OOM 时）的内存使用情况记录到 Dump 文件中，并把 Dump 文件保存到指定的目录。

```
java -XX:+HeapDumpOnOutOfMemoryError -XX:HeapDumpPath=/dump
SyncupData
```

在 JDK1.6 及以上的版本中，我们能在 Java_Home 的 bin 目录下（在本机是 C:\Program Files\Java\jdk1.7.0_80\bin）看到 jvisualvm.exe 文件，可以用它打开并分析 Dump 文件。

下面来演示一下分析过程。

首先，故意编写一个会产生 OOM 异常的代码 MakeDump.java，在其中生成一个 List 对象，并在其中添加足以导致 OOM 异常的对象。

```
import java.util.ArrayList;
import java.util.List;
public class MakeDump {
  public static void main(String[] args) {
        List<String> list = new ArrayList<String>();
        while(true){// 故意插入很多对象
            String val = new String("123456");
            list.add(val);
        }
    }
}
```

其次，在运行之前，单击“Run As”→”Run Configurations”按钮，如图 9.8 所示。

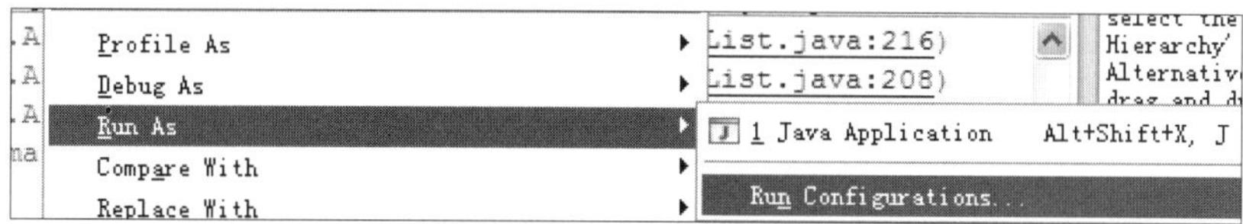

图 9.8　设置运行参数

再次，随后在弹出的配置窗口中，单击“Arguments”标签，在“M Arguments”部分填入以下关于 Dump 文件的配置，这表示当 OOM 发生时，会产生 Dump 文件，并保存在 C:\1 目录中，如图 9.9 所示。

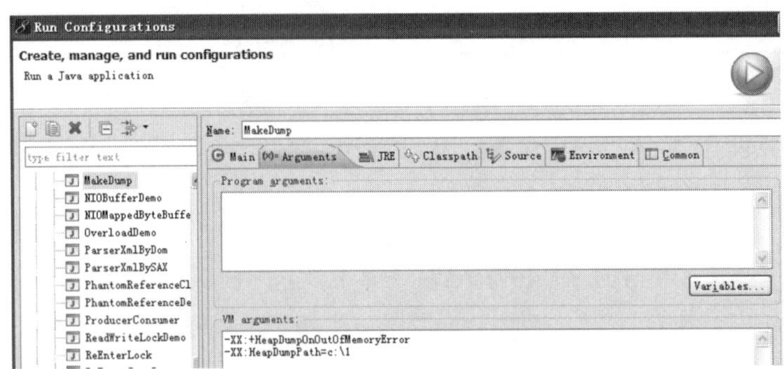

图 9.9　设置 Dump 参数

然后，运行 MakeDump.java 文件，由于一直往 List 中插入数据，而且没有回收动作，因此，运行不久就报 OOM 错误，在 C:\1 目录下也能看到 dump 文件。

```
-XX:+HeapDumpOnOutOfMemoryError
-XX:HeapDumpPath=c:\1
```

最后，用 jvisualvm.exe 打开这个 dump 文件，在其中能看到“概要”“类”和“实例数”等信息，在“概要”中能看到“堆转储上的线程”情况，如图 9.10 所示。其中，我们能看到发生 OOM 时，一些 List 相关的线程（如 copyOf 和 grow）正在工作，这与导致 OOM 的原因能对应上。

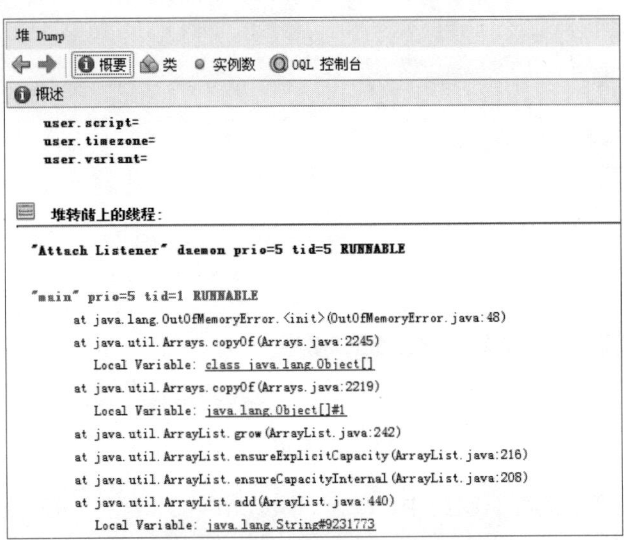

图 9.10　“堆转储上的线程”情况

从“类”标签上，我们能看到发生 OOM 时 String 类的实例数最多，也就是说，是太多的 String 类撑爆了堆内存，这与导致 OOM 的原因也能对应上，效果如图 9.11 所示。

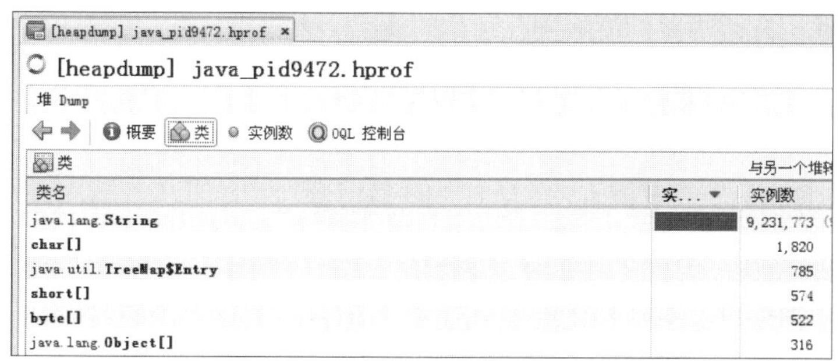

图 9.11　Dump 文件中的类实例情况

9.5.6　出现内存问题该怎样排查

在面试时，面试官经常会问：如果出现内存问题，该如何排查？对于这个问题，我们经常会听到一个不全面的回答，那就是只通过一种方式来查问题。例如，某位候选人说他只通过 Dump 文件来查，另一位候选人则说他只通过 JConsole 来查。

其实他们的回答都对，但都不全面。例如，医生在诊断病情时，很多情况下不会只根据 B 超单或验血单来下结论，他们往往会根据多张化验结果来综合判断。诊断内存问题时也应该这样。表 9.7 给出了各种方法的擅长点和局限性。

表 9.7　综合对比各种分析内存问题的方法

方法	擅长点	局限性
JConsole	能看到内存用量的趋势，能确定是否会发生内存问题	无法定位到具体哪个方法、哪个类发生内存问题，也无法看到 GC 的具体情况
GC 日志	能查看年轻代和年老代等区域内存配置是否合理，也能看到 GC 的时间点	无法从代码角度排查问题
打印内存使用量	能查看每个方法和每个类的内存使用量	无法从堆结构的层面（如年轻代、年老代）查看是否配置合理
分析 Dump 文件	能针对性地看到发生 OOM 时的内存用量和线程情况	无法很好地定位到哪个类、哪个方法产生了大规模的对象

在项目中，我们一般会按以下步骤综合检查内存问题，大家在平时可以这样做，面试时也可以这样说。

（1）通过 JConose 确认发生内存问题。

（2）一般写代码时，在一些可能会导致内存问题的方法中添加打印当前内存使用量的语句，用这些打印信息和 GC 日志来综合判断。

例如，从代码打印中我们能看到在每个时间点，代码运行的位置，以及这时的内存使用量。然后可以通过对比时间戳，查看 GC 日志里的垃圾回收时间，通过对比，就能确认究竟是哪些方法导致垃圾回收动作，从而再检查这些代码，并有针对性地进行优化。

（3）通过 Dump 文件来重现 OOM 时的内存镜像。

代码中的流程比较复杂，可能会导致 OOM 的场景一般是比较难重现的，但通过 Dump 文件能清晰地看到究竟是哪些对象、哪些线程导致了 OOM 的发生，然后结合内存打印信息来分析问题。

9.6 内部类、final 与垃圾回收

内部类并不常用，而且使用起来有一定的定式。例如，在下面的 InnterDemoByTrhead.java 中，我们可以通过内部类的形式创建线程。

```
1  public class InnerDemoByThread {
2      public static void main(String[] args) {
3          // 实现 runnable 接口，创建 10 个线程并启动
4          for(int threadCnt = 0;threadCnt<10;threadCnt++)
5          new Thread(new Runnable() {
6              public void run() {
7                  for (int i = 0; i < 5; i++) {
8                      // 在每个线程中，输出 0～4 System.out.println
   (Thread.currentThread().getName()+": "+ i);
9                  }
10             }
11         }).start();// 这里的括号与第 5 行对应，注意需要带分号
12     }
13 }
```

在上述的第 4 行中，通过 for 循环创建了 10 个线程，在第 5 行中，通过 new Runnable 定义了线程内部的动作，具体而言，在第 6 ~ 10 行的代码中，定义了打印 0 ~ 4 的动作。

第 5 行通过 new Thread 定义的类，是在第 1 行定义的 InnerDemoByThread 类的内部，所以称为内部类，这也是内部类典型的用法。

虽然内部类出现的机会不多，但其中有一个非常重要的知识点：当方法的参数需要被内部类使用时，那么这个参数必须是 final，否则会报语法错误。我们在讲线程时，通过内部类比较了线程安全和不安全集合的表现。这里通过改写这个案例，着重看一下“内部类”和“final”的要点，如以下的 InnerFinalDemo.java 代码。

```
1  import java.util.ArrayList;
2  import java.util.List;
3  public class InnerFinalDemo {
4      public static int addByThreads(final List list) {
5          // 创建一个线程组
6          ThreadGroup group = new ThreadGroup("Group");
7          // 通过内部类的方法来创建多线程
8          Runnable listAddTool = new Runnable() {
9              public void run() {      // 在其中定义线程的主体代码
10                 list.add("0");       // 在集合中添加元素
11             }
12         };
13         // 启动 10 个线程，同时向集合中添加元素
14         for (int i = 0; i < 10; i++) {
15             new Thread(group, listAddTool).start();
16         }
17         while (group.activeCount() > 0) {
18             try { Thread.sleep(10);  }
19              catch (InterruptedException e)
20              { e.printStackTrace(); }
21         }
22         return list.size();          // 返回插入后的集合长度
23     }
24     public static void main(String[] args) {
25         List list = new ArrayList();
26         //很大可能返回 10
27         System.out.println(addByThreads(list));
28     }
29 }
```

这段代码的逻辑是，在 main 函数的第 25 行中，我们创建了一个线程不安全的 ArrayList 类型的对象，并在第 27 行调用了 addByThreads 方法返回 list 的长度。在 addByThreads 方法中，我们在第 14 行中，通过 for 循环启动了 10 个线程，在这 10 个线程的主体逻辑（第 9 行的 run 方法）中，在第 10 行通过 list.add 方法给集合对象添加元素。

从功能上讲，第 27 行的打印语句能输出 10，虽然 ArrayList 是线程不安全对象，但仅仅是 10 个线程同时操作，不足以发生“线程抢占”的情况。

但本代码的重点是内部类和 final，在代码第 4 行定义的 addByThreads 方法中，一定注意参数 list 前要加 final，否则会报语法错误。我们可以通过以下的思维步骤来理解这个要点。

（1）第 4 行的这个带 final 的 list 对象从属于外部的 InnerFinalDemo 类，并且在第 8 ~ 12 行的内部类中也会用到这个对象。也就是说，在外部类和内部类中都会用到这个对象。

（2）外部类和内部类是平行的，内部类并不从属于外部类，这句话隐藏的含义是，外部类有可能在内部类之前被回收。

如果不加 final，一旦外部类在内部类之前被回收，那么外部类中所包含的 list 对象也会被回收，但这时内部类尚未使用 list。在这种情况下，一旦内部类使用了 list，就会报空指针错误（因为这个对象已经随着外部类被回收了）。

为了避免出现这种错误，在指定语法时就加上了“当方法的参数需要被内部类使用时，那么这个参数必须是 final”这个规定。一旦在此类参数前加 final，那么这个参数就是常量了，存储的位置就不是“堆区”，而是“常量池”，这样即使外部类被先回收，那么由于这类参数（如 list）不存在于外部类所从属的堆空间（而是常量池），因此它会继续存在，这样内部类就能继续使用。

一些资深的面试官不会面试内部类的细节语法（因为不常用，而且使用起来有定式），而会考察上述的“参数和 final”的知识点，所以大家在被问及“对内部类的掌握程度”这类问题时，可以按以下思路来叙述。

（1）无须叙述内部类中的各种语法，事实上，内部类涉及“如何定义”与“内部类中对象的可见性”等问题，语法相对而言比较复杂，说起来不容易，而且即使说清楚了，也无法很好地体现大家的能力。

（2）可以直接说，“当方法的参数需要被内部类使用时，那么这个参数必须是 final”，同时解释原因。当面试官听到以后，一般就不会再问内部类问题了，因为他会认为，候选人连这么“资深”的知识都知道，那么就没必要再细问内部类的问题了。

（3）由于这时已经引出“垃圾回收”的话题，因此大家可以找机会按本节给出的提示，进一步展示自己在这方面的能力。这样，就极有可能得到“Java Core 方面比较资深”的评价。

9.7 在面试中如何展示虚拟机和内存调优技能

初学者或初级程序员在面试时，如果能证明自己具有分析内存用量和内存调优的能力，那么在重解时就相当有利，因为这是针对 5 年左右相关工作经验的高级程序员的要求。

如果面试官主动问及这方面的问题，大家可以按照以下的思路由浅入深地依次阐述，如果没有问到，大家也可以用下面提到的方法毫无痕迹地（不突兀、不显摆）展示自己在这方面的能力。

9.7.1　从虚拟机体系结构引出内存管理的话题

如果面试官问，“你是否了解虚拟机体系结构”，那么大家可以按 9.1 节提到的内容，先画出虚拟机的各部件，然后依次说明各部分的作用。

其实面试官也知道这部分对项目开发的帮助并不大，所以大家不用过于深入，如不用深入回答 .class 字节码文件的结构和类加载器的流程（由于实用性不强，本文也没讲）。但大家一定要总结性地说出静态数据、基本数据类型和引用等数据的存储位置，这部分的内容在 9.1.3 小节讲过。这样就能引出下面关于“内存”的话题。

如果面试官没有问及虚拟机体系结构的问题，也不要紧，毕竟这块知识点实用性一般，说出来属于锦上添花。但大家应当通过下面给出的方法，找机会引出“内存”这个话题。

9.7.2　如何自然地引出内存话题

一般来说，大多数面试官都会问垃圾回收的流程，这样大家就有机会通过堆结构说出垃圾回收的流程，进而展示自己在内存调优方面的能力。

更保险的方法是，可以在简历的最近项目介绍中加上类似这样的描述：“这个项目的内存要求比较高，虽然在项目中分配的对象不少，但这个项目只被分配了 1GB 内存，所以在这个项目中，我实践了一些定位排查内存问题的技能，也做了一些调优的工作”。面试官见到简历中的描述时，就会自然而然地提问了。

更稳妥的方法是，在面试中总会有“项目介绍”环节，面试官会让候选人介绍最近的（或最拿得出手的）项目，这样大家就可以顺势说出刚才已经给出的描述。

或者，大家可以在回答数据库或集合等方面的问题时引出这个话题，如回答完 JDBC 问题后，可以说一句：“用好的 Connection 对象我们会及时关闭，否则它所占用的内存对象无法被 GC 回收”；或者在谈及 List 等集合类型时多说一句：“用好的集合对象我们会及时 clear，否则这个集合也会对一些对象产生强引用，这样对象的回收时间就会延迟”。

总之，在内存调优这方面的能力不说出来未免有些可惜，大家可以根据上述的描述举一反三，在面试中找一切可能的机会引入这个话题。

不过这里也要注意技巧，别什么都说，这样反而会过犹不及。打个非常不恰当的比方，就像钓鱼一样，可以先下饵，比如在介绍项目时先粗略地提到自己做过这方面的事情，但别说具体的，等面试官主动问了，再按下文给出的思路一一展开作具体的回答。

万一面试官在你的再三暗示下还是没有继续问（虽然这种可能性非常小），那说明面试官真的对此不感兴趣，或者说你应聘的公司对此没有需求，那么大家就只能到此为止了。

9.7.3 根据堆区结构，阐述垃圾回收的流程

在找到合适的机会后，大家可以先从堆的结构入手，进而详细说明垃圾回收的流程。比如大家被问道，你对 Java 中的垃圾回收机制了解多少？或者当你说出在项目中做过内存调优，面试官进一步让你说出细节，那么大家可以按次序说出以下要点。

（1）可以先说下 new 出来的对象都被放在堆区里。

（2）可以说下堆的结构，如堆中分年轻代、年老代和持久代，年轻代中还分伊甸区和两个缓冲区。持久代主要存放的是 Java 类信息或在代码中通过 import 引入的类信息，垃圾回收流程主要涉及的是年轻代和年老代。

（3）可以说下垃圾回收的一般流程，如什么时候会触发轻量级回收，什么时候会触发 Full GC。

（4）可以说下虚拟机是根据什么判断对象可以被回收（对象上没有强引用，则会在下次 GC 流程时被回收），也可以说下“引用计数法”和“根搜索算法”及它们的区别。

（5）可以说一下程序员可以通过 System.gc() 来启动 Full GC，但 Full GC 并不是在调用这个方法后就启动。不过根据实践，两者的时间间隔不会太长。

在说完上述要点后，大家最后一定得引出下一个“内存调优”话题，可以说：“虽然说 Java 虚拟机能自动回收内存，但在平时写代码时，我们会遵循一些要点来提升内存性能，在项目中，我们还会监控内存使用量，而且我在项目中也有排查 OOM 问题的经验”。这样就能进一步展示自己的“调优和排查”能力。

9.7.4 进一步说明如何写出高性能的代码

关于如何写出高性能的代码，前面提到过这方面技能，这里来总结一下要点，在面试时，大家可以在阅读本章相关内容的基础上自行展开叙述。

（1）物理对象（如 Connectio 或 IO）用好之后要及时 close。

（2）大的对象用好后应当及时设置成 null，以撤销强引用。

（3）集合对象用好后应当及时 clear。

（4）尽量别频繁地使用 String（或其他不变类）对象，这样容易产生内存碎片。

（5）尽可能地使用软引用和弱引用，因为这样能提早对象的被回收时间。

（6）不建议重写 finalize 方法。

（7）可以通过调整命令行参数来调整堆内存的性能，但同时要注意，在项目中一般只会修改 -Xms 或 -Xmx 参数，或者再加一些日志打印和保存 Dump 文件的参数。在修改其他参数时，项目组一般会很慎重，所以大家可以说自己了解其他参数，但如果没有十足的

把握，不要说自己在项目中调整过如“设置年轻代与年老代的比值”等容易产生内存问题的参数。

解决问题相对容易，但定位问题相对困难，所以建议大家可以再进一步展示自己在“监控、定位和调优”方面的能力。例如，可以通过以下的叙述引入这个话题，“除了这些代码上的技巧外，我们在项目上线后还必须监控内存使用量，一旦发生 OOM 或 Stop The World 等问题，我们会通过一定的方法来定位问题点，从而再用刚才提到的技巧来优化内存”。

9.7.5　展示监控、定位和调优方面的综合能力

在面试时，面试官是无法给出一个实际的问题让大家当场解决的，只要候选人叙述得不离谱，一些要点能说上来，一般就会认为候选人具备这方面的能力。

这块大家可以按 9.5.6 小节给出的说辞，如通过 JConsole 确认有内存问题，通过 Dump 文件来查看 OOM 的现场，再通过 GC 日志和代码中输出的内存使用量来定位问题点。在面试前，建议大家多看一些 GC 日志文件和 Dump 文件，做到胸有成竹了。

通过阅读本节，大家一定能体会到“内存监控、定位和调优”方面的知识并不难学，也不难准备面试中的说辞。而且在面试中，最多 5 分钟就能把这部分的知识点说全，但大家一旦按上述思路展示了这方面的能力，那么很大程度上能改变面试官对你的评价。

根据面试经验，初级程序员的平均能力其实都差不多，很多时候是无法取舍的。例如，要从 10 个人中招聘 5 个人，除去特别好的（一般是 2 个人）和特别差的（一般也是 2 个），有 6 个人的综合能力（包括学校背景、工作背景、项目经验和面试结果）是差不多的，也就是说很难从这 6 个人中挑选出 3 个人。

这时，如果这 6 个人中谁有类似于内存调优（或者前面提到的设计模式）等方面的加分项，那么面试官就一定会优先考虑这个人，这就是本节（乃至本书）能带给大家的帮助。

第 10 章

通过简历和面试找到好工作

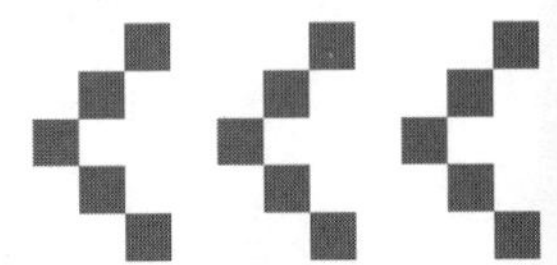

不知彼而知己，一胜一负，这句话能很好地反映当前大多数程序员投简历找工作的现状。目前不少比较初级的候选人基本都是通过广发简历以得到面试乃至跳槽的机会，殊不知这种不清楚面试关键点和不分析公司具体招聘需求的做法不仅会降低找到好工作的概率，更会让大家与一些心仪的公司失之交臂，从而只能"凑合"地进入一个能满足自己工资要求的一般公司。

招聘公司首先会通过简历筛掉一批学历等硬条件不够的候选人，接下来会重点看和本岗位相关的工作和项目经验的年限。除非是校招，否则公司都想找些经验丰富的员工。也就是说，具有相关项目经验是得到面试机会的重要条件，只有这些候选人才有机会被问及技术算法项目甚至智力相关的问题。

本章先介绍通过简历得到面试机会的技巧，然后展示一些在面试中不露痕迹地证明自己和应聘岗位相契合的技巧。至于具体的 Java Core、Java Web、数据库和算法等方面的技术问题，大家都能自己收集，在本书的附录中也分门别类地整理了尽可能多的问题和答案。

10.1　哪些人能应聘成功

应聘成功的人一般要过三关：筛选简历关、技术面试关和人事（或项目经理）面试关，而且在招聘时，公司只能通过简历、面试及背景调查来了解候选人的情况，除此之外没有其他的途径。

也就是说，相对招聘要求而言，一些可上可下（或稍微差一点）的候选人也是有机会通过采用合理的技巧最终应聘成功的；而一些能力已达标的候选人也有可能因为没有写好简历或面试不当，导致落选。

10.1.1　公司凭什么留下待面试的简历

公司的技术面试官或人事会从收到的简历中挑选出有必要进行技术面试的简历，当然剩下的估计就进回收站了。在筛选时，一般会要求同时满足以下两个条件。

第一，硬指标达标，如要求本科或以上，或者要求有多少年的相关经验，对于一些不达标的简历，除非有诸如获得竞赛奖项或海外工作经验之类的额外优势，否则不会有面试机会。

第二，这是最重要的考核点，要有足够年限的和本岗位相关项目经验。例如，在某个职位介绍上有以下 4 点要求。①计算机相关专业，本科以上学历，4 年以上 Java 项目开发经验；②熟练 Spring MVC、Mybatis/Hibernate 等常用 Java 开发框架；③熟练使用 Mysql、Oracle 等数据库，具有查询优化的能力；④有银行相关的业务经验者优先。

其中①是关于学历和工作年限的硬指标，如果这方面没有达标，基本不会给面试机会；②和③是关于具体技能要求的，在筛选时会着重看简历中的项目描述，以“Spring MVC”和“调优”等的关键词来确认候选人之前的工作经验是否与本岗位相匹配；而④是加分项。

在筛选简历时，除了上述学历等硬指标和项目技能因素之外，如果在简历中看到以下情况，一般会慎重考虑甚至不给面试机会。

（1）简历上，最近的项目经验和本岗位无关。

例如，本岗位要 Spring MVC，但候选人最近在做 Struts，这或许还能给面试机会，但如果候选人最近做的是 .NET，甚至做的不是开发而是测试等非相关的工作，那么可能得不到面试机会。

（2）最近处于不在职状态，而且持续时间长于 3 个月。

对此，如果简历上没给出诸如换城市或复习考研等合理的解释，那么公司可能就认为该候选人能力不行导致一直无法面试成功，所以一般不会给面试机会。

（3）最近频繁跳槽，而且每份工作持续时间都不长。

出现这类情况，而且简历上没有额外解释，公司会认为该候选人能力不行从而导致每份工作都做不长，或者稳定性不好。总之，出现这类情况，一般不会给面试机会。

一般来说，如果岗位要招 3 人，一般会根据以上标准筛选出多份（超过 10 份）简历，只要简历中的项目经验等符合职务的要求，就有可能得到面试机会。不过，不少公司还会根据学校技能等综合情况做排序，优先面试综合能力强的，而且，在面试结果差不多的情况下，一定会优先录用简历中综合能力强的。

10.1.2 技术面试官考查的要点及各要点的优先级

如果候选人能过简历筛选这一关，那么技术面试官就会围绕着这个岗位的具体要求，从项目背景、综合技术、沟通能力和责任心等方面面试候选人。一般来说，技术面试官会面试半小时到一个小时的时间，确认表 10.1 所列的关键要点。

表 10.1 技术面试官的确认要点

确认要点	不达标的后果
确认教育背景和公司经历等基本信息	如这些关键信息有问题，会直接终止面试
确认在以往的项目中是否确实用到过本岗位需要的技能和框架	除非是校招，否则公司一定是要求候选人在相关技能上具备足够的项目经验，而不是只有理论经验。所以候选人一旦被发现该职务所必备的技能上没有足够的项目年限，会直接被终止面试
通过技术问题确认候选人的技能是否满足本岗位的需求	如果面试官已经确认候选人关于必备技能具备足够的项目年限，那么技术上问题回答得稍微不好，问题也不大。但如果通过交流发现关键技能点实在过于缺乏，就会导致面试失败
通过算法或逻辑问题确认候选人分析解决问题的能力	如果回答得稍差，但项目背景和技术能力问题不大，一般也让过面试，这部分是用来排查“能力实在太差的候选人”，所以如果候选人技术非常强，这部分甚至可以直接略过
通过候选人的沟通表达情况来确认候选人能很好地融入团队	如果发现候选人沟通交流能力有问题，这就要求候选人用其他方面的优势来弥补，如要求技术特别强。但如果发现候选人是个“刺头”，加入团队后根本无法合作，那么技术再好也会导致面试失败

从表 10.1 中可以看到诸多确认要点的优先级。

最高优先级：教育背景和公司经历，这方面如果有问题会立即终止面试。

第二高优先级：候选人的相关技能的项目年限和技术背景，以及候选人的表达和沟通能力。在这些方面，如果出现问题，还能用其他优势来弥补。例如，某候选人 Spring MVC

问题回答得不太好，但英语非常好；又如，某候选人不具备 SQL 调优能力，但以前做过与本岗位项目背景一致的保险项目，最终都可能成功地通过了技术面试。

第三优先级：候选人的逻辑思维和分析解决问题的能力。一般来说，能从事软件开发的程序员在这方面一般不会特别差，而且只要候选人能力足够强，这方面甚至不会考。只有当候选人属于可上可下时，才会用这个当作最终评判的标准。

也就是说，在面试前，候选人需要尽量挖掘之前项目和本岗位要求相一致的技能并写到简历中，再根据这些技能有针对性地看些面试题，在这基础上再看些算法和逻辑试题。

不过有不少候选人在投简历前根本不会看职位描述，更不会挖掘对应的技能点，相反，他们侧重于看算法逻辑题，这就有些本末倒置了。

10.1.3 项目经理和人事的考查要点

一般来说，能过技术面试的候选人就属于重点考查对象了，这时项目经理（有些公司可能是技术总监）就会出面。在这轮面试里，考查的重点不再是技术，而是这个人能否在本项目组中工作，具体的考查点如表 10.2 所示。

表 10.2 项目经理的考查要点

考查要点	考查方式
确认候选人的技术背景是否与本项目相符	再次询问候选人之前的项目背景及所用的技术
确认候选人的稳定性，别没干多久又跳槽	（1）询问之前换工作的理由 （2）询问候选人的职业发展方向，看能否契合本项目
候选人的沟通表达能力，以及候选人的团队合作能力	（1）通过面试过程中的交流，确认沟通表达没问题 （2）在此基础上再确认该候选人能与本项目组的人合作 （3）从候选人的谈吐中确认该候选人不会是“刺头”
候选人的责任心和承担压力的能力	（1）直接询问该候选人是否愿意加班和出差 （2）询问在之前的项目中，如果遇到问题，是如何解决的

在这个阶段中被淘汰的候选人虽然不多，但确实会有，这可能是有些人通过技术面试就得意忘形了。这阶段的面试不难通过，对一些面试经验很丰富的候选人来说甚至是形同虚设。

如果通过技术面试官和项目经理的这两轮面试，公司一般就会确认录用。这时人事就会出面谈具体的工资福利和到岗时间，如果这方面没有大问题，一般就算是跳槽成功。

10.1.4 入职后怎样进行背景调查

这个流程主要用来确认候选人在简历上给出的信息都是正确无误的，一般分为以下 4 个方面。

（1）要求候选人提供诸如身份证复印件、学历学位证书和其他相关证书这类材料，以此来确认年龄学历等基本信息。

（2）会从候选人诸如劳动手册等材料上，确认候选人之前工作的公司及时间范围，如果出现与简历中不一致的情况就需要候选人做额外的解释。

（3）对于之前工作的每家公司，要求候选人提供能联系到的项目经理或人事，然后会以电话确认的方式来询问候选人在之前公司的表现及离职原因等信息。

（4）有些公司可能会要求候选人提供之前几个月工资卡的银行流水清单，以此来确认候选人之前的薪资水平。

如果在这个流程中发现有严重的信息不符，而且没有合理的解释，那么就会终止录用。所以大家可以在简历中合理地挖掘匹配点，甚至可以适当强调重点，但不要编造虚假的情况。

10.2 怎样的简历能帮你争取到面试机会

简历的作用在于向招聘方展示你和这个岗位的匹配度，从而去争取面试机会，仅此而已。不过有不少候选人的简历非常花哨，篇幅也比较长，但在其中很难看到他能胜任这个岗位。

要知道，招聘方开始只能从简历了解候选人的信息，所以简历不用面面俱到，简明扼要地列出应聘方关心的要点即可；也不用千方百计地在格式上费脑筋，能让招聘方一目了然即可。

10.2.1 简历中应包含的要素，一个都别落下

在筛选简历时，招聘方往往需要从大量的简历中找到值得面试的（这个比例起码是 5:1），所以停留在每份简历上的时间不会很长。

所以大家在准备简历时应当注意“直接”两字：能让筛选人“直接”看出本人的教育背景、工作经历和项目经历，并让他们“直接”感到能将这份简历纳入考虑范围。

根据这个原则，大家可以按次序在简历中列出表 10.3 中所给出的要素。

表 10.3　简历中应当包含的要素

简历中应包含的要素	目的
基本信息，如姓名、性别、年龄、目前所在城市、是否在职、手机和电邮等	（1）让招聘方了解候选人的基本信息 （2）以便招聘方通过手机等方式能联系到候选人
按时间倒叙写教育背景，一般只需要包含高中以上，初中高中等不必写，但需包含专业和学历学位信息	用专业和学历学位等信息向招聘方证明自己的技术背景
总结性地列出自己所掌握的技能。例如，有 3 年 Java 经验，有 2 年 Spring MVC 经验；有 3 年 Oracle 经验，有 2 年 Oracle 调优经验等	一般这些总结点与职务需求是一致的，这样能让招聘方直接感受到该候选人的匹配度。在这基础上，可以适当列些能成功帮到自己的总结点
按倒叙列出工作过的公司，并列出在这些公司中的项目经验，这部分的技能下文会详细描述	在项目经验描述中，能通过项目用到的技术经验等，具体给出自己“匹配”该岗位的证明
可以列出与应聘岗位相关的培训经历和得到过的奖励	这些属于加分项，同等情况下能优先录用
用少量篇幅列出自己的兴趣和自我总结	让招聘公司进一步了解候选人

10.2.2　如何描述公司的工作情况

描述公司的工作情况一般是按时间倒叙描述，如可以按以下的格式写。

2015 年 11 月到 2017 年 10 月，在 ×× 公司，职务是 Java 高级开发。离职理由是想进一步发展。

2012 年 2 月到 2015 年 11 月，在 ×× 公司，职务是 Java 初级开发。离职理由是想进一步发展。

再按此格式写之前的公司情况，这部分的内容应当尽量靠前，在罗列公司情况时，请大家注意以下的 4 个要点。

（1）工作情况可以和项目经验分开写，一般会在后继的项目经验中写具体用到的技术框架及所做过项目的细节。在工作情况描述中，不用过于复杂，让招聘方看到你之前的公司情况即可。

（2）尽量别出现长时间的“空白期”，如上份工作是 2 月结束的，而下份工作是 6 月开始的。如果出现持续 3 个月以上的“不在职状态”，需要在简历中说明情况，如这段时间是换城市发展了，或者辞职复习考研或复习考公务员，总之得找个能说得过去的理由。

（3）在简历上，尽量不要让人感觉你每份工作都做不长，但不能作假。例如，有些候选人会合并公司，如 2016 年 11 月到 2017 年 3 月在 A 公司，2017 年 4 月到 10 月在 B 公司，他为了不让招聘方感觉他换工作太频繁，在简历上就写 2016 年 11 月到 2017 年 10 月在 B 公司工作，故意合并了 A 公司的经历。这样写，如果遇到背景调查，就会“穿帮”，即使有些公司不做调查，在劳动手册等材料上也能反映出真实的工作情况，所以这种做法有一定的风险性。

这里推荐的做法是，不要合并公司，但可以写明理由。例如，当时小王是被外派公司 A 以人力派遣的形式外派到 B 公司，但没过多久 A 公司因某种原因不再具备人力派遣的资质了，这时小王就不得不终止与 A 公司的合同转而和 B 公司签约，这样虽然看上去小王是换了公司，但实际上没有。通过类似的合理解释，招聘方就不会质疑小王的工作能力和稳定性了。

（4）可以写上合适的离职理由，尤其是候选人在短时间内换工作比较多，可能引起招聘方的质疑的情况时，更该考虑合理的离职理由。

合理的离职理由可以是，想为自己寻找一个更大的发展空间，或者想通过升级来独当一面，以此进一步提升自己的能力，或者公司因资金等方面的原因倒闭了。总之，这不是我主观上不稳定，而是客观原因导致我不得不换工作。

而可能会导致没有面试机会的离职原因是，待遇问题（虽然大家心知肚明，但不能这样写）、无法承受大压力或同事领导的排挤。这类理由往往会暴露候选人的缺点，所以不建议大家采用。从这方面意义上来讲，“合同期满”也不是一个好的离职原因，因为如果候选人能力强，那么原公司为什么不和你续约呢?

总之，在描述公司情况时，一旦出现会让招聘方感觉你能力不强或不稳定的情况，一定要醒目地写上足以让人信服的理由，这样的简历才会有机会被继续读下去，进而候选人才会有技术面试的机会。

10.2.3 描述项目经验的技巧

之前已经提到，招聘方非常注重候选人简历上相关技术项目经验，因为这至少能有效地证明候选人实践过相关技术，而不是只具有理论知识。

具体而言，招聘方首先会看候选人最近半年的项目中用的是否是与本岗位相关的技术或框架，如果是，说明候选人在入职后能直接工作。其次，会看候选人所有项目经历中与本岗位所用技能（或框架）一致的时间年限，一般招聘方会对这个年限有个最低的标准，当然越长越好。

如果大家感觉项目经历明明很匹配但最终却连面试的机会都没有，那么问题大多就出在这个环节，下面来具体分析描述项目经验的技巧。

1．尽量把学习培训项目和毕业设计项目往商业项目上靠

商业项目是指能挣钱的项目，和它对应的就是些不以挣钱为目的的学习项目或毕业设计项目。正因为客户付了钱，所以商业项目的要求要远远高于学习或毕业设计项目，这也是招聘公司看重商业项目而主动过滤学习项目的原因。

职位描述上的相关技能年限一般只是指商业项目经验，而不会包括学习项目经验。所以，对于一些介于商业项目和学习项目之间的项目，尽量当成商业项目来写。

例如，小张大三时在计算机系的王老师所在的 ABC 软件公司做了半年兼职，如果小张在简历上写："在校期间，从 × 年 × 月到 × 年 × 月完成了 ×× 系统，用到了 ×× 技术"，那么这多半会被当成类似于课程设计的学习经验，但如果再加上以下关键性的描述："这个系统是属于 ×× 公司的 ×× 商业项目中的一部分，我和另外 3 位开发人员做了半年，最终这个系统成功上线并在客户 ×× 公司的环境中投入运营。"这样小张的商业项目总年限里就能加上这半年时间了。

又如，小李在做毕业设计时，花了 7 个月的时间参与了导师的一个电商商业项目，他主要的工作是设计一个调度算法，但也参与了一些诸如订单管理模块的工作。如果他就平淡地写一句，毕业设计是 ××，毕业论文是 ××，那么招聘方看过就算了，也不会认为小李在做毕业设计时还有商业项目经验，这样小李未免有些吃亏。

但如果这样写："在 × 年 × 月到 × 年 × 月的 7 个月里，在毕业设计中，我参与了 ×× 公司的 ×× 电商项目，客户方是 ×，我参与了订单管理和 ×× 模块，并设计了其中的调度算法，在我的毕业论文中，详细介绍了这种做法。"文字没修改太多，但足以让小李增加 7 个月的商业项目经验。

在招聘过程中，经常会看到有些候选人参加了培训学校，在里面也做了一些实训项目。如果这些项目是用来让学生练手的，而没有产生商业价值，那么虽然这些项目可能来自真实项目，名称也叫 ×× 实训项目，但非常可惜，还是无法把它当成商业项目。看到过一份印象比较深刻的简历，某候选人小丁在某 3 个月的时间内，一边参加培训，一边还在朋友的公司里兼职做着 ×× 信息管理系统的项目。如果小丁能在简历中很好地说明这个情况，而且还能在面试中很好地回答相应的问题，那么对方不得不相信小丁在这个 3 个月中确实做的是商业项目。

对于高级程序员而言，他们的项目年限一般会超过 3 年，所以多挖掘出来的商业项目年限就属于锦上添花了。不过不少公司在招聘时往往会设最低年限标准（一般是一年半到两年），这对刚毕业或工作经验少于两年的初级程序员而言无疑是道坎。如果大家处于这个"青黄不接"的时间段，就更得挖掘一些"严格意义上还算商业项目"的项目

经历并写到简历中，这至少能帮大家争取到更多的技术面试机会。

不仅如此，大多数初级程序员的水平其实也差不多，这时就得看谁的商业项目经验丰富了。比如有次我们无法从两位候选人中权衡，因为他们的综合条件和面试情况都差不多，但其中有一位在大三阶段有段为期 6 个月的商业项目实习经验，另一位没有（有可能他也有，但没当成商业项目来写），这种情况下我们就录用了有实习经验的候选人。

2. 通过具体案例来看项目经验该怎么描述

假设某公司需要招一个 Java 高级开发，其职位描述为：①计算机及相关专业毕业，3 年以上 Java Web 项目开发经验，熟悉 Linux 平台；②精通 Java 编程，熟悉 Spring、Spring MVC、Mybatis/Hibernate 等开源框架，熟悉和常用 cache 机制、Jsp/Servlet 等技术；③熟悉 Tomcat、Nginx 等应用服务器的配置和优化；④熟悉数据结构和算法，熟悉 Java 多线程开发，熟悉 MySQL、Redis，熟悉数据库索引；⑤了解 Web 前端技术，包括 HTML5/CSS/Javascript 等；⑥拥有良好的沟通能力和文档能力；⑦勤奋而善于思考，愿意不断挑战和提升自己。

这里先说个技巧，如果候选人能通过简历让招聘方确信，在最近的项目中他用到了不少与招聘岗位相关的技术，那么他得到面试机会的可能性就会大大提升，因为招聘公司会认为候选人入职后会很快上手，不会有太长的熟悉期。

那么我们就可以根据职位需求，从以下几个方面来描述项目经验。

（1）简要描述项目的背景，如时间范围、客户是谁、项目规模有多大。

从 × 年 × 月到现在（这个时间范围至少是最近半年），我参与某外汇交易系统，客户是 ×× 银行，这个项目组的构成是一位项目经理外加 10 位开发，总共的规模在 80 人左右。

（2）大致描述项目的需求和包含哪些模块，然后简要说一下你做了哪些模块，以及在这个项目用到的开发工具和主要技术点，这部分的描述如下。

这个外汇交易系统包括挂盘撮合成交、实盘成交、反洗钱和数据批处理等模块，我主要负责了挂盘撮合成交模块，其中用到了 Spring MVC 架构，数据库是 Oracle，用 Mybatis 实现的 ORM，该系统是运行发布在 Weblogic 服务器上的，我们还用了 Nginx 来实现负载均衡，用 Redis 来缓存数据。在这个项目中，我还用 JS 实现了一些前台页面。

这里大家要注意以下几个要点。

① 招聘方在看简历时，更关注的是技术，所以这里无须过度展开该项目中的业务细节，如无须用大篇幅来写在挂盘撮合成交模块中做了什么事情。

② 如果在这个项目中用到了职位介绍里给出的技术，应尽量写在项目描述中，但也不

能不顾事实全写上。

（3）这里可以在刚才的基础上展开写这些技术在项目中是如何用的，以此来进一步证明你和所应聘职务的匹配度。同样这里也应围绕技术，而不是多写业务细节，大家可以参考以下的范例。

具体而言，在这项目的挂盘撮合成交模块中，我们用到 Spring MVC 框架，用到了其中的拦截器来拦截非法的挂盘订单请求，在数据库层面，我们还把一些常用数据放入 Redis 中，在 Redis 中我们用到了 list 和 set 这两种数据类型，而且还用到了 master-slave 模式。在使用 Nginx 时，我们是通过配置来避免出现 Session 黏滞的问题。

如果大家只写用过 Spring MVC 和 Nginx，那么筛选简历的人看一眼就过了，最多认为用过。但如果大家再写一些只有用过才能知道的细节点，如 Nginx 的 master-slave 模式，就会给招聘方留下比较深刻的印象，给他们的感觉就会是“不仅用过，而且熟悉（或精通）”。

3. 这些亮点你大多做过，不加在简历中有些可惜

有不少简历在描述项目时也像上文一样，能根据招聘职位的具体要求展示自己的匹配点，这种简历属于“达标”，即可以纳入考虑范围。在这个基础上，如果大家在项目中有表 10.4 中列出的亮点，一定要写上，这就是你优于其他人的地方。

表 10.4　简历中可以加入的亮点归纳表

可以加入的亮点	怎么加
JVM 调优方面	请参考第 9 章，里面有专门的描述
设计模式方面	请参考第 8 章，里面有专门的描述
数据库调优方面	（1）可以说在项目中用过批处理、预处理事务等高级知识点 （2）能通过监控查看哪些 SQL 语句需要调优 （3）能通过索引执行计划等方式对 SQL 语句进行优化 （4）如果进一步，能通过数据库集群等方式分散对单个数据库的压力 （5）如果做过，也可以写一些关于 NoSQL 和大数据方面的经验
Spring MVC 等架构方面	（1）用过诸如拦截器、AOP 和事务等高级技能点 （2）在搭建框架时，能一起参与并熟悉如何通过框架来提升代码的可维护性
学习和解决问题的能力特别强	如可以写，在项目中，自己被分担一块大家都不大熟悉的技能，但你在短时间中就完成了技术调研并把它用到项目上
能承担大的工作压力	（1）由于客户方催进度的原因，这个项目需要加班（总之加班原因不是你造成的） （2）在这种情况下，你能和你的团队一起连续奋斗，最终成功地完成进度

上述的一些技能要求未必会出现在职位描述里，但确实都属于亮点，而且在大家的项目中多少会用到，所以不加有些可惜。当然，如果大家有其他的亮点，也可以加上，毕竟这能提升简历的价值。

4．多写些与项目管理相关的技能

很多候选人的简历更偏重技术或诸如沟通和协作方面的能力，但事实上，项目管理方面的技能同样重要。这里可能会有个误区，不少人认为初级程序员的简历无须写项目经验，但事实上，项目管理技能也是靠积累的，哪怕刚工作 1 个月，也能积累这方面的经验。

在这方面，项目经理更偏重于如何根据项目需求合理地分配任务和协调进度，对于程序员而言，则可以在简历中写项目管理的方式，以及如何使用常见的管理软件来提升项目管理的效率。

这里以“敏捷开发”为例，向大家展示如何介绍自己项目管理的方式。

我们这个项目采用了敏捷开发的模式，具体而言，我们会根据项目总体需求，设置若干个发布点，在时间上，每隔 1 个月就会设置一个。根据任务的优先级，我们先会大致定下每个发布时间范围内的大致任务，而在每个发布时间范围内，会根据当前情况作适当微调。

而且，我们项目组还引入了“每天站立会议”（Stand-up Meeting）的形式，每天项目组会用大约 20 分钟的时间一起讨论每个人已经完成的任务、要做的任务和遇到的问题，这样即使遇到阻碍性的问题，也不会耽搁整个项目很久的时间。

相关的内容不需要很多，大家只需列些“敏捷开发的必做点”，以此来证明自己实践过这种开发方式即可。如果招聘公司也是采用类似的项目管理方式，那么这点一定是个很好的加分项，即使招聘公司采用其他方式，如瀑布模型，那么你写上这句话，招聘方的评价就不仅是“熟悉项目开发的技术”，而且还是“了解并实践过 ×× 项目管理方式，对项目管理有一定的了解”，这样这份简历获得面试机会的可能性就大大增加了。如果大家在项目中用到的不是敏捷管理模式，而是其他的管理方式，也可以照着这个思路写。

此外，正规的项目多少会用些项目管理的工具，大家也可以在简历中列一些自己用过的工具，以此来进一步证明项目管理方面的经验。在表 10.5 中，我们总结了一些常见的开发人员能用得上的项目管理工具。

表 10.5　常见的项目管理工具整理表

工具或软件	项目管理方向	能起到什么样的作用
JUnit	单元测试	开发人员在开发完成后，可以用 JUnit 来编写自己代码的单元测试代码，运行单元测试代码后，能测试自己开发的模块
Maven	构建项目	通过 Maven，能给项目引入必备的 jar 文件，也能方便地编译（build）和发布项目代码
Jenkins（一般会和 Ant 一起用）	持续集成工具	一般会用重复的工作来发布不同版本的项目，如运行 ant 脚本，把生成的 jar 放入指定的 Linux 目录并设置一些 script 文件的可运行权限。可以通过设置 Jenkins 脚本来配置这些重复的工作
Jira	缺陷或任务管理	每当遇到一个 Bug 或一个新任务，都可以建一个 jira，此时该 Jira 状态是 Open，程序员开始开发时，会设置成 In Progress，完成开发后能设置成 In QA，这样测试人员就能介入测试。测试完成后，测试人员能把它设置成 In UAT，一旦把该任务部署到生产环境，就能 Close 这个 Jira。也就是说，通过 Jira，能在项目中很好地跟踪和监控具体问题和任务的当前状态
Git	版本管理	通过 Git 或 SVN 等版本管理工具，在项目中能方便地建立提交或回退各人的修改，还能分支版本。Git 还有个好处：可以设置成“评审后才能提交”的模式，这样要往主版本提交的代码必须要经过一人或多人的评审，就能很好地控制代码的质量
Autosys 或 Crontab	用于定时运行脚本任务	比如要定时运行一个脚本，就能通过 Autosys 或 Crontab 来设置，通过 Autosys，更能方便地设置任务间的依赖关系。例如，A 任务运行完成后 B 任务才能运行，而且还能查看任务运行的状态是成功还是失败
Sonar	代码质量管理	通过 Sonar，不仅能检查代码是否还有 bug，还能查看代码的质量，如代码的注释率是多少，单元测试覆盖率是多少。Sonar 还能给出一些代码方面的建议。总之，通过 Sonar 能提升代码质量

具体而言，大家可以在简历上写以下的内容：在这个银行（或其他）项目中，我们用 Maven 来管理项目，用 Git 做版本管理，用 JUnit 来做单元测试，用 Jira 来做 bug 管理。在代码上线前，我们还会用 Sonar 来扫描代码，如果发现一些可改进点，如 JUnit 覆盖率不高，我们会及时改正。

大家在简历中写这部分的内容时注意以下两个要点。

（1）在项目管理方面一般都会用到一些工具，也就是说，大家可以写上在自己项目中用到的工具，以及这些工具应用在哪些方面，不要什么都不写。

（2）面试官在看到相关描述后，一般会在面试中询问些细节，如 Jenkin 的配置方式等，也就是说，大家不仅要写，还得适当地了解这些工具的使用细节，以备面试时的提问。

5. 缺乏相关项目经验的补救措施

其实大家在跳槽时，遇到的最大问题可能不是技术方面的问题，而是缺乏足够的技能经验。

例如，某公司在招聘时，写明了要有两年 Spring MVC 相关经验，小李虽然也工作两年了，但做的主要是 Java Core 方面的工作，而小赵在做了 C#.NET 项目两年后想转到 Java 方向，他们在应聘这个岗位时，同样都会遇到“没有足够的实际项目经验”的困难。

大家在遇到类似情况时，强烈建议大家不要弄虚作假地改写简历，如把两年 Java Core 经验改写成 Spring MVC 方面的，甚至候选人如果能在面试时让面试官感到他在 Spring MVC 方面达到了两年工作经验的水准，虽然这种修改未必能被发现，但在职场上毕竟要以诚信为主，这种虚假简历一旦被发现，后果甚至比缺乏经验还严重。

遇到这样的问题，大家可以做的是，挖掘之前项目和所应聘职位相匹配的技术要点，而不是伪造简历。主要挖掘以下两方面。

（1）比如某项目的一些模块是用 C# 做的，而一些和客户交互的功能用到了 Spring MVC，小张主要做的是 C# 模块，在简历上他也以此描述为主，但他也做过 Spring MVC，那么遇到上述情况，他就可以在简历中写上 Spring MVC 的经验。

（2）有些公司规模比较小，所以一个人可能要做多方面事情。例如，小王是以“测试”人员的身份进入的项目组，但后来项目进度比较紧，小王也被要求去开发 Spring MVC 了，这种情况我们也见了不少，这样当小王想往 Java 方向转时，也可以在简历上加上这段经历。

除此之外，还有这样的简历：候选人正式工作是做 C#，但他在业余时间跟着他们的项目经理用 Spring MVC 干私活，这样他也能在简历上写上 Spring MVC 等相关方面的经验。

值得大家注意的是，通过上述方式挖掘出来的项目经验虽然能做到“实事求是”，但毕竟不能算“专职”；虽然也能提升获得面试机会的可能性，但面试时技术面试官一定会因此加大相关经验（如 Spring MVC）的考核力度。所以说大家不能简单地在简历上加上相关经验，而要在面试前多做准备，如多看面试题，或者深入实践一个 Spring MVC 的学习项目，这样才能应聘成功。

10.2.4 投送简历时的注意要点

简历准备得再好，如果用不恰当的方式投递出去，同样无法得到面试机会，所以大家在发送简历时，应当注意以下要点。

1．不要发送“万能”简历，要根据具体的职位要求进行微调

这可能是不少求职者的“通病”，他们往往就准备一份简历，然后看到一个合适的工作机会就发一份，也不关注这个公司的行业背景，也不看这个职位的具体要求。

其实大家的简历是“闭门造车”写出来的，只是“尽可能”地描述自己掌握的技能（无法完全描述出你项目里用到的所有技能要点），而每个公司的职务要求一定不会完全相同，所以大家在发送简历前一定要根据具体的职位需求改写相关的项目经验描述，以求达到“匹配度”最高的效果。

相反，如果大家针对不同的公司发的是同一份简历，那么就得撞大运了，这样一定会失去不少“匹配度不高”的面试机会，其实修改简历所用的时间不会太多，但效果一定会大相径庭。

2．在招聘会上，尽量要口头说出你和这个职位的匹配点

在招聘会上，大家只能发送同一份简历，在这种情况下，大家一定得尽可能地和招聘方交流几句，用坦诚的措辞，说明自己和这个职位的匹配度，同时让招聘方感受到你热切地想得到这份工作，这样比“递交简历无其他互动”的效果好得多，至少能给招聘方留下一些印象。

3．简历以正文形式发送，别让招聘方觉出敷衍

在很多场合下，大家是通过邮件的方式发送简历的，在这种方式下，由于只是通过文字，无法面对面直接交流，因此大家应当尽量让招聘方感受到自己求职的诚意，至少别让他们感受到“敷衍”。

这里列举一些可能会让招聘方感受到“敷衍”的例子。

（1）从邮件的标题和称谓上，看不出这份邮件是给本公司专门定制的。例如，我们经常会收到这样的简历，标题是“应聘 ×× 岗位”，开头是尊敬的先生 / 女士，第一在其中没有公司的称谓，第二我们已经在招聘要求里写了负责收简历的是人事王先生，但这里没有具体的称谓，这就会让我们感觉这份邮件是通用的，而不是专门发给我们公司的。

恰当的做法是，在邮件标题里写上具体的公司名，如应聘 ×× 公司的 ×× 岗位，在开头上写，×× 公司，尊敬的人事王先生，这里如果没有留收简历人的称谓就写尊敬的人事，这样就会让人感到候选人在发送这份邮件时至少是下过功夫的。

（2）从邮件列表里，我们能看出候选人是群发邮件，把同一份简历发给不同的公司。这种情况不多，但有，恰当的做法是，在一封邮件里，只给一个公司发送求职信息。

（3）有些候选人在邮件里，直接用附件的形式发简历，而没有任何正文的内容。这就无法让招聘方感觉到候选人的诚意了。比较恰当的做法是，候选人还应当在邮件里写上如

下样式的求职信。

×× 公司，尊敬的人事张先生：

我在 ×× 招聘网站上看到您这边的招聘 Java 高级开发的信息，特来应聘。

我叫 ×××，今年 ×× 岁，×× 大学 ×× 系毕业，本科学历，手机号是 ××。

我有 × 年 Java 经验，用过 Spring MVC 等技术（根据职位描述列出用到过的其他 Java 技术），数据库方面，我用过 ××，也有过调优经验（数据库方面的经验也请和职位描述一致）。再根据职位描述写一些自己和这个岗位相匹配的技术。

我非常愿意加入贵公司从事 Java 高级开发的工作，我的详细情况请看我的简历，如果可以，我非常愿意向您这边提供更多的个人信息。

最后署名。

因为有些公司的邮箱出于安全因素，会过滤附件，所以建议大家在以附件的形式发送简历的同时，在正文中也加上简历的内容。

10.3　面试时叙述项目经验和回答问题的技巧

当大家得到面试机会时，其实能大致猜出这个公司技术面试问题的大致范围：技术面试的问题一定会围绕“招聘岗位”的要求，这似乎是废话，但很少有人会以此准备面试。

具体而言，技术面试的问题集中在 3 个方面，第一会确认候选人的项目经历，第二会针对性地问些技术问题，第三才会问些算法和逻辑方面的问题。而这 3 个方面的问题大多是通过候选人叙述的项目经验来展开的。

10.3.1　通过叙述项目技能引导后继问题

在大多数的面试中，面试官一般会先让候选人大致介绍下主要做过的项目，并让候选人详细介绍最近做的（或最拿得出手的）项目。

这样做除了能让候选人放松下来从而能很好地进入面试状态外，还有以下两个目的：一是面试官能以此确认候选人在简历上写的项目经验是否真实，二是会根据候选人提到的技术点针对性地问问题。也就是说，候选人可以通过叙述项目在一定程度上引导面试官后面的提问。

具体而言，大家可以从以下几个方面有条理地详细叙述一个具体的项目。

（1）介绍项目的背景，如客户是谁，是干什么的，分哪些模块，大致的工期是多少。这部分大家其实已经写在简历里了，这里就简要叙述下，无须详细，因为面试官不会过多关注这个项目的需求，而是关注你是如何在这个项目用到和本岗位相关的技术的。

（2）介绍你做的模块中用到了哪些技术，以及有哪些亮点，这里需要提及的技术和亮点最好和职位要求相一致。而且，面试官有可能会问你提到的技术的细节，也就是说，你宁可只讲你非常熟悉的技术，也不要提你不熟悉的技术。具体来说，在介绍完项目背景后，你可以采用以下的方式来介绍在这个项目中用到的技术。

在这个项目中，我们用到了 Spring MVC，具体而言，用到了拦截器和 AOP 组件，在数据库层面，我们用到 Oracle，其中最多的数据表中大概有 2000 万条数据，所以我在项目里还做了 SQL 调优的工作。在代码里用到了诸如 ArrayList 和 HashMap 等的集合对象。这个项目对内存有一定的要求，所以我还做了一些内存调优的工作。

（3）可以介绍一下这个项目的开发方式，以及在项目管理方面用到的软件。

这个项目我们采用了敏捷开发的方式（点到为止即可，如果面试官感兴趣，会继续提问），在项目管理方面，我们用 Maven 来管理项目，用 Git 做版本管理，用 JUnit 来做单元测试，用 Jira 做 bug 管理。在代码上线前，我们还会用 Sonar 来扫描代码，如果发现一些可改进点，如 JUnit 覆盖率不高，我们会及时改正。

大家会发现，这些内容在简历中都有，但面试官未必能注意这些细节，所以在面试时，大家还是有必要说一下。而且这里是在介绍项目，所以说出各个关键点即可，没必要偏离这个主题去详细介绍开发及各种项目管理软件的细节。

这里是以 Spring MVC 的项目举例，如果大家要介绍其他类型的项目，也可以根据以下两个要点来准备（因为重要，这两个要点已经重复多次了，所以大家务必重视）。

（1）尽可能多地提到职位描述中给出的技能点，并且在此基础上适当地介绍一些在这个项目里你能拿得出手的而且别人未必有的亮点。

（2）在介绍时，点到为止，因为是介绍项目，如果过于展开会喧宾夺主，从而偏离“介绍项目”这个主题，进而给面试官留下“叙述条理不清晰”的不良印象。

10.3.2　结合项目实际回答问题

当面试官听完大家按上述两点准备的项目叙述后，或多或少会受到影响，根据大家提到的技术点深入地提些问题。比如会问，在你们的项目中 Spring 的拦截器是怎么用的，或者是，你们是怎么做 SQL 调优的?

在提出问题后，面试官期望得到的结果是，首先候选人要知道相关技术点的用法，其次，候选人在实际项目中还用过。所以，大家在回答时，可以结合项目的实际，而且还可以顺势展示自己的其他亮点，通过下面的两个实例，我们来看具体的回答方式。

实例一，面试官提问，Spring 的拦截器是怎么用的。

在我们的保证金项目里，我们是通过 Spring 来拦截一些非法请求，如在订单撮合成交时，发送的请求一定会包含安全验证信息，这些请求在被请求前，会经过拦截器。具体而言，我们是通过继承 HandlerInterceptorAdapter 类来实现拦截器的，并在其中的 preHandle 方法中添加了验证安全信息的逻辑。同时，我们还在配置文件引入了拦截器的相关配置。

在说完 Spring 拦截器之后，大家还可以顺势说些其他相关的亮点。例如，除了拦截器之外，我们还用到了 Spring 中的声明式事务，这样就能分离数据库操作业务和事务处理业务，从而能用比较小的代价来更改业务的事务属性。

这样一来，就能清晰地让面试官感受到候选人确实在项目中用过拦截器，而且还有可能有很大概率把接下来的问题引入声明式事务方面。

实例二，面试官提问，你是否重写过 hashcode 方法。

当我们在 HashMap 中放入自定义类型的对象时，需要在这个对象中重写 equals 和 hashcode 方法，否则在调用 HashMap 对象的 get 和 containsKey 方法时，可能会得到意料之外的结果。这部分内容我们在描述集合内容时详细提到过。所以我们可以这样回答：在项目中，我们用了 HashMap 对象来存放键值对类型的对象，其中“键”是用户对象，值是这位用户的订单列表，所以我们就需要在用户对象的 class 里，重写 hashcode 和 equals 方法，否则会出错。

随后可以举个不重写 hashcode 方法会导致的问题，之后可以结合项目的实际进一步展示自己对 HashMap 对象的理解。比如可以这样说，由于在 HashMap 中放入的数据和它的“存储位置”是通过 hash 算法相关联的，所以它的 get 方法的效率相当高。例如，在项目中，我们在 HashMap 中存了将近 20 万条键值对数据，但它的 get 效率基本上是“一枪命中”。

从上述两个实例中，大家可以体会下“如何结合项目实际”，其实也就是说一下这个技术点解决实际需求的大致步骤。同样，大家在“顺势扩展”相关技能点时，提到即可，不用再结合项目展开具体的用法，如果面试官感兴趣自然会接着问。毕竟这是“借其他问题”的扩展，如果展开过度也会喧宾夺主，从而给面试官留下“思维不清晰”的不良印象。

10.4 面试前可以做的准备

有时候面试官自己也知道，在一些问题上候选人很有可能做过准备，从这些问题上可能无法了解到候选人的真实情况，但如果候选人没有回答好，那就不会认为候选人“没做足准备”，而会认为候选人在问题所涉及的方面有欠缺点。

通过准备，候选人还能在面试中找到合适的机会更有效地展示自己的亮点。相反，如果候选人没说，或者没说好，面试官一定无法了解到候选人的相关特长。

10.4.1　事先准备些亮点，回答问题时找机会抛出

我们在之前的设计模式和虚拟机部分的章节里，已经和大家分享过如何展示自己在这方面的技巧亮点。同样，表 10.6 中归纳了一些可以在 Java 核心（Java Core）方面展示的亮点。事实上，我们不可能列出所有的亮点，这里只是列举一些案例，大家可以据此扩展。

表 10.6　Java Core 方面可以准备的亮点

技术方面	可以说的亮点
Java 集合对象	（1）能根据项目的需求选用合适的集合对象，如知道 ArrayList 和 LinkedList 的差异，并能合理选用 （2）能在合适的场合选用 WeakHashMap （3）可以适当讲一些集合的 JDK 底层实现代码
异常处理方面	能在 finally 从句中写释放资源的代码
JDBC 方面	（1）能通过 PreparedStatement 的预处理方法来防止 SQL 注入 （2）能通过批处理来提升操作性能 （3）能通过实例讲述事务隔离级别的含义
多线程方面	（1）会使用线程池 （2）能通过锁或信号量等手段正确地处理多线程并发时的数据一致性

表 10.7 中列出了在数据库方面可以准备的亮点。

表 10.7　数据库方面可以准备的亮点

技术方面	可以说的亮点
建表	建表时需要根据项目的数据情况，考虑是采用三范式或是反范式
SQL 调优	（1）可以通过查看日志等方式看哪些 SQL 需要调优 （2）可以通过执行计划查看 SQL 的所消耗的代价，并据此调优 （3）可以通过建索引、建分区等手段来优化 SQL 性能
事务	（1）可以说下 JDBC 或 Spring 中是如何管理事务的 （2）可以说下 Spring 中的声明式事务的做法和优点 （3）可以举例说明事务隔离级别和事务传播机制的用法
分布式数据库	（1）可以通过水平或竖直等方式来拆分数据库，从而减轻对单表访问所需要的代价 （2）可以通过集群等方式来承担对数据库过量的访问请求
NoSQL 和 Hadoop	这两个本身就是个亮点，如果大家用过，可以结合项目来说明

这本书的主题是 Java Core，但实际项目中会大量用到 Java Web 的技术点，所以在表 10.8 中也归纳出在这方面大家可以准备的亮点。

表 10.8　Java Web 方面可以准备的亮点

技术方面	可以说的亮点
Spring MVC 架构	（1）可以说下 Spring 的 IOC 和 AOP 是如何优化项目结构的 （2）可以说下拦截器等 Spring 组件对项目的帮助
ORM，如 Hibernte 或 Mybatis	使用这种 ORM 技术时，如何优化访问和操作数据库的性能
Spring 和 Mybatis 等的整合	可以讲下整合框架的细节，并可以举例说明整合后的框架能很好地适应需求的变更

此外，大家还可以在 Linux 使用技能，以及项目管理软件的使用经验方面展示自己的亮点。这里需要注意，一定找合适的机会“顺带”地说，如果没有机会宁可不说，更不能仗着有所准备就直接自说自话。否则，可能会得到“表达能力不清晰”或“叙述条理混乱”等的不良评价。

10.4.2　事先练习展示责任心和团队协作能力的方式

面试官只有当确认候选人在责任心和团队协作能力方面没问题后，才敢把他招进公司。有些面试官会通过问问题来确认这两点，但有些有经验的面试官甚至可以通过候选人回答问题的方式和说话的语气上来确认。

所以大家在面试前，可以按以下的要点，在平时的生活和工作中练熟良好的交流方式。

（1）谈吐清晰，语速不急不缓，至少让面试官能听懂你说的话。而且力求说话果断，别吞吞吐吐的，这样显示你有足够的担当。

（2）交流时尽量目视面试官，语气不卑不亢，脸部可以适当微笑。面试官在说话时可以适当点头互动，总之要让面试官感觉和你交流不吃力，最好还让面试官乐意和你交流。

（3）应积极主动地回答面试官的提问，如果没听明白问题，别僵持着等面试官进一步解释，应当主动询问。如果感觉面试官没完全理解自己的回答或者理解有误，应当进一步解释，以展示积极沟通的姿态。

（4）即使不认同面试官的观点，也应当心平气和地交流，不能急躁，别轻易打断面试官的话，可以倾听完面试官的话后再耐心地与之交流。有些面试官可能会故意刁难候选人，美其名曰“压力测试”，在这种情况下，候选人更应当心平气和，不能起争执。

在面试过程中，再有经验的面试官可能也无法通过实例来验证候选人的“团队协作能力”（因为在短时间内无法协作），但如果能给面试官留下“沟通表达没问题”“为人和善”和“遇到难点能积极主动协调沟通”的良好印象，那么面试官一般也能认可候选人的团队协作能力。

此外，大家还可以准备以下的说辞，一旦找到合适的机会就说出来，面试官更会认可你的责任心和团队协作能力。

（1）（在介绍项目时）这个项目做到一半时，客户方变更了一些需求点，这给我们项目组造成了比较大的压力。在项目经理的带领下，我们都被分配了更多的任务，我通过加班按时按质完成了任务，而且在做的过程中，一旦出现需求或技术方面的问题，我也会主动找同事或项目经理确认。

总之，在出现问题时，你不是退缩，而能通过加班等方式积极面对和解决问题，而且一旦有问题，你不是得过且过，而是主动确认。

（2）（介绍自己在项目中的角色）在这个项目组中，除了本职的开发工作外，我还会积极主动地和测试人员沟通，一方面告诉他们该怎么测；另一方面一旦发现问题，我会和他们一起重视问题，完成修改后我也会主动告诉测试人员，让他们尽快确认。

总之，在项目中，你不仅能完成本职工作，而且还能和团队其他人员一起协作。

（3）（介绍项目的亮点）在项目中，我遇到一个需求点，需要多个团队一起开发，这时我会和相关人员一起开会，确定各自的任务点和工期，完成功能点后我们会一起联调。

（4）（如果面试官问你，遇到自己无法解决的问题该怎么办？）我不会推掉任务，我先会查阅资料，如果不行，我会问项目经理，在他们给出解决方案的基础上，我会细化成具体的实现代码，最后我会把实现好的功能点和项目经理确认，以求没有理解上的偏差。

在责任心和团队协作能力这两方面，不建议直接说“我有”，因为这相当于自我表扬，可信度不高，大家可以采用上述“用具体事实证明”的方式，这样面试官听了后就自然能认可你的相关能力。

10.4.3　准备提问环节的问题，以求给自己加分

当技术面试官问完所有问题后，一般都会说：“我没问题了，你有什么问题？”

这时大家可以在这个环节中通过提问进一步展示自己和这个职位的匹配度，这些问题也可以事先准备。下面列些可以提问的要点，在具体操作中大家可以酌情选用。

（1）展示自己技能和要做项目的匹配度。具体而言，大家可以看下职位介绍中列的技能点，这些技能点应该在之前的面试中都已经聊过。这时你可以问，接来下我会进哪个项目组？做哪个项目？其中会用到哪些框架和技术？

当面试官解释之后，你就可以“顺口”说，×× 技术或框架（这可以是之前没充分展示的）我之前在项目中用过，我做了 ××（一定是亮点），可以再介绍下优化后的效果，然后说下体会。

（2）展示自己吃苦耐劳的能力，同时也可以展示下责任心。比如可以问，你们加班多

不多？会不会到客户现场？会不会出差？

不论面试官如何回答，你也可以“随口”说，其实在项目比较紧的情况下，首先得保证进度和质量，在之前的项目里，有段时间进度确实比较紧，我就去和项目经理多申请了些任务，然后通过加班，按时按质完成了任务。

（3）展示自己学习能力。比如可以问，在这项目里，会不会“调研新技术”？如果项目经理说没有，那就别继续说了。如果有，那么你就可以说，在之前的项目中，我们需要用到 ×× 技术，但谁也没太多的经验，在项目经理的带领下，我用了一些时间做了调研，最后项目组根据我的调研后写的代码，成功地把这技术应用到项目中。

（4）展示自己的职业发展规划和这个项目的需求是一致的，同时展示自己的稳定性。比如可以问，如果我在这个项目中做得好，我可以得到哪些晋升的机会？

当面试官说完后，你也可以“随口”一说，这也是我期望的发展方向。或者也可以说，如果我有幸面试成功，我也打算沉浸到这个项目里，好好工作几年，如果有机会，我也打算向高级开发或架构师发展（请注意，这个发展方向最好和项目组的期望一致）。

（5）进一步展示自己沟通交流和团队协作的能力，之前面试官一定考查过，这里可以再强调一下。比如，可以问这个项目组有哪些成员，一般是怎么构成的等。

这时面试官就会向你介绍，这个项目有一位项目经理，一位架构师，× 位后端开发，× 位前端开发，× 位测试。这时你就可以说，这和我之前的公司很相似，在之前的项目中，我做的是后端，我的体会是，在项目组中一定得多交流多沟通才能把项目做好，靠一个人是不行的，比如有需求或进度上的问题，我会及时和项目经理交流，如果发现 bug，我也会及时和测试人员交流。

再次强调，出于诚信的原则，在这个阶段大家介绍的情况一定得真实。

在这个阶段，大家也可以问一些自己比较关心的问题，如后继的面试流程，但别什么都不问，这样面试官可能会感觉你没准备过，也不在乎这个岗位。也别问些能轻易从网上能找到的资料，如这个公司主营业务是什么，这样会让招聘方感觉你之前因为不在乎这个机会，所以没了解过这个公司的情况。也最好别问工资（或和应聘者切身福利有关），一方面技术面试官（或后继的项目经理）未必能做主；另一方面会给他们留下比较功利的印象，关于这些可以等到通过面试后和人事具体地谈。

10.4.4 准备用英文回答问题，以求有备无患

一般来说，国内公司会要求候选人有“读英语文档”的能力，而外企则会要求候选人能在纯英语环境下工作，既不仅能看英文文档，也能用英文邮件交流，而且还能用英语和国外的同事开会交流。

面试的时间有限，一般不会让候选人当场翻译英文文档，而会考查英语的口头交流能力。

有些公司全程用英语面试，这要求就高了，一般的公司（包括一些外企），则大部分是用中文面试，中间夹杂着一些英文问题。这里给出些常见的英语问题点。

（1）用英语介绍最近的项目。

（2）用英文做自我介绍。

（3）用英语介绍自己的兴趣爱好。

（4）用英语介绍你自己最擅长的技术点。

（5）用英语介绍下你的优缺点。

（6）用英语介绍上家公司，并叙述离职原因。

以上这些都可以事先准备，面试时，发音可以稍微不标准，但要力求流利，而且说得量要适当。

准备时，大家可以根据问题点先把要回答的英语句子写下来，多练习几遍，这样在面试时就能有信心地展示准备好的成果。

这里讲个笑话：小 A 被临时抽调去为一个日本项目组面试，其中需要考查候选人的日语，但问题是小 A 不懂日语，时间比较紧，又找不到其他面试官。在日本项目组的允许下，小 A 采用如下的面试方式，让候选人用日语介绍自己及上个项目。

虽然小 A 听不懂，但如果候选人说不上或不说，日语评定是“不及格”；如果能说得上，但磕磕巴巴，而且说得量又少，属于及格；如果发音标准而且流利，那么就属于良好或优秀了。

从这个笑话里大家可以得到如下的启示。

（1）说不说有着本质的区别，不说一定是不及格。

（2）内容尽量符合要求，不求措辞精美，用比较简单的表达方式即可。因为面试官考查的重点不是内容，而是发音（至少能保证听懂）、流利程度（有信心流利地说，尽量别磕磕巴巴）和说的语句的数量（别太少，也别太啰唆）。

（3）说的时候可以目视面试官，并用手势等方式互动，以此来展示自己说英语非常有信心。而别低着头或用其他方式暴露自己信心不足。

10.4.5　准备些常见刁钻问题的回答，不要临场发挥

面试官有时会问些刁钻的问题，对于这类问题，大家应当事先准备好。如果等面试被问到时再临时想，难免会措手不及，而且一旦回答不好，轻则面试失分，重则可能直接导致面试失败。

（1）你有哪些缺点?

大家别说没缺点（说出来没人信），也别说主观上的缺点，如粗心、办事拖拉等，可以往“好心办坏事”方面说，甚至还可以适当展示自己的一些优势。比如可以说，之前在项目里，我可能比较心急，总想让项目一天内就做好，所以总会加班来力求按质提前完成任务，这样就会让其他成员感觉压力过大，不利于团队建设。

最后还得提一句，自己已经意识到这个缺点，正在改进或已经改正。比如可以这样说，后来项目经理和我沟通过这个问题，让我定时和组员分享一些技术点，以求大家一起进步，当我做了几次分享后，整个项目组的进度都提升了。

（2）你自己感觉，在之前的项目里，你有哪些失误?

这里大家也可以往“好心办坏事”方面说，应当尽量避免说可能导致项目有重大损失的失误，比如写代码得过且过，或者不注重单元测试。

大家可以按如下说辞的思路来回答这个问题。在之前写代码时，我总会尽量在代码里使用设计模式以求提升代码的可维护性，后来经过项目经理的帮助，我意识到了应当注重进度和质量的平衡，只在可能会经常变更的模块里使用设计模式。

或者可以说，在之前遇到问题时，我和测试人员沟通总会说些技术相关的术语，这就导致沟通效率不高。后来我也注意到了，和他们沟通，应当尽量注重功能点的实现方式，现在和他们沟通起来就没什么问题了。

（3）如果你和项目经理或同事工作上有分歧，你一般会怎么处理?

在项目里，遇到分歧是很正常的，但要让面试官感觉遇到分歧你不会回避，而是会主动沟通，在沟通时也不是一味强求别人接受你的观点，而是通过协商得出一个大家都能接受的方案。

对此大家可以举例说明，在 ×× 项目中，在 ×× 功能的实现上，我和项目经理有分歧，我主张用连接池，项目经理主张用一般的连接即可，没必要用连接池。对此，我会主动和项目经理沟通，说出我主张的理由，同时也认真倾听项目经理的理由，最后大家讨论出一个解决方案。

（4）你期望的团队工作氛围是什么样的?

遇到这种问题，如果你的期望和招聘公司的情况不一致，招聘方可能就会怀疑你未必能做久。所以在回答这类问题时，应尽量少加些自己主观的愿望，比如别说，我希望团队能定时出去活动，或者希望工作的氛围比较宽松。这样一说，一旦招聘方项目进度比较紧，而你却希望宽松，那么成功应聘的可能性就降低了。

对此大家可以说些不大容易被挑错的答案。比如可以说，我希望在团队里，遇到技术难点，大家能一起协商解决，遇到有什么好的点子，也可以和大家一起分享，如果项目进度比较紧，我也愿意一起加班。

（5）你是否有失败的经历?

这里面试官不在乎结果，更关注于你处理问题的心态（得积极些）和措施（应尽最大努力）。所谓失败，就是没达到预期目标，这里大家可以把预期目标设置高些（对自己严格要求），而且可以展示是在穷尽一切可能后才遗憾地失败，同时说下失败后的补救措施。

这里举一个我之前听到的回答："在之前的项目里，一段程序消耗的内存过大，峰值达到 2GB，我就去优化（中间省略一些积极的优化措施），最后虽然减少到 1GB，但离预定的 500MB 的目标还有差距。在和项目经理确认后，最终我们不得不给这段程序分配了更多的内存空间。"

10.4.6　准备谈薪资的措辞

说得直接些，跳槽很大原因是要加工资，如果在薪资方面表述不当，可能未必能达到预期要求，甚至可能导致面试失败。

一般来说，人事会在最终确定录用后具体谈工资，薪资的决定权在人事，但之前的面试官有建议权。所以大家在面试前可以准备好谈薪资的措辞，同时更需要在合适的场合说合适的话。

大家在面试前，可以根据当前的薪资行情给自己定个期望工资，关于薪资行情，大家可以多问些资历和工作年限和你相仿的朋友，以此能大致了解你所在城市的行情。

例如，你当前所在的城市，一般学校本科毕业，有两年工作经验，工资行情大概在 9 千元到 1.3 万元。那么大家制定的期望工资，可以比之前工资高 20% 左右（这可以自己掌握，但不建议高于 50%），但别过高于行情的最高价，如 1.5 万元就有些高了。这里谈的是一般情况，如果你确实出类拔萃，那就另当别论。

这里不建议把期望工资的具体数值写到简历中（在简历中可以写面议），因为工资是要经过多轮沟通的，一旦写死了，就可能失去一些面试机会。

在技术面试和项目经理面试（所谓二面）中，一般会在最后问下期望工资，这时大家就可以根据面试的情况来谈了，这里给出以下建议。

（1）可以说个大致的范围，别说得太死，更不能给人一种"不达到这个数目就不来"的感觉。

（2）可以根据面试的好坏，以及你想进这个公司的愿望程度，合理地给出工资的范围。例如，你感觉面试问题基本都能回答上，而且招聘方对你也比较欣赏，你可以适当提升些期望工资；又如，你比较想进这个公司，就可以说个一般的水平。

（3）（是否用到这点建议自己把握），在说好薪资范围后，可以再多说一句，其实我更看重贵公司的项目背景（或用到的框架技术或其他等），所以如果我有幸能面试成功，薪资也是可以再商量的。

这样至少不会让薪资问题成为面试进程的绊脚石。如果一切顺利，人事最终会出面和大家谈薪资，这时大家可以说出自己的想法。

其实人事在和你谈之前，一般会先制定一个预算，如果你的期望值在他们的预算范围之内，一般就成了，为了让大家最后不吃亏，这里也给大家一些建议。

（1）如果大家是通过猎头推荐的，这时最好让猎头去谈，一方面他们更专业，另一方面第三方能说些你不大方便说的话。

（2）一般跳槽后的工资涨幅范围为 20% ~ 50%，当然最终的值不宜超过你所在城市行情最高值的 20%。如果你已经有其他 Offer，或者感觉这公司未必是最好的选项，那么这时能要个比较大的涨幅，这样即使不成，你也不会遗憾。相反你想进这个公司的愿望比较迫切，那么你就老老实实给个小点的（一般不建议低于 20%）涨幅。

（3）可以综合了解这个公司的福利情况，如是否有年终奖、年终奖一般发多少月工资、是否有项目奖金、多久加一次工资、如何发工资等，综合考虑这些因素后再考虑人事给的薪资。

（4）当人事听到你的期望值后，如果感觉太高，就会找借口来压，这时大家应当及时从借口中领会人事的真实想法（不管理由是什么，总之无法给到你那么高的工资）。例如，人事会说你相关经验未必足，所以只能你 ×× 一个月，这句话的关键意思是只能给这些钱，哪怕你再怎么证明你相关经验足够，人事也只能给这些。

这时大家就该下决断了，是接受还是用不接受的方式来做最后的争取，当然如果选后者，自然得做“进不了这个公司”的打算。

最后总结一下，期望薪资其实未必是个固定值，对于不同的公司，大家可以综合面试情况、这家公司的吸引程度及福利情况等因素来制定这个数值。而且建议大家多面试几家公司，如果大家手头有一个或多个 Offer，那么谈工资的时候心态就能放开，这样最终的效果可能反而会更好。

10.5 项目经理级别面试的注意要点

当大家成功地通过技术面试后，项目经理（有些公司可能是技术总监）会出面，他们的考查点不再是技术，而是与这个项目及和这个公司的匹配程度。不少候选人在这轮面试中还继续用技术面试的思路来回答问题，甚至不少候选人，可能他们自己感觉在技术面试中表现不错，所以在这轮面试中有些得意忘形。

虽然说这轮面试的通过难度要远低于技术面试，但如果表现不当，就会被毫不犹豫地拒绝。况且，如果这轮面试表现不佳，更会直接影响到薪资待遇。

10.5.1　把面试官想象成直接领导

当候选人通过技术面试后，项目经理（或技术总监）就会以“手下员工”的标准来观察候选人。这时，不仅会再次确认候选人的技能，更会观察该候选人是否适合本项目组。在 10.1.3 小节中，我们给出了二面时的考查要点，下面给出一些相应的建议和要求。

（1）可能面试官会问一些在技术面试中已经问过的问题，如项目经历和技术背景，这时大家千万别不耐烦，还得静下心来再回答一遍。

（2）哪怕在技术面试中表现再好，这时也不能有炫耀的心态，因为技术面试官一定已经把情况和二面经理沟通过，所以大家可以找合适的机会，平和地展示自己的技术和经历。

（3）大家在二面时，应当用比较真诚谦虚的语气和面试官交流，可以适当面带微笑展现适当的自信。而且，二面的面试官可能会向你介绍公司和项目组的详细情况，这时大家应当通过点头互动或询问的方式，让面试官感觉你非常愿意融入这个公司和这个项目组。

总之，大家在这轮面试中，可以把面试官当成你未来的直接领导，按照这个分寸来说话和回答问题，这样就不会出大错。更何况，既然技术面试都过了，二面的时间一般也就半小时到一小时，大家只要在这段时间内别让二面面试官觉察出大问题，那么二面一般都会过。

10.5.2　在回答中展示良好的沟通和团队协作能力

在二面中，沟通和团队协作能力属于必考项。面试官一般会“随意”问些问题，从候选人的回答中来分析候选人这两方面的能力。

其实，展示这两方面能力的最好方式是“现身说法”，即在和二面面试官交流时，要展示积极主动的沟通姿态。例如，别用过于吝啬的言辞来回答问题，如果面试官误解了你的回答，要平和地进一步说明，如果感觉你的回答无法让面试官满意，应主动说明。在这个基础上，我们来看常见的提问方式，同时给出一些回答的建议。

（1）在之前的项目里，如果遇到问题你会怎么办?

回答要点：先自己看，如果发现自己无法解决应及时和别人交流，如果这个问题可能会导致项目进度延期，应及时上报。总之，遇到问题应积极解决，而不应消极隐瞒。

（2）在之前的项目里，你做了哪些事情?

回答要点：除了 Coding 外，应当用实例证明自己的沟通能力，如有需求问题会和项目经理及时沟通，遇到 bug 会和测试人员及时沟通。

（3）在之前的项目组中，别人怎么评价你?

回答要点：实事求是地说，但更应突出团队协作方面的评价。例如，大家都感觉和你打交道不难，而且能比较顺畅地和你沟通，大家普遍感觉你的责任心很强。

（4）在之前的项目中，你们是用哪种方式（敏捷开发方式）来管理项目?你对此有什么感受?

回答要点：在如实介绍完管理方式后，可以说在这种管理方式中，组员之间能非常高效地沟通，整个团队就形成一股合力。而且在这种管理方式下，你不仅会写代码，还更能融入这种“多沟通”的氛围，总之你的团队协作能力是没有问题的。

综上所述，当面试官问起你之前项目的情况时，你可以通过具体的实例来告诉面试官，①你能很好地和别人沟通；②遇到问题了，你不是推诿，也不是回避，而是尽力解决或牵头解决。这样就能通过实例（而不是口说无凭）证明自己的沟通和团队协作能力。

10.5.3 让面试官确信你会干得长久

在二面中乃至最终的人事面试中，面试官会通过一些问题来衡量候选人的稳定性，在这些问题上，大家的回答别模棱两可，一定得语气坚定地表达自己非常愿意长久地在这家公司发展。而且，大家可以在相关问题中找一切机会来证明这点，下面给出一些可以说的措辞。

（1）你为什么会从上家公司离职?

这个问题的言下之意是，你能从上家公司跳槽，那么你如何证明能在我们公司干长久?对于这个问题，你可以根据事实情况，讲些能让人理解的理由，毕竟跳槽也是个正常现象。

在 10.2 节讲写简历的技巧时，已经给出了一些合理的跳槽理由，这里大家可以用真诚的语气说一下，同时再表达愿意长久干的意愿。比如可以说，我是因为想进一步发展所以跳槽的，而贵公司不论从技术上还是从项目上都能满足我进一步发展的需求，所以我愿意长久得干。

（2）你未来的职业发展规划如何?

如果你回答的发展规划和这个公司项目能给你的不一致，那么面试官可能就会确认你无法干长久。对此大家可以采用如下比较万能的回答：在未来的几年里，我打算静下心来好好提升自己的技能，如 ×× 和 ×× 技能（这些技能一定得是这个项目组用到的），我不打算频繁地换工作，因为这样缺乏足够的积累（直接说明稳定性）。当我技能达到一定水准后，我愿意在项目组里担当更重要的角色，如架构师。

其实一般公司也都知道，员工不可能不跳槽，所以他们的要求是至少能在两年内稳定，大家通过上述回答能让面试官确信你有足够的稳定性。

除了问问题之外，面试官会直接说他们项目具有一定的挑战性，如技术难度大、工期紧，或者是一个人得同时担当多种角色，当大家听到这类描述时，一定得及时向面试官证明“我能行”。

假设面试官说他们项目的技术难度大，那你可以这样说，在上个项目中，我们用到的技术也不简单，是 ×× 技术，刚开始时我对此不大熟悉，但通过短时间的学习，我很快就能熟练应用这种技术并得到了大家的一致认可。总之对于这类问题，大家可以用之前项目的例子，向面试官说明你之前也遇到过类似的情况，并且你能很好地应对这类挑战。

10.6 Offer 和劳动合同中需要注意的要点

通过二面后，人事就会和大家通过 Offer 的形式确认如下的事项。

首先，薪资待遇。在 Offer 里一般会写明月薪多少，一年发多少月工资，奖金是怎么构成的，年终奖有多少，还有其他期权之类的待遇。

其次，职位名称。有些公司可能会分高级开发或架构之类的岗位，不同的岗位待遇是不同的。

再次，试用期的长短和到岗时间。

最后，公司答应的其他条件，如落户等。

大家尽可能在三思后再确认 Offer，如果有疑问，如在 Offer 里没列出人事答应好的条件，或者对到岗时间有自己的看法，应当在签 Offer 之前尽可能地与对方公司协商。

对于一些公司答应好给你的但不写在 Offer 上的待遇或条件，大家自己看着办，毕竟口头君子协定的法律效力不如白纸黑字的书面文件。

Offer 意味着你愿意去这家公司，一旦签好 Offer，如果大家再反悔，这里先不说法律层面的风险，至少在道德层面，这不是一件值得提倡的事情。相反，如果签了 Offer 而公司反悔，公司可能需要承担法律责任。

对于劳动合同，大家一定是熟之又熟的，这里来看些常见的确认要点。

（1）基本工资。假设最终谈下来的是 15 000 元，但人事和你说，为了避税，在合同里会写正式工资是 4000 元，其他部分用奖金的形式来发。

这样的风险是，可能公司就用 4000 元这个基数来交社保了，更为严重的是，如果产生劳动纠纷，公司得以 N+1（或 N+ 多）的形式做出补偿时，这个工资的基数可能就是 4000 元了，而不是 15 000 元。

（2）一年发多少月的工资。有些公司会把基本工资定得很低，然后以“激励”的形式，在年中（或年末）多发几个月的工资。这最好在劳动合同里有所体现，如果仅凭口头协议，到时候万一企业不遵守约定，大家可能就无法维权。

（3）试用期的长短。根据《中华人民共和国劳动合同法》第十九条，劳动合同期限三个月以上不满一年的，试用期不得超过一个月；劳动合同期限一年以上不满三年的，试用期不得超过二个月；三年以上固定期限和无固定期限的劳动合同，试用期不得超过六个月。

（4）试用期是否交社保。本书不从法律角度详细分析，但万一出现社保断档，可能会对申报一些材料有影响，某些材料可能是需要社保连续交满多长时间才让办。

这些要点在面试流程中就应和人事确认好，如果人事明确表示无法满足大家的要求，那么风险大家自己评估，该不去就不去。如果大家在入职签劳动合同时才确认和交涉上述要点，如果最终结果无法如愿，那么就会进退失据了。

10.7 最后祝大家前程似锦

一般来说，大专和本科学生从开始工作到工作 3 年（硕士是 2 年），这段时间称为“事业准备期”，对应的职位一般是“初级开发”，这个阶段的主要目标是“找到稳定的工作”，大家不仅要完成从学生到员工的转变，更要不断积累各种能力，为升级做准备。

在这之后，大专和本科学生工作后的 3 ~ 5 年（硕士是 2 ~ 4 年），一般称为“事业发展期”，对应的职位是“高级开发”。

在“事业准备期”的后半阶段，一般是本科 2 年，硕士 1 年，大家可以为升级做准备了。一般来说，升级后的第一个公司（也就是大家升级到高级开发的第一个公司）比较重要，如果有条件，大家尽量争取进知名外企或知名国企，或是一些在行业内比较有名的企业（如百度、阿里、腾讯），如果做不到这点，也请尽量进大点的公司，或者进诸如文思海辉之类的外派公司，通过外派的形式进到大公司干活。

为什么这里强调要进到“大公司”或“行业内著名”的公司呢？因为在这些公司里，大家能接触到一些比较新的技术和管理方式，这能为后面的发展（即资深发展期的发展）打好基础。所以从这个角度来看，如果大家无法在“事业发展期”的开始阶段进到刚才提到的几类公司，就得在这个阶段更加上心努力，争取能在“事业发展期”的后期进入上述类型的公司。

在这个阶段的后期，大家往往可以在公司里得到稳定的职位，这时大家就应根据自身情况做出抉择，是追求稳定而继续在公司里做下去，还是通过跳槽完成向“架构师”或“项目经理”的升级。不过话说回来，如果工作 8 年左右还在做高级开发，没接触到架构或项目管理的工作，那么再往上升就很困难了。

之后，大专和本科学生工作后的 5 ~ 8 年（硕士是 4 ~ 6 年），一般称为“资深发展期”，对应的职位是“架构师”或“项目经理”。在这个阶段，大家应该可以在公司独当一面，成为一个项目组的顶梁柱了。

在这个阶段，大家或者可以进刚才提到的一些公司（在这个阶段进到这类公司的把握就更大了），或者也可以在一些小公司里担当“技术总监”的角色。在这阶段，如果没有特殊情况就应该杜绝“频繁跳槽”这样的不稳定情况了。

当大专本科学生工作 8 年后（硕士是 6 年后），后继的发展就前途无量了，可能就无法用简单的文字来描述这阶段优秀人才的价值了。

例如，某位资深发展期的优秀人才，他在著名互联网企业的关键部门中能独当一面，能通过大数据或高并发的框架应付诸如“双十一”这样的高峰流量，这种人才是“有价无市”的，很多企业都愿意出年薪百万的代价（这仅仅是一般水平）来聘请这样的人才。

光明的前景也给大家展示了，要知道，台上一分钟，台下十年功。本书确能帮助大家在 Java Core 方面快速达到高级开发的水准，笔者的另外一本书《Java Web 轻量级开发面试教程》，整理了在 Java Web 方面升级到高级开发的（面试）常用知识点，也希望对大家有所帮助。

此外，大家要知道职场发展不进则退，如果过早贪图安逸、不思进取，迟早会被后来者赶上乃至超越。最后祝愿广大读者都能通过自己的发奋刻苦，早日成为“万众瞩目”的大神，或者成为能被诸多公司“高薪争抢”的“技术宝贝”。

好书荐读　Python 3 数据分析与机器学习实战

机器学习（Machine Learning，ML）是一门多领域交叉学科，是人工智能的核心，其应用遍及人工智能的各个领域，专门研究计算机怎样模拟或实现人类的学习行为，以获取新的知识或技能，重新组织已有的知识结构使之不断改善自身的性能。在机器学习过程中，需要使用大量数据，而数据分析是指用适当的方法对收集的大量数据进行分析，提取有用信息并形成结论，进而对数据加以详细研究和概括总结的过程。本书结合机器学习数据分析的过程，以实际案例问题为驱动，深入浅出地介绍常用的机器学习算法及数据分析方法：数据预处理、分类问题、预测分析、关联分析、网络爬虫、集成学习、深度学习、数据降维和压缩等。

全书共 17 章，分为三大块：第 0~3 章介绍本书的技术体系、Python 基础知识、Python 的安装与配置和 Python 3 基础语法；第 4~7 章介绍 Python 3 的编程、机器学习基础、Python 机器学习及分析工具和数据预处理；第 8~16 章分别介绍常用的机器学习分析算法，每章都使用多个经典案例图文并茂地介绍机器学习的原理和实现方法。

本书通俗易懂，是学习 Python 及机器学习和数据分析的入门课程，特别是对于 Python 还不熟悉的编程者，同时对于想学习机器学习相关算法的初学者非常适合。

简要目录